粒计算研究丛书

三支概念分析与决策

祁建军 魏 玲 姚一豫 著

科学出版社

北 京

内 容 简 介

本书从三支概念分析与决策入手,结合形式概念分析理论,介绍三支概念分析中的研究热点问题,力图展示三支概念分析的最新进展. 全书共 9 章,具体内容包括三支决策理论、形式概念分析基本理论、完备背景下的三支概念分析、三支概念格属性约简理论与方法、三支概念格的规则提取、不完备背景下的三支概念分析等.

本书可供计算机、自动化、人工智能、应用数学等领域的教师、研究生以及高年级本科生阅读参考.

图书在版编目(CIP)数据

三支概念分析与决策/祁建军,魏玲,姚一豫著. —北京: 科学出版社, 2019.5
　(粒计算研究丛书)
　ISBN 978-7-03-060518-4

Ⅰ.①三… Ⅱ.①祁… ②魏… ③姚… Ⅲ.①决策支持系统-研究 Ⅳ.①TP399

中国版本图书馆 CIP 数据核字(2019) 第 026252 号

责任编辑: 任 静 / 责任校对: 王萌萌
责任印制:吴兆东 / 封面设计: 华路天然

科 学 出 版 社出版
北京东黄城根北街 16 号
邮政编码: 100717
http://www.sciencep.com

北京中石油彩色印刷有限责任公司 印刷
科学出版社发行　 各地新华书店经销
*

2019 年 5 月第 一 版　 开本: 720×1000 B5
2020 年 1 月第二次印刷　 印张: 12 1/4
字数: 227 000
定价: 78.00 元
(如有印装质量问题, 我社负责调换)

"粒计算研究丛书"编委会

丛 书 序

粒计算是一个新兴的、多学科交叉的研究领域. 它既融入了经典的智慧, 也包括了信息时代的创新. 通过十多年的研究, 粒计算逐渐形成了自己的哲学、理论、方法和工具, 并产生了粒思维、粒逻辑、粒推理、粒分析、粒处理、粒问题求解等诸多研究课题. 值得骄傲的是, 中国科学工作者为粒计算研究发挥了奠基性的作用, 并引导了粒计算研究的发展趋势.

在过去几年里, 科学出版社出版了一系列具有广泛影响的粒计算著作, 包括《粒计算: 过去、现在与展望》《商空间与粒计算——结构化问题求解理论与方法》《不确定性与粒计算》等. 为了更系统、全面地介绍粒计算的最新研究成果, 推动粒计算研究的发展, 科学出版社推出了"粒计算研究丛书". 丛书的基本编辑方式为: 以粒计算为中心, 每年选择该领域的一个突出热点为主题, 邀请国内外粒计算和相关主题方面的知名专家、学者就此主题撰文, 来介绍近期相关研究成果及对未来的展望. 此外, 其他相关研究者对该主题撰写的稿件, 经丛书编委会评审通过后, 也可以列入该丛书. 丛书与每年的粒计算研讨会建立长期合作关系, 丛书的作者将捐献稿费购书, 赠给研讨会的参会者.

中国有句老话, "星星之火, 可以燎原", 还有句谚语, "众人拾柴火焰高". "粒计算研究丛书" 就是基于这样的理念和信念出版发行的. 粒计算还处于婴儿时期, 是星星之火, 在我们每个人的细心呵护下, 一定能够燃烧成燎原大火. 粒计算的成长, 要靠大家不断地提供营养, 靠大家的集体智慧, 靠每一个人的独特贡献. 这套丛书为大家提供了一个平台, 让我们可以相互探讨和交流, 共同创新和建树, 推广粒计算的研究与发展. 本丛书受益于从事粒计算研究同仁的热心参与, 也必将服务于从事粒计算研究的每一位科学工作者、老师和同学.

"粒计算研究丛书" 的出版得到了众多学者的支持和鼓励, 同时也得到了科学出版社的大力帮助. 没有这些支持, 也就没有本丛书. 我们衷心地感谢所有给予我们支持和帮助的朋友们!

"粒计算研究丛书" 编委会

2015 年 7 月

序

  数据是当今时代科技发展的基础, 我们的生活与科研活动无时无刻不产生和需要着越来越多的数据. 值得庆幸的是, 我们的科技已经发展到一定的程度, 可以收集、存储这些庞杂的数据, 或音频或视频, 或语言或音乐, 或文本或图像, 进而采用一些数据处理方法提炼出我们所需要的信息, 获得一定层次的知识.

  对于数据的认识是对数据收集与分析的最终目标, 而认识数据, 说具体一点, 就是要从日益庞杂的数据中寻找到正确的、能为人类所用的知识. 而知识的表达离不开概念的学习与刻画. 换句话说, 对于数据收集与分析的最终目标就是形成概念与规则, 指导人们的决策与行为.

  概念的产生, 是人们认识过程中的质变. 人们通过数据和经验得到某事物的概念, 然后才能进行判断、推理与论证. 在这个意义上, 概念是人们认识的结果, 又是判断、推理与论证的起点. 因此, 概念是思维的细胞. 概念有两个重要特征, 即概念的内涵与外延. 内涵是概念所反映的事物的特有属性, 外延是具有概念所反映的特有属性的事物.

  1982 年德国数学家 Wille 给出了概念的形式化描述, 继而产生了形式概念分析理论. 在形式概念分析中, 数据集以形式背景的形式给出, 概念的两个重要特征, 即内涵与外延, 可以通过一对算子相互计算, 并且可以形成完备格, 具有很好的数学性质. 虽然 Wille 提出这个理论的出发点是为了在格论中给出一个更为具体的、便于理解的例子, 但是他提出的这个理论却从数学角度, 即形式化角度, 给了概念一个完美阐释.

  在对事物和数据的诸多认知目标中, 不容忽视的是对于决策知识与规则的获取和实施. 传统的决策理论一般是是与非的判断, 而实际当中, 我们面临的更多的是是与非之间的灰色地带. 如何从理论的角度界定这三个不同决策对应的范围, 特别对中间这个难以决策的灰色地带进行进一步的决策判定, 21 世纪初姚一豫教授等提出的三支决策理论对这类情况给出了很好的总结、阐述和分析, 并给出了数学模型.

  2014 年, 祁建军博士将三支决策思想引入形式概念分析理论中, 提出了三支概念这一新概念, 并与本书另两位作者合作建立了三支概念分析理论与方法, 使得对数据的分析更为全面和细致. 这既是对形式概念分析的一个推广, 也是三支决策理论的一个新的模型.

  该书探索三支概念分析与决策的思想、理论与方法, 给出完备背景和不完备背景下的三支概念分析, 三支概念格的属性特征与属性约简, 三支概念格的决策规则与规则提取, 实现对数据的更为全面的认知, 以及对三支决策理论更深刻的分析. 尽管该书所做的这些探讨与实际应用还有一定的距离, 但这并不妨碍作者从理论角度研究数据, 从人类思维的最原始认知角度探求数据所携带的信息.

　　该书的三位作者中, 祁建军、魏玲是我的学生, 他们都从 2003 年开始接触形式概念分析这一理论, 并产生极大兴趣, 进而开始了他们在该领域的研究工作, 并取得了优秀的研究成果. 而将形式概念分析这一研究领域介绍到我的团队的人, 恰恰是该书的第三位作者, 加拿大里贾纳大学的姚一豫教授. 姚教授对粗糙集以及相关领域的研究作出了突出贡献, 更是帮助了很多国内学者在相关领域的科研道路上迈出新的步伐. 该书关于三支概念分析与决策理论的研究就是祁建军和魏玲在姚教授处做访问学者时的合作研究成果. 因此, 我很乐意也很开心为该书做序.

　　希望三支概念分析与决策理论能引起国内更多学者的重视, 在未来有更好的发展, 取得更优异的研究成果.

张文修

2017 年 9 月

前　言

三支决策思想在历史长河中、在人们的思维习惯中、在科学研究探索中都具有很大的作用, 而概念分析作为获取知识的第一个环节, 具有简洁抽象的数学形式. 三支概念分析作为形式概念分析与三支决策理论相结合的产物, 是从三分的角度来考虑信息提取的, 且比形式概念分析能更多地揭示形式背景所隐藏的信息.

本书内容以我们关于三支概念分析的研究成果为主, 适合数学、计算机、管理等不同领域与专业, 对三支决策理论、形式概念分析、粒计算等研究领域有初步认识的高校师生和研究人员阅读. 全书共分为 9 章, 除第 1 章绪论外, 各章的主要内容如下.

第 2 章从哲学角度给出三支思想的理论支撑, 并给出概念学习的四种常见模型; 第 3 章阐述三支决策理论的基本思想与描述, 这是本书的指导性思想体现; 第 4 章展示形式概念分析的基本理论与成果, 主要是保持概念格结构不变的属性约简理论与具体方法; 第 5 章阐述在完备背景下, 如何将三支决策与形式概念分析相结合, 从而产生三支概念分析基本理论, 其内容主要包括三支概念分析中的基本概念、从对象与属性两种角度产生的两种不同三支概念格的构造; 第 6 章给出两种三支概念格的四种属性约简理论与方法, 其问题的产生与研究思路皆受第 4 章内容所启发; 第 7 章探讨了基于三种不同协调性的决策形式背景的规则提取问题, 以及所获取的规则间的关系; 第 8 章利用区间集的思想与相关运算, 探讨了不完备背景下的三支概念分析问题, 包括不完备背景的完备化, 四种部分已知概念、概念格以及它们之间的关系; 第 9 章为结束语.

此书的撰写过程中既经历了对本书所涉及的哲学思想的探求和理解, 也包括如何将哲学层面的内容与我们的专业领域知识相结合的思考和讨论. 尽管我们试图将哲学、语义学等不同学科对概念的阐述与形式概念分析以及三支决策思想进行联系, 想给出一个较为清晰的概念学习与理解的思路, 但是我们自认才疏学浅, 水平有限, 特别是对哲学与认知科学的认识都处于较低层次, 仅在自己熟悉的研究方向和研究范围内略知皮毛, 因此本书在思想方法的阐述方面难免有所欠缺, 可能存在疏漏, 诚恳希望各位学者、同仁能给我们提出宝贵的问题和意见. 在此谨致以诚挚的谢意!

本书是作者近年来部分工作的总结和梳理, 也是献给我们的恩师张文修教授的礼物, 尽管这份礼物还有着斑斑点点的瑕疵. 另外, 也特别感谢他为本书作序.

本书的出版, 要特别感谢国家自然科学基金项目 (No.11371014, No.61772021)

的资助, 感谢国家留学基金管理委员会给予的出国访问机会, 使得我们与姚一豫教授有机会进行合作研究, 为撰写此书奠定了基础. 感谢中国人工智能学会粒计算与知识发现专业委员会 (原粗糙集与软计算专业委员会) 历届主任委员的支持, 使得本书能以 "粒计算研究丛书" 系列之一出版. 感谢支持三支概念分析、为推动三支概念分析发展而贡献自己力量的学者、专家. 感谢西北大学任睿思博士、钱婷博士、万青博士、刘琳硕士等的研究讨论与成果. 感谢西北大学曹丽硕士、陈雪硕士、王振博士、范妍硕士等在绘图、文献整理方面的细致工作.

祁建军　魏　玲

2018 年 11 月

主要符号表

OB	对象集
AT	属性集
I	对象集与属性集之间的二元关系
(OB, AT, I)	形式背景
$*$	形式概念分析中的导出算子; 正算子
(O, A)	形式概念
L (OB, AT, I)	概念格
(OB, AT, I^c)	形式背景 (OB, AT, I) 的补背景
L_c (OB, AT, I)	补背景概念格
$\text{DIS}_L((O_i, A_i), (O_j, A_j))$	形式概念 (O_i, A_i) 与 (O_j, A_j) 的差别属性集
Λ_L	概念格 L 的差别矩阵
$g(\Lambda_L)$	概念格 L 的差别函数
$\overline{*}$	负算子
NL(OB, AT, I)	负概念格
$<, >$	三支概念分析中的三支算子
$(O, (A, B))$	对象导出三支概念
$((X, Y), A)$	属性导出三支概念
OEL(OB, AT, I)	对象导出三支概念格
AEL(OB, AT, I)	属性导出三支概念格
CS$(\cdot)$	协调集全体
Red$(\cdot)$	约简全体
Core$(\cdot)$	核心
$f(\Lambda.)$	三支概念格的差别函数
(OB, CA, I, DA, J)	决策形式背景
$A \to C$	对象导出三支正决策规则; OE-P 规则
not $B \to$ not D	对象导出三支负决策规则; OE-N 规则
$A \to B$	属性导出三支决策规则; AE-规则
$[\underline{A}, \overline{A}]$	闭区间集
$c, \cap, \cup, -$	集合的基本运算: 补、交、并与差
$c, \sqcap, \sqcup, \backslash$	区间–集合的基本运算: 补、交、并与差
(OB, AT, $\{+, ?, -\}$, $\boldsymbol{J}$)	不完备形式背景

目　　录

第1章 绪 论

当今时代, 各行各业以及我们的生活都被庞大的数据充斥着. 而这些数据的表示形式也多种多样, 有数值、图像、视频、音频、符号、文字、图表等. 不同领域的专家学者运用自己的专业知识, 以及一些特定的数据处理方法对这些数据进行深入的分析, 提取其中的有用信息, 进而利用这些信息进行科学研发, 获得各自领域的更进一步的新知识, 而这些新的成果又极大地丰富和改善了我们的生活.

例如, 交通行业出现的各种打车软件, 如雨后春笋般铺天盖地而来的共享单车, 手机应用里的各种方便的 App 等. 这些都使得人们的出行与生活变得更为便利、简单. 在中国, 大家戏称我们已经进入无纸币生活的时代, 因为随处可见使用微信或者支付宝转账的方式收款. 而我国的电子商务和物流网络的发展更是处于世界领先水平, 这些改变令很多前来我国旅游的外国朋友惊叹不已. 相信我们每一个人、每一天, 都在感受和使用着新的科技革命带给我们的惊喜体验. 而这些, 都和大数据等新技术的发展密不可分.

毋庸置疑, 对于数据的认识是对数据收集与分析的最终目标. 人类要从日益庞杂的数据中寻找到正确的、能为自己所用的知识至关重要. 也就是说, 知识是认知的核心与目标.

认知科学, 是关于心智研究的理论和学说. 作为 20 世纪世界科学标志性的新兴研究门类, 这是一门相当年轻的学科. 但是它作为探究人脑或心智工作机制的前沿性尖端学科, 已经引起了全世界科学家的广泛关注, 并为揭示人脑的工作机制这一最大的宇宙之谜作出了不可磨灭的贡献.

1975 年, 美国著名的 "斯隆基金会" (Alfred P. Sloan Foundation) 开始考虑对认知科学的跨学科研究计划给予支持, 并组织了第一次认知科学会议, 确立研究方案. 学者将哲学、认知心理学、语言学、人类学、计算机科学和神经科学六大学科整合在一起, 研究 "在认识过程中信息是如何传递的", 其结果就是产生了一个新兴学科 —— 认知科学. 这一基础性的重要工作对于推动认知科学方面的研究起到了决定性作用.

有学者认为, 计算机科学、认知心理学和语言学是认知科学的核心学科, 神经科学、人类学和哲学是认知科学的外围学科. 而这六个支撑学科之间又互相交叉, 产生出 11 个新兴交叉学科: ① 控制论; ② 神经语言学; ③ 神经心理学; ④ 认知过程仿真; ⑤ 计算语言学; ⑥ 心理语言学; ⑦ 心理哲学; ⑧ 语言哲学; ⑨ 人类学语言学; ⑩ 认知人类学; ⑪ 脑进化. 当前国际公认的认知科学学科结构如图 1.1 所示.

认知科学所涉及的主要内容有: 感知觉 (包括模式识别)、注意、记忆、语言、思维与表象、意识等. 这似乎都是心理学家所关注的问题, 但其实也同样是哲学家、语言学家、计算机科学家、神经生理学家、人类学家所关心的内容. 只是不同专业背景的研究者, 对于同一个问题, 所采取的具体研究方法不同罢了.

2000 年, 当人类刚刚跨入 21 世纪的门槛时, 美国国家科学基金会和美国商务部共同资助 50 多名科学家开展了一个研究计划, 目的是要弄清楚在 21 世纪哪些学科是带头学科. 研究的结果是一份厚达 680 多页的研究报告, 但结论只有 4 个字母 ——NBIC. 它们分别代表纳米技术 (Nanotechnology)、生物技术 (Biotechnology)、信息技术 (Informational Technology) 和认知科学 (Cognitive Science). 这四者的结合将改变 21 世纪人类的生存方式.

认知的目标是获得知识, 而知识的表达方式又有很多, 如符号、概念、决策、推理等. 这些东西既是认知的结果表现, 又是进一步认知行为的基础. 正是这种动态的循环使得认知一步步更新, 知识一步步修正、添加, 从而逐步完善. 图 1.2 描绘了这种动态往复的关系.

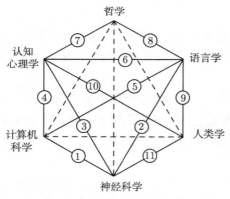

图 1.1　认知科学的学科展示

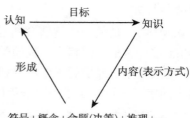

图 1.2　认知-知识-概念关系图

我们对世界的认识不断增加、改变, 其实就是因为前面的新知识逐渐积累, 产生了新的表达和描述, 甚至新角度的阐释, 进而有更新的角度去研究与深入, 再获得更新的知识. 例如, 在模糊数学的产生过程中, 将经典集合的表示方式转化为特征函数的形式, 就是因描述方式转变从而产生新知识的一个很好的例子. 又如, 人类对地球的认识从地心说到日心说的转变, 从在地球上行走到踏入宇宙漫步, 这每一个伟大的进步和对新领域的探索, 无一不是以往知识积累的产物.

而与知识有关的认知层次也是有阶段性的, 总体来说, 可以分为四个阶段: 从基础数据转化为信息, 继而升级为知识, 最后升华为智慧. 这个过程, 是信息的管理和分类过程, 让信息从庞大无序到分类有序, 各取所需. 这就是一个知识管理的过程, 也是一个让信息价值升华的过程. 图 1.3 给出了知识的这个金字塔层次结构. 撇开最高级的智慧不提, 作为知识获取的基础, 数据是庞大的, 甚至是杂乱的, 只有从中合理地提取信息, 才能获得知识.

图 1.3 知识的阶层

而知识的表达离不开概念的学习与刻画. 无论在认知科学还是在计算机科学领域, 概念都是人类知识的基础模型. 那么, 在各种各样的数据中, 概念是如何被刻画的呢? 我们拆分成两个方面来考虑这个问题.

首先, 概念的理解与刻画可以从哲学角度给出答案. 在哲学当中, 概念是能反映事物的特有属性的思维形态. 事物总是有属性的事物, 而属性总是事物的属性. 因此, 概念在反映事物的特有属性的同时, 也反映了具有这些特有属性的事物. 这就形成了概念的内涵和外延两个方面. 概念的内涵就是概念所反映的事物的特有属性, 概念的外延就是具有概念所反映的特有属性的事物.

其次, 抛开数据的繁多种类不提, 因为不同类型的数据其处理的基本方法是有差异的, 此处我们仅考虑一种数据: 简单易懂的符号型数据. 符号型数据, 其数字只有标记和分类两种功能, 没有任何数量的意义, 没有序列性、等距性和可加性, 因此不具有直接的计算功能. 如考虑性别 (男或女)、考察关系 (有或无)、二维码表示 (0 或 1) 以及事物指代 (老师或学生) 等. 这类数据在特定的特征函数下, 都可以转化为 0-1 值的表达形式, 即布尔值, 也可将其简称为二值.

于是, 以二值数据为基础, 从哲学中获取灵感, 德国数学家 Wille 于 1982 年提出了形式概念这一数学概念. 他把二值数据简单而清晰地用一张二维数据表来展示, 称为形式背景, 这类似于把我们面对的研究背景 (研究对象与相关属性) 和数据描写成 0-1 二值的形式, 进而, 研究一部分对象与一部分属性之间的更深刻的关系. 他把哲学中关于 "概念" 的内涵-外延这种理解模式形式化地描述为数学中的一个二元组 (X, B), 其中一个元 X 是外延 (某些对象的集合), 另一个元 B 是内涵 (某些属性的集合), 从而得到了哲学中 "概念" 的最为简洁的数学刻画形式, 即形式化的刻画, 也是最具有直观意义的数学刻画. 以形式概念为基础, Wille 在形式背景基础上, 完善了后续内容, 形成了形式概念分析理论, 可以进行特征、决策规则等知识的获取. 所以说, 形式概念分析理论的产生直接受到了哲学中概念的定义的影响, 哲学中概念的定义在数学中的形式化表述正是形式概念分析理论的基石.

综上所述, 我们知道, 对于数据的认识是对数据收集与分析的最终目标, 而人类要从日益庞杂的数据中寻找到正确的、能为自己所用的知识至关重要. 也就是说, 知识是认知的核心与目标, 而知识的表达离不开概念的学习与刻画, 概念是我们在表达思想和情感时必需的基本元素. 哲学、认知科学、语义学等很多领域从不同角度都有关于概念产生与应用的阐述, 甚至从数学的形式化的角度也有关于概念的描述, 这就是形式概念分析理论. 所以, 在本书的开端部分, 我们尝试给出概念从哲学角度和语义学角度的更多的解释, 让形式概念分析理论背后的哲学思想及其存在的价值更为直观、明朗.

同时, 我们知道, 对事物和数据的诸多认知目标, 即知识当中, 有一类知识不容忽视, 那就是决策. 对于决策的获取和实施, 是我们在生活和科研当中不能避开的话题. 传统的决策理论一般是是与非的判断, 而实际当中, 我们面临更多的是是与非之间的灰色地带. 三支决策理论对这种情况给出了很好的总结、阐述和分析, 并给出了数学模型. 本书从数字 3 的魅力出发, 逐步展示三支决策思想与模型的优势.

上述内容, 呈现在第 2~4 章, 成就了全书的基础. 之后, 本书的主要内容就三支概念分析理论展开.

三支概念分析结合了三支决策理论与形式概念分析理论, 试图给出以形式背景为数据基础时的数据分析方法, 提炼属性特征, 获取决策规则, 实现对数据的初步认知. 它既是三支决策理论的一个具体模型, 也是形式概念分析的一个拓展. 在三支概念分析的框架下, 我们研究了数据完备和数据不完备两种情形下的知识获取问题.

第 5 章给出了完备背景下三支概念分析的基本定义与理论, 包括如何从三支决策的角度理解三支概念分析, 以及它与经典的形式概念分析之间的联系. 第 6 章针对对象导出与属性导出两种三支概念格, 研究属性约简问题. 第 7 章在定义了三支概念格的不同协调性后, 探讨不同协调意义下三支概念格的规则提取问题. 第 8 章针对不完备数据情形, 引入区间集这一概念, 分析形式概念的可能的形式以及相应的概念格, 并研究这些结构之间的关系, 运用三支概念分析的思想进行很多深入的思考. 第 9 章则对全书内容作总结与展望.

第 2 章   概 念 分 析

2.1   概念分析与认知的哲学基础

我们知道, 每一个学科和不同的研究领域都涉及概念, 概念是每一个学科、每一个领域的最基础的知识. 抛开概念在不同学科的意义不说, 关于概念的学习与分析也是人类认知的基础. 尽管概念所属的研究领域不同, 但是概念的认知机理是类似的, 这也是认知科学研究的问题之一. 所以说, 从本质上讲, 概念是人脑对客观事物本质的反映, 是思维活动的结果和产物, 同时又是思维活动借以进行的单元. 而概念是以词来表示和记载的. 本章将从符号学、语义学以及哲学 (内涵–外延) 的角度来认识概念.

2.1.1   符号学理论

符号学是形式论的集大成者, 符号学旨在解决意义问题, 其方法是寻找意义的形式.

符号学的思想是在 20 世纪初由瑞士语言学家索绪尔 (Saussure) 首先提出的 [1,2]. 后被美国学者皮尔斯 (Peirce) 换角度解读 [3], 并发扬光大, 形成了非语言的一般符号学研究方向. 皮尔斯注重符号的意义解释, 他的符号学是重在认知和解释的符号学. 他认为: "只有被理解为符号才是符号 (Nothing is a sign unless it is interpreted as a sign)", 这才是符号学应有的形态.

皮尔斯认为, 符号可以定义为任何一种事物. 它一方面由一个对象所决定, 另一方面又在人们的心中决定一种观念; 而对象又可以间接地决定着后者的形成方式. 他把这种决定方式命名为符号的解释项. 由此, 符号与其对象、解释项之间存在着一种三元关系, 这种关系由图 2.1 给出.

图 2.1   符号三角形

实际上, 这三者的统一就是我们按照哲学角度理解的概念: 符号是这个概念的表达方式, 对象是概念反映的个体, 而解释项就是与对象相关的描述.

皮尔斯根据符号与对象的关系, 将符号分成三种类型: 像似符号 (Icon)、指示符号 (Index)、规约符号 (Symbol).

1. 像似符号

像似符号指向对象依据的是 "像似性" (Inconicity), 即一个符号代替另一个东西, 是因为与之相似. 任何感知都有作用于感官的形状, 因此任何感知都可以找出与另一物的相似之处, 也就是说任何感知都是一个潜在的像似符号. 像似符号是通过对对象的写实或者模仿来表征的, 建立在相似性基础上, 有明显的可感知特性.

例如, 我们熟悉的 "禁止吸烟" 的标识, 就是在香烟头的图画上打 "×", 这就是一个像似符号; 一些酒店的大门门头上标注五颗五角星, 就代表该酒店是五星级酒店; 计算机操作系统中的回收站用垃圾桶来表意, 而文档则用折了角的纸代表, 等等, 这些都属于像似符号. 这样的例子不胜枚举. 这些符号传递的信息一看便知, 其形态语义直观易懂, 不会模棱两可, 这就是像似符号应有的作用.

2. 指示符号

指示符号亦被称为索引式符号, 是指通过符号与对象间的相关联系即可推测符号的信息, 而无须过多的解释. 指示符号具有的指示性, 是符号与对象由于某种关系 —— 尤其是因果关系、邻接关系、部分与整体的关系等 —— 所以能互相提示, 让接收者能想到其对象. 因此, 指示符号与表征对象存在着因果或者接近因果的逻辑性联系. 其作用与最根本的性质, 就是把解释者的注意力引到对象上, 即把解释者的注意力引向符号对象.

例如, 道路上的路标指向相应的目的地或者提示是否需要拐弯, 风向旗表示风向, 温度计的水银柱表示气温, 等等.

3. 规约符号

与前两种符号不同, 规约符号与表征的对象之间没有相似性或者直接的联系, 它是庞大繁杂的图形符号中最为抽象含蓄的表意符号. 它所指涉的对象与本身既没有造型上的相似或关联, 也没有理论依据的连接, 所以索绪尔最早将其称为 "任意/武断" 符号. 但是规约符号也有一个共性, 那就是, 它是群体在长期的劳动实践中形成的约定俗成的一种表征方式, 靠社会约定来确定符号与真实意义之间的联系. 规约符号亦被皮尔斯称为象征符号, 也有专家将其称为指号符号.

公司标识、颜色、姿势、旗帜、宗教形象等这些带有浓烈的社会文化背景的符号都属于规约符号. 例如, 在交通运输领域, 一般采用红色和黄色代表警示, 用斑马线表示人行道, 用不同色彩的交通灯代表不同的行动提示; 生活中竖起大拇指表示点赞、支持; 电信领域的通信电码、数学当中的 "+" "−" "=" 等符号, 这些都是规约符号.

总而言之, 符号越相像或越接近于对象, 就越易于识别. 而越是抽象的, 或是民族文化性的符号, 也就越难识别. 例如, 欧洲人常以杯子上缠绕蛇来代指医药, 而东方人却很少有人知道这个意思. 如果是文化类型, 则要根据能指或受指的思维去做. 如果两者都无法做到, 就必须使用强制性的规约符号. 不过进行规约符号设计时, 也未必如此严格. 因为, 巧妙地运用符号是需要灵感的, 了解得越多, 产生灵感的机会就越大, 所以知识是创造灵感的触点.

作为哲学的一个分支, 符号学是一门形式科学, 也是一门规范科学. 符号学还为其他科学确立引导性原理, 因为其他科学也在某种程度上关注符号. 2007 年, 国际学术刊物《认知符号学》在丹麦正式出版, 这标志着认知符号学作为符号学研究领域中的一个分支已经从起步阶段逐渐走向成熟.

2.1.2 语义三角形

英国学者奥格登 (Ogden) 和理查兹 (Richards) 在 1923 年出版的著作《意义之意义》(*The Meaning of Meaning*) 是语义学研究历史上的重要著作 [4], 该书的某些论述经常在各种语义学或涉及语义学的论著中被引用, 而这部书的问世也标志着语言学范畴里的语义学开始发展, 并逐渐形成一个学科领域. 其中, 本书提出的一种关于意义的理论 —— 语义三角形, 代表了传统语义学的典型观点.

语义三角论, 也称意义三角论, 是指符号、意义和客观事物均处于一种相互制约、相互作用的关系之中. 它强调语言符号是对事物的指代, 指称过程就是符号、意义和事物发生关系的过程.

语义三角形 (The Semantic Triangle) (图 2.2) 有三个顶点: 概念、符号、指称物. 一般地, 从其中两个就可以得到第三个.

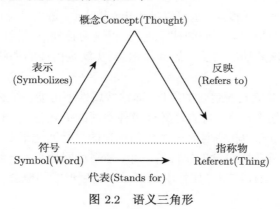

图 2.2 语义三角形

语义三角形包含以下三点含义.

(1) 概念/思想 (Concept/Thought) 与指称物/事物 (Referent/Thing) 之间是直接的联系. 概念是在客观事物的基础上概括而成的, 是客观事物在头脑中的反映. 概念与指称物二者之间用直线连接, 表示一个概念指向一个事物, 即概念反映客观事物.

(2) 概念/思想与符号/词 (Symbol/Word) 之间也有直接联系. 概念与符号之间用实线连接, 表示概念是通过符号表达出来的, 而符号则是概念的符号化表示.

(3) 符号/词与指称物/事物之间没有直接的、必然的联系. 图 2.2 中的虚线表明: 符号代表指称物. 符号与指称物之间具有任意性, 是约定俗成的. 两者之间没有内在的必然联系, 真正的联系存在于人的头脑之中.

我们可以看到, 语义三角形已经很接近传统哲学对于概念的定义与解释了.

2.1.3　内涵–外延观

有关概念的哲学阐释在很多的著作中都有所涉及, 但是基本上都离不开对内涵与外延的探讨. 概念的内涵和外延是概念具有的两个基本特征. 概念的内涵是指这个概念的含义, 即该概念所反映的事物对象所特有的属性; 概念的外延是指这个概念所反映的事物对象的范围, 即具有概念所反映的属性的事物或对象.

仅仅表达一个事物的概念可以称为个体概念 (在我国著名学者金岳霖主编的《形式逻辑》一书中被称为单独概念)[5], 所表达的事物称为个体; 而表达多个事物的概念则可称为一般概念或者普遍概念. 例如, 李白、西安市、中国等名词, 就是个体概念, 其反映的事物仅有一个. 而诸如人、城市、国家等这样的名词就属于一般概念.

虽然每个事物都是以个体方式存在的, 但是利用抽象的方式或者手段, 可以产生很多不同的概念. 例如, 从个体概念 "李白" 很容易抽象出 "唐朝诗人", 进而抽象出 "诗人" 这两个一般概念; 也可以抽象出 "男人", 进而抽象出 "人" 这两个一般概念. 这虽然是两种完全不同的抽象途径, 但这两种抽象又同时都表明概念之间是有层次关系的. 这些抽象与反向的具体化, 其实就是内涵的调整; 相应地, 外延也会有所改变.

概念的内涵就是它自身包含的属性, 而这些属性不可能在被去掉后却不改变这个概念, 如正方形这个概念, 它的定义有多种不同的描述方式, 假设我们选择如下定义进行分析: 一组邻边相等且有一个角是直角的平行四边形是正方形. 那么如此描述的概念 "正方形" 所包含的属性有三个: 是平行四边形、一组邻边相等、有一个角是直角. 显然, 去掉这三个属性中任何一个之后形成的概念所表达的将不再是正方形.

有趣的是, 因为概念的内涵是概念必须具有的内容, 所以, 任何概念都有内涵,即使是虚假概念, 但是虚假概念的外延是不存在的. 这也就是其被称为虚假概念的原因. 例如, "金山"这个概念. 我们知道, 其内涵就是金子形成的山, 但同时我们也知道世间没有这样的事物. 至少, 就我们目前对地球、对宇宙的认知来讲, 是没有的.

概念的内涵与外延都要明确, 这是正确思维的首要条件. 概念的内涵与外延是相互制约的. 内涵确定了, 在一定条件下的外延也就确定了; 同时, 外延确定了, 在一定条件下的内涵也就跟着确定了. 而二者数量的多少具有一个类似"反比"的关系, 但并非明确的反比函数. 例如, "学生""高中生""高中男生", 这三个概念的内涵是越来越丰富的, "高中生"比"学生"多了"目前正在读高中"这个属性, 而"高中男生"又比"高中生"多了"男性"这个属性. 相应地, 因为属性的增加, 符合这三个概念的人数越来越少, 即外延越来越小. 所以, 内涵丰富则外延缩小, 内涵变小则外延相应会变大.

根据内涵与外延之间的这种变化规律, 我们可以在使用概念时适当地通过增删属性的方法, 即改变内涵的方法, 来准确表达我们想要表达的语义. 简单来说就是, 当我们在表达一个信息时, 所采用的概念的外延如果太大或者太小了, 超出了我们的预期, 则需要通过增加或者删减内涵来缩小或者增大概念的外延, 使其所反映的与我们真正想表达的一致. 我们以购买一件物品为例做个简单的解释.

假设一位女士趁着商场打折, 想买一件衣服. 概念"衣服"的外延是很大的, 包括各种款式各个季节长短不一的上下装, 因此, 她必须增加属性以减少外延. 例如, 增加属性"冬装""外套""女式""羊毛""大翻领""黑色""中号"等, 这样, 可以使范围迅速缩小, 便于她在商场寻找适合自己的理想的衣服. 但是, 如果增加的属性过多, 概念的外延就会过少, 即符合要求的衣服非常少, 以至于根本没有合适的, 那此时就可适当删减一些属性, 如删除"羊毛"或者"黑色"以增加更多可以选择的衣服.

事实上, 我们在网购物品时, 都是这样通过不断调整商家提供的选项来获得我们想要的货品的详情, 而这一过程就是不断增删属性以调整概念外延的过程. 不仅如此, 凡是涉及调整、平均、选择、权衡利弊等类似问题, 我们都会自然而然地使用这种方法. 这其实就是对概念的外延和内涵进行增删以期达到自己需求的过程.

所以, 内涵与外延的统一不仅仅是哲学对于概念的严格定义和思维层次上的要求, 也是我们日常生活会接触和使用的常规名词, 只不过我们在日常生活中不可能也没有必要总是上升到理论高度来探讨这个问题.

2.2 概念学习模型

概念是人类对一个复杂的过程或事物的理解, 从哲学的观念来说就是思维的基本单位.

在日常用语中, 人们往往将概念与一个词或一个名词同等对待, 事实上, 概念一般是用一个词来标记的. 但是一个单一的概念可以用任何数目的语言来表达. 例如, 我们汉语中的 "狗" 这个概念, 可以分别表达为英语的 dog, 德语的 hund, 法语的 chien 和西班牙语的 perro. 概念在一定意义上独立于语言的这一事实使得翻译成为可能: 在各种语言中, 不同的词可以有统一的意义, 因为它们表达了相同的概念.

所以, 概念学习的本意是要发现、获取概念, 进而对学习到的概念进行深入分析, 诸如考察概念的类型、概念之间的关系, 甚至利用概念做出一些决策或者指导. 因此, 概念学习的最基本、最核心的模型主要是获取概念的模型.

本节简单介绍四种具体的概念分析理论与模型: 聚类分析、粒计算、粗糙集与形式概念分析.

2.2.1   聚类分析

聚类分析是指将物理或抽象对象的集合分为多个类的分析过程, 其中每个类或者组都由一些类似的对象组成. 所以聚类结束后, 同一个类中的对象有很大的相似性, 而不同类间的对象有很大的差异性 [6].

任何给定的数据集都可能包含许多不同但有意义的分类, 每个分类可能涉及数据的不同方面, 不必狭隘地寻求单一的 "正确" 分类. 所以, 在分类的过程中, 人们不必事先给出一个分类的标准. 聚类分析就是一种探索性的分析, 它能够从样本数据出发, 自动进行分类. 有趣的是, 无论实际数据中是否真正存在不同的类别, 利用聚类分析都能得到分成若干类别的解.

聚类分析所使用方法的不同, 常常会得到不同的结论, 其分析的结果可以提供多个可能的解. 不同研究者对于同一组数据进行聚类分析, 所得到的聚类数也未必一致, 最终的解的选择需要研究者的主观判断和后续的分析. 有时, 在实际应用中, 为了发现多个分类, 需要不同的聚类过程, 而通过聚类分析找到的分类可能会产生有趣的和有意义的新见解与领悟. 在这个过程中, 甚至有些完全出乎意料的结果可能被揭示出来.

在对聚类的探索中, 有两种可能性经常被忽视.

(1) 数据可能不包含聚类. 当聚类变量几乎完全独立或者正交时, 将导致这样的结果. 在对数据单元进行聚类时, 若缺乏区分变量和或多或少均匀分布的点, 则在测量空间会导致出现明显缺乏凝聚力的现象.

(2) 数据可能只包含一个聚类. 当聚类变量几乎完全依赖或者共线时, 会导致这样的结果. 在对数据单元进行聚类时, 若所有数据单元之间缺乏有意义的相互关联的判别变量, 则只提供一个聚类.

很明显, 这两种可能性是截然相反的, 所有其他的可能性都在它们之间.

一个聚类结果本身并不一定是一个完整的结果, 有时候可能只是一个大概的轮廓. 但这不妨碍我们利用聚类获得有意义有价值的知识. 此外, 我们想说的是, 聚集之后形成的一个类其实就相当于一个概念, 它有一定的个体集合, 且反映了这些个体的共性特质.

2.2.2 粒计算

粒计算的原始思想最早起源于 1973 年模糊数学之父 Zadeh 关于语言变量的思考 [7], 继而 1979 年第一篇关于信息粒的文章问世 [8], 之后, 1997 年 Zadeh 与 Lin 共同提出了粒计算的概念 [9−11]. 粒计算是一个崭新的研究领域, 至今还没有明确的定义与研究范围. 不同的研究者对这个概念及其相关研究领域有很多不同的理解, 也已经有了很多理论与应用成果 [12−32].

但是, 大家公认的一点是: 粒计算是一种看待客观世界的世界观和方法论, 其主要思想是采用粒度思想解决复杂问题, 把复杂问题抽象、划分从而转化为若干较为简单的问题, 覆盖求解过程中的理论、方法、技术以及工具等多个方面, 有助于我们更好地分析和解决问题. 其实, 这种思想与应用广泛地存在于我们的生活当中.

人类在处理大量复杂信息时, 由于自身认知能力有限, 往往会把大量复杂信息按其各自特征或性能划分为若干较为简单的块, 这每一个块就相当于一个粒. 例如, 编程时, 大的程序可以由一个个小的模块链接; 搭建桥梁时, 可以分块完成最后再进行组装; 超市理货时, 先按照大块区域划分食品、家居、日杂、服装等, 再把每一种进行细分, 如食品可进一步细分为小零食、冷鲜、饮品等, 而小零食又可再进一步细分为饼干、肉干、果干等, 如此递进细分, 既方便理货, 也方便顾客寻找. 所以, 我们平日所说的分门别类、化整为零的思想, 就是粒计算思想的一种体现. 可见, 粒计算思想的应用在我们生活中无处不在, 而且大家在使用时非常自然.

实际上, 粒就是指一些个体通过相似关系、邻近关系或功能关系等所形成的块. 这种获得粒的过程就是信息粒化. 粒化, 是问题空间的一个划分过程, 它可以简单理解为在给定粒化准则下 (如等价关系) 得到一个粒层的过程, 是粒计算的基础, 通过粒化我们可以得到问题空间的层次内部以及层次之间的结构.

粒化准则可以单一, 也可以不同. 无论哪种情形, 均可得到多个粒层, 形成多层次的网络结构. 粒计算可以通过访问粒结构来解决问题, 包括在层次结构中自上而下或者自下而上两个方向的交互, 以及在同一层次内部的移动. 而不同粒层上粒子之间的转换与推理, 以及同一粒层上粒子之间相互交互, 就是多粒度计算. 张铋院士曾指出: "人类智能的一个公认特点, 就是人们能从极不相同的粒度上观察和分析同一问题, 并且很容易地从一个粒度世界转到另一个粒度世界." 从粒计算的观点来看, 其意义就在于: 在不同变量上对同一数据集获得的粒结构可能不同. 这为该数据的理解和认知提供了天然的具有互补性的多粒度结构. 多粒度分析从多个角度、多个层次出发分析问题, 可获得对于问题更加合理、更加满意的求解结果.

所以, 总体来说, 粒计算涉及两个基本问题: 粒化和基于粒化的计算. 由此, 粒计算模型大体可分为两大类: 一类侧重于不确定性处理, 如粗糙集理论; 另一类则侧重于多粒度计算, 如商空间理论.

本节, 我们重点介绍粒计算的三元理论, 以及粒计算与概念学习之间的联系.

姚一豫提出的粒计算的三元论观点为粒计算提供了一个概念性模型 [27], 该模型用图 2.3 所示的粒计算三角形给出. 粒计算三角形的中心是粒结构, 外围是与粒结构相互交织的三个重要的思想, 即关于粒计算的三种观点: 从哲学角度看, 粒计算是一种结构化的思想方法; 从方法论角度看, 粒计算是一个通用的结构化问题求解方法; 从计算角度看, 粒计算是一个结构化信息处理的典型方法.

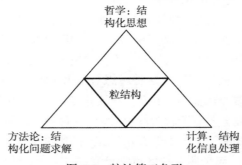

图 2.3   粒计算三角形

该模型强调的是能够恰当反映粒度多水平或者粒度金字塔的结构. 一个单层的粒结构可以提供一个问题或者系统的多水平理解和表示. 但是, 它特别强调一个特定的方面, 从而导致只能提供一种观点. 通过构造一族层次, 就可能构造出多个不同观点. 粒结构就是一族相互协作、相互补充的层次, 可以给出一个问题或一个系统的完整的、多视角的理解与表达. 粒结构的使用, 以多水平和多视角为特点, 建立了结构化思想、结构化问题求解、结构化信息处理的一个牢固基础.

如我们所知, 概念被看作人类思维的基本单元, 每一个概念由两部分组成, 即内涵与外延. 内涵就是对概念的实例 (对象) 有效的属性子集或性质子集; 外延就是概念的实例的集合. 即内涵是对实例集所共同拥有的属性的抽象表示, 外延则是概念的实例解释. 外延中所有的对象或者例子共同拥有内涵所描述的所有属性.

图 2.2 已经给出了由奥格登和理查兹提出的语义三角形, 它可以解释概念学习的传统观点, 即构建概念与粒的对应. 语义三角形将概念构造中的字符、概念与指称物区别开来. 概念, 也称为内涵、思想或者想法, 通常表示与人类思维相关的抽象本质. 字符, 也称为符号或名称, 是语言或者文本的抽象表示. 指称物, 也称为外

延或对象, 为外界的某些物理对象. 从字符到概念的箭头表示概念可以被语言所描述. 从概念到指称物的箭头说明通过认知可以建立内涵概念与外延对象间的映射. 从字符到指称物的虚线表示通过编码与认知所构建的间接映射. 这些关系可以简单地描述为图 2.4 所示的概念的语义三角形.

在概念构造与学习的背景下, 可根据概念的语义三角形从不同的角度看待粒度. 如图 2.5 所示, 一个粒度可被三个元素所共同刻画: 粒的名称, 粒的描述以及粒的实例. 粒的描述就是粒的表示方式, 在我们的研究中可以是一个逻辑公式; 粒的实例就是一族形成这个粒的对象; 粒的名称就是可以方便指代这个粒的一个标签.

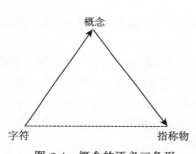

图 2.4　概念的语义三角形

图 2.5　粒的语义三角形

利用粒的语义三角形, 我们就可以探索粒的形式化描述.

定义 2.1　称三元对 $(g, i(g), e(g))$ 为一个粒, 其中 g 为粒的名称, $i(g)$ 为粒的一种描述, $e(g)$ 为粒的实例的对象集.

该描述简洁地反映了粒三角形. 值得注意的是, 在许多情形下, $i(g)$ 和 g 是相同的, 并不刻意加以区分.

我们可以给出一个很简单的粒计算结构的例子, 那就是划分.

定义 2.2　设 U 为一个有限论域, 若其子集族 $\mathcal{A} = \{A_1, A_2, \cdots, A_m\}$ 满足下列三个条件, 则 $\mathcal{A}$ 被称为是 U 的一个划分.

(1) 对于任意的 $i = 1, 2, \cdots, m$, 都有 $A_i \neq \varnothing$.

(2) 当 $i \neq j$, $i, j = 1, 2, \cdots, m$ 时, $A_i \cap A_j = \varnothing$.

(3) $\bigcup\limits_{i=1}^{m} A_i = U$.

论域的划分实际上就是论域的分类, 每一个分好的块 $A_i (i = 1, 2, \cdots, m)$ 代表一个概念的外延. 这些 $A_i (i = 1, 2, \cdots, m)$ 就可以当作同一层的粒来考虑. 所以, 从划分的角度讲, 同一层的粒 (块) 是两两互斥的.

定义 2.3　设 U 为一个有限论域, 其上的两个划分分别记为 $\mathcal{A} = \{A_1, A_2, \cdots, A_m\}$, $\mathcal{B} = \{B_1, B_2, \cdots, B_n\}$. 若对于任意的 $A_i \in \mathcal{A}$ $(i = 1, 2, \cdots, m)$, 都存在一个 $B_j \in \mathcal{B}$ $(j = 1, 2, \cdots, n)$, 使得 $A_i \subseteq B_j$, 则称划分 $\mathcal{A}$ 比 $\mathcal{B}$ 更细.

定义 2.3 给出的两个划分之间的关系, 也可以将其称为: 划分 $\mathcal{A}$ 是 $\mathcal{B}$ 的加细或细化, $\mathcal{B}$ 是 $\mathcal{A}$ 的加粗或粗化. 该定义体现的是对同一个论域进行的不同划分之间的粗细关系, 也就是不同划分的块之间的大小关系. 利用这种关系就可以建立一个论域的多层次粒结构. 例如, 针对一个论域有两种粗细不同的划分, 就可以看作两个层次, 两种划分意味着可以从两个不同的层次水平分析数据. 处于同一个层次内部的粒之间是两两互斥的; 分属于两个不同层次的粒之间或包含或互斥. 同层粒度对数据分析的作用是类似的, 不同层的粒度分析则起到互补的作用. 因此, 形成了既有平面又有立体的信息分析网络, 其分析结果相互补充说明, 共同反映数据的更多信息.

通过上述关于粒与概念、分类与粒化的关系探讨, 我们认为粒计算与概念学习是有密切联系的.

与粒计算相关的、目前处于蓬勃发展的几个研究领域包括: 词计算、模糊集、粗糙集、形式概念分析、三支决策、商空间、云模型等. 由此亦可看出, 粒计算已经逐渐成为当前智能信息处理领域中一种新的概念和计算范式, 是研究基于多层次粒结构的思维方式、复杂问题求解、信息处理模式及其相关理论、技术和工具的方法论.

2.2.3   粗糙集

粗糙集理论 (Rough Set Theory, RS) 是波兰数学家 Pawlak 于 1982 年提出的一种分析数据的数学理论, 用于分析不可定义概念及其近似 [33]. 1991 年他关于粗糙集的第一部专著 *Rough Sets: Theoretical Aspects of Reasoning about Data* 的问世 [34], 标志着粗糙集理论及其应用的研究进入活跃时期. 之后, 1992 年关于粗糙集理论的第一届国际学术会议在波兰召开; 1995 年, 国际计算机学会出版的杂志 *ACM Communication* 将粗糙集列为新浮现的计算机科学的研究课题. 目前, 粗糙集理论已成为信息科学最为活跃的研究领域之一, 在自身理论研究、与其他相关理论的关系及结合研究、应用等领域, 都有非常丰富的研究成果 [35−102].

粗糙集理论是一种研究和处理不精确 (Imprecise)、不一致 (Inconsistent)、不完整 (Incomplete) 等各种不完备信息的有效的数学工具, 这得益于它的数学基础成熟、不需要先验知识, 以及它的易用性.

粗糙集理论创建的目的和研究的出发点就是直接对数据进行分析和推理, 从中发现隐含的知识, 揭示潜在的规律, 因此它是一种天然的数据挖掘或者知识发现方法, 与基于概率论的数据挖掘方法、基于模糊理论的数据挖掘方法和基于证据理论的数据挖掘方法等其他处理不确定性问题理论的方法相比较, 最显著的区别是它不需要提供问题所需处理的数据集合之外的任何先验知识, 而且与处理其他不确定性问题的理论有很强的互补性.

粗糙集在处理不确定性和不精确问题方面都推广了经典集合论, 可以用来描述知识的不精确性和不完全性. 从知识描述的方法来看, 粗糙集是通过一个集合关于某个已知的可利用的信息库 (近似空间) 的一对上、下近似描述的; 从集合的对象间的关系看, 粗糙集强调的是集合对象间的不可分辨; 从研究对象的角度看, 粗糙集研究的是不同类中的对象组成的集合之间的关系, 重在分类.

针对一个数据集, 按照某种等价关系 R 建立的分类是粗糙集理论的研究基础. 每个类以及那些可以表示成某些类的并的集合可被认为是一个精确概念, 是可以被定义的. 除此之外的集合都是不可被定义的. 但是, 粗糙集理论可以给出这些不可定义的集合或者概念的一种近似表示. 粗糙集对不精确概念 X 的描述是通过其下近似 $\underline{R}(X)$ 和上近似 $\overline{R}(X)$ 这两个精确概念来实现的. 一个概念的上近似由可能属于该概念的粒子组成, 其下近似由肯定属于该概念的粒子组成.

关于粗糙集理论的基本思想, 还有一种等价的理解方式. 那就是, 粗糙集理论用正域、负域和边界域三个两两互不相交的区域近似一个不可定义概念 X. 在粗糙集理论中, 概念的可定义性基于描述实体的一个描述语言. 对于正域中的实体, 我们可以通过它们的描述断定它们属于某个概念; 对于负域中的实体, 我们可以通过它们的描述断定它们肯定不属于某个概念; 而对于边界域中的实体, 对它们的描述则无法让我们断定它们一定属于或不属于这个概念. 而事实上, 正域, 就是 X 的下近似 $\underline{R}(X)$, 即肯定属于概念 X 的那些粒子; 负域, 就是所考虑对象的全体去除 X 的上近似后剩余的部分 $\Omega - \overline{R}(X)$, 也就是肯定不在概念 X 中的粒子; 而边界域就是 X 的上、下近似的差 $\overline{R}(X) - \underline{R}(X)$, 也就是可能属于概念 X 的粒子.

图 2.6 给出了关于粗糙集理论最基础的概念与思想的简单刻画.

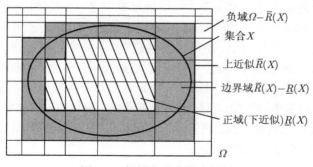

图 2.6 粗糙集基本概念图示

假设最大的矩形框是所要考虑的对象或者实例全体, 即全集 Ω, 其中大小不一的矩形块是按照某个确定的等价关系 R 划分的所有等价类. 图中用椭圆表示的是我们要考虑的一个普通集合 X, 它显然不能表示成若干个等价类的并. 因此, 它并不是一个精确的、可定义的概念. 但是, 在其内部却有一些完整的等价类 (块), 将这些等价类合并, 就是 X 的下近似 (正域), 即图中斜线部分. 针对图中的阴影部分, 我们可以看出, 其中的实例有些是在 X 中, 有些却不是. 也就是说, 这部分的等价类中的元素处于一个边界位置, 可能属于 X, 也可能不属于 X. 因此将这部分称为边界域. 而下近似与边界域的合集称为 X 的上近似. 显然, 上近似与下近似之间的差异越小, 即边界域越小, X 越容易用一些等价类的并刻画出来, 也就是说越接近一个精确概念. 这就是粗糙集用上、下近似来刻画一个不精确概念的基本原理和思想. 本书认为, 这种思想方法在本质上非常朴实, 而且接近真实情况.

针对一个集合或者概念 X 而言, 粗糙集理论除按照某种等价关系把与之相关的知识分为三类之外, 其研究方向之一 —— 粗糙集约简, 也可以将 X 所反映的属性信息分为三类.

粗糙集理论的数据基础是以对象集、属性集以及二者之间函数关系形成的信息系统为基础的, 而知识的分类主要是用属性来表达的. 事实上, 各个属性在表达知识分类中的作用是不同的. 有些属性是绝对不必要的, 去掉这些属性, 并不会影响以分类为目的的知识发现过程与结果; 有些属性是绝对必要的, 去掉这些属性必然会影响到知识的发现; 而有些属性是相对必要的, 它必须与所有绝对必要属性搭配起来才不影响知识发现. 因此, 有关信息系统的属性也就自然而然地分成了三类, 即绝对不必要属性, 绝对必要属性, 也称核心属性, 以及相对必要属性.

这种对于属性的分类, 不仅阐释了属性在知识发现中的不同作用, 也相当于对原始数据基础进行了属性选择或者特征提取, 对于数据降维又起到了一定作用. 同时, 这种根据知识发现的目的 (此处, 特指分类) 进行降维的思想也极大地推动了粗糙集约简理论的发展, 同时也启发了其他相关领域中属性约简理论的研究.

目前, 粗糙集理论的研究成果与应用成果都很多. 在数学理论方面, 主要讨论粗糙集的代数结构与拓扑结构等问题; 在粗糙集拓展等方面的研究主要涉及变精度粗糙集模型、模糊粗糙集模型、粗糙模糊集模型、不完全信息系统下的粗糙集模型以及对连续属性的离散化等; 还有关于粗糙集理论与其他处理模糊性与不确定性问题的方法之间的关系研究; 神经网络与粗糙集方法对于从数据中进行特征提取的关系的研究; 基于粗糙集的逻辑; 粗糙集约简理论等. 应用方面, 涉及临床医疗诊断、预测与控制、模式识别与分类、机器学习和数据挖掘、图像处理、管理科学与金融等诸多领域, 并取得了很好的效果.

2.2.4   形式概念分析

哲学对概念的阐释决定了从数学角度刻画一个概念时, 得先形式化这个概念的内涵与外延. 从思维的抽象到数学的抽象, 还要反映具体事物, 这无疑是一件难度很大的事情. 而德国数学家 Wille 于 1982 年提出的形式概念分析 (Formal Concept Analysis, FCA) 理论这一原创性工作解决了这一难题 [103].

　　说到形式概念分析, 不得不提到格论 [104]. 格论为序理论的深入研究, 特别是为不同层次的系统的研究提供了一个合适的框架与方法. 这个在数学上把格论当作一种子结构理论的观点使得格论在 20 世纪 30 年代得到了突飞猛进的发展, 最终成为数学的一门分支学科.

　　德国数学家 Wille 在 20 世纪 70 年代末, 有一个关于格论的负面观点. 他认为, 当时的格论在理论概念、研究结论和发展方面有着非常丰富的成果, 有些甚至达到了 "头脑体操" 的境界, 其发展在理论方面越来越复杂、深入、完美; 但是这种完美却使得格论与其他相关理论或者生活的联系越来越弱, 使得格论越来越被孤立. 这也折射出当时数学界的类似问题. 有很多的数学家与哲学家开始意识到这种孤立带来的隐患, 关注并探讨人文科学与自然科学研究的现状, 提出了 "重建" 理论发展这一概念, 意图使得各种理论的产生、连接、解释, 以及应用能够一体化、合理化. 在这种情况下, 重建格论被看作考虑与其他周边关系情形下, 重新展示格论中的概念、结论和方法的一种尝试. 因此, Wille 试图重建格论, 尽可能精确地解释格论, 以期再复兴格论与一般文化的联系, 并加强格论的理论工作者与潜在的格论使用者之间的沟通.

　　如前所述, 传统的哲学认为概念是由其内涵与外延决定的, 而概念有大小之分. 对于多个概念, 首先要明确其大小之分, 是一级概念还是二级概念, 是并列关系还是包含关系. 明确概念之间的关系才能使我们更好地理解概念. 概念的层次是由超概念和亚概念的关系决定的. 亚概念的外延包含在超概念的外延里, 而超概念的内涵包含在亚概念的内涵里. 例如, "人类" 与 "生物" 的关系, "人类" 是 "生物" 的亚概念, 而 "生物" 是 "人类" 的超概念. 对于一个给定的概念, 如上述概念, 要列出其所有的对象和属性几乎是不可能的. 能够想到的一个建议就是: 限定一个 "背景", 固定对象集合与属性集合, 所以这是个 "形式背景"; 进而, 用集合论的语言设法进行描述, 这就是格. 其元素对应着背景的概念, 而其序来源于概念的层次. 该方法将 "概念格" 作为基础, 讨论在背景和概念层次分析的框架下, 如何来研究格的结构理论与表示理论.

　　鉴于这样的研究背景和研究思路, Wille 提出了形式概念分析理论. 自 1982 年第一篇相关论文问世, 到 1999 年第一本专著出版, 标志着形式概念分析理论的初步完善 [105]. 到目前为止, 形式概念分析在格构建理论、属性约简、规则提取、近似概念、与模糊集等其他理论的结合、概念认知以及应用研究方面, 都有很多丰富的成果 [106−226].

　　Ganter 与 Wille 在他们的经典著作 *Formal Concept Analysis*: *Mathematical Foundations* 一书中提到: 他们对于形式概念分析的提出与研究工作是从 20 世纪 70 年代末开始的, 他们的研究团队是第一个, 也是系统地将这一理念发展为一个数据分析方法的研究团体, 并且该方法在很多领域得以验证和发展. 书中特别强调: 这一研究工作得以成功的决定性因素就是背景的形式化, 以及将概念解释为内涵与外延的统一 (The decisive factor in the success of this work was among other things the formalization of "context" and the interpretation of "concept" as a unity of extension and intension. P58). 对概念的这一形式化描述, 已经从哲学角度深深地触及概念的本质. Ganter 等有大量德文版著作专门对此进行了阐述.

让我们暂时回到皮尔斯的符号三角形. 其中的对象与解释项之间的关系是在一个特定的环境下才引出的, 而这一特定环境其实恰好就是形式概念分析中的形式背景, 也就是研究背景. 反之, 一个用 (对象集, 属性集) 这样的二元对表示的概念 (O, A) 实际上也是三部分: 外延 O、内涵 A 以及潜在的形式背景. 所以二者之间有相通之处. 我们可以想象出, 形式概念分析理论的产生与其核心思想的基本表示方式, 在无意之中与皮尔斯三角形相吻合. 这也说明, 一种科学思想的运用背后一定潜藏着另一种科学思想, 或者说很自然地接受了潜在的另一种科学思想的指挥. 这正是科学的美妙与伟大之处.

我们不难发现, Wille 提出并研究形式概念分析理论的初衷是找出数学中的格的实际例子, 是把格论从理论的神坛向应用过渡的一个思索, 也是格论研究的一个广义化与一般化. 不过本书认为, 形式概念分析理论最根本的贡献和核心是概念的数学化和形式化的描述, 以此为基础, 形式概念分析近年来的发展已经突破了格论自身, 无论在理论还是在应用上都有了自己的一套方法, 成为一个新的有影响力的研究分支. 目前, 形式概念分析已经应用到诸如信息检索、语义 Web、知识工程等很多领域.

形式概念分析的产生与发展, 与格论有密不可分的关系, 而其近年来蓬勃发展的趋势也离不开其他相关理论对它的支撑或者互补, 如粗糙集、模糊数学等. 因此, 我们希望能够多方位多角度地结合相关理论, 不单一地研究形式概念分析, 更不单一地研究形式概念分析的理论问题, 同时要以数学为理论基础, 以概念学习为方法, 最终目的依然是应用.

另外, 形式概念分析理论也并非尽善尽美. 每一个形式概念都有内涵与外延两部分, 这二者之间的关系与相互确定满足哲学对概念的定义, 这使得将它们组成二元对来刻画一个概念, 既自然又合情合理. 从对哲学中概念的形式化描述这个角度来讲, 形式背景和形式概念的提出无疑是完美的. 但是, 形式概念分析理论中没有涉及命名问题. 这在自然语言处理中是不好的, 还不够完整. 因为没有名称, 靠很长的描述 (如性质、特征等, 即内涵) 来反映一个概念, 在实际中无法使用. 例如, "奇数" 这个概念. 我们都知道其内涵的描述是: 不能被 2 整除的数, 其外延为所有奇数, 其名称为 "奇数". 而形式概念分析能做到的是: 以形式背景为基础, 可以给出内涵与外延, 且用一对二元组来代表一个奇数, 但是它却不能给出 "奇数" 这个名称. 也就是说, 形式概念分析仅仅说明如此的内涵与外延一起可以构成一个概念,但是这个概念叫什么, 并未曾涉及. 当然, 这个问题目前来看, 并非形式概念分析研究领域内所涉及的问题, 但是也不妨碍我们以后可以在形式概念分析的理论框架下研究概念的命名问题.

有关形式概念分析理论的最基本的定义、符号系统与理论都是本书最基础、最重要的组成部分, 我们将在 4.1 节给出较为详细的基本理论知识.

2.3　内涵–外延观点的概念类型

由法国巴黎波尔–罗亚尔修道院修士 Arnauld (1612~1694 年) 与 Nicole (1625~1695 年) 合著的逻辑教科书《逻辑或思维的艺术》(现版译为《波尔–罗亚尔逻辑》) 是 17~19 世纪在西欧流传甚广、影响较大的逻辑著作. 它的大部分内容是当时, 即 17 世纪, 已有逻辑知识成果的汇集, 基本上反映出当时的逻辑科学水平和这时期一般逻辑教本的面貌, 并对欧洲后来的逻辑教本有一定影响 [227,228]. 全书共包括四部分: 概念篇、命题篇、推理篇和方法篇. 该书阐述的内容被后人统称为波尔–罗亚尔逻辑. 该书作者第一次明确提出和讨论了内涵与外延问题.

波尔–罗亚尔逻辑最重要的观点是把一个思想或者概念理解为一对内涵与外延的共同体. 概念的内涵包括概念反映的所有对象所具有的属性和特征, 概念的外延是概念实例的对象集合. 内涵–外延的观点是研究数据分析、概念形成与概念学习的基础. 前面提到的粗糙集理论与形式概念分析, 是基于内涵–外延观点进行概念学习的两个很好的例子.

内涵–外延观点为从逻辑角度描述内涵, 从集合论角度描述外延的概念分析提供了一个一般框架. 在特殊情况下, 我们也可以从集合论角度来描述内涵, 就像在形式概念分析中把一个逻辑公式用集合来等价地进行刻画一样. 不同的描述和解释使得对不同类型的概念进行研究和分类成为可能. 本节我们给出从内涵–外延角度进行理解的四种概念类型.

1. 概念的传统理解

概念被假设为: 具有明确定义的边界, 其外延是一个对象集合, 而内涵可以用一个逻辑公式表示. 传统的观点是基于布尔逻辑研究内涵, 基于集合论研究外延.

对概念的这种传统理解观念为多种概念分析的方法提供了坚实的基础和起点. 例如, 粗糙集理论用描述语言的逻辑公式来表示内涵, 用对象集表示外延; 形式概念分析则将概念的内涵表示为一个属性集合, 用逻辑合取来解释, 而外延亦表示为一个对象集合.

在很多实际情况中, 由于信息或知识的不确定性、不完备性或概念的模糊性, 这种经典观点可能会受到很大限制, 因为有些概念也许不能被精确定义. 这推动了不同概念研究的发展, 如下面将要提到的部分已知概念、近似概念以及具有渐变边界的概念.

2. 部分已知概念

上述对概念的传统理解观念能抓住一个概念的固有性质, 任何对象要么是一个概念的实例, 要么不是. 但是, 我们关于实际中一个概念的理解依赖于可获得的信息和知识, 所以, 当具有不完全的信息和知识时, 我们只能对一部分对象表达其实例的状态或者非实例的状态, 而非全部对象.

换句话说, 对于一个概念的外延, 我们可以对其进行三个角度的表达, 即三支表示: 第一个是包含已知属于概念实例对象的正域, 第二个是包含已知属于概念非实例对象的负域, 第三个是包含状态未知对象的边界域. 这三者合起来, 就明晰了概念的外延. 等价地, 我们用区间集来表示一个部分已知概念的外延. 正域是区间集的下界, 正域和边界域的并集是区间集的上界. 类似地, 我们也可以将部分已知概念的内涵用属性的区间集来表示. 为了模拟部分已知的概念, 可以使用 Kleene 的三值逻辑.

3. 近似概念

关于近似概念的存在和研究的必要性, 我们可以从两个方面来给出理由, 而这两个不同的方面将导致两种不同的解释.

第一种解释强调以描述性语言给出的概念的可定义性. 有关粗糙集分析研究的主流就依赖于这种解释. 假设给定一个使用有限属性集的描述性语言, 有可能会产生一些对象不能被它们的描述所区分的情况. 一个不可区分对象的集合本质上就是由一个等价关系确定的等价类. 因此, 如果一个对象集合不是一族等价类的并, 那它就是不可定义的. 虽然这样的集合可能是一个概念的外延, 但是这种语言也不能定义这个集合. 其结果就是产生一个不可定义的概念. 此时, 我们就需要用可定义的概念来近似这种不可定义的概念. 基于粗糙集的概念分析使用一对可定义的概念作为不可定义概念的下近似和上近似, 很好地解决了这个问题. 基于粗糙集的近似概念也可以描述成三支形式, 与上述部分已知概念的三支描述形式相同. 但是它们有不同的语义解释: 前者是由于描述性语言受限, 而后者是因为信息不全面. 从逻辑角度来说, 相应于粗糙集的逻辑是模态逻辑.

第二种解释强调的是概念的复杂性. 我们知道, 对于一个给定的概念, 其准确的外延与语言描述可以精确地定义其内涵. 但是, 这种描述有可能难以理解与操作, 最终导致因过于复杂而不具备实际应用价值. 在这种情况下, 我们可以使用具有简单描述的概念来近似这种概念.

部分已知概念与近似概念都认可传统概念对于概念的固有假设, 那就是, 一个

对象, 要么是一个概念的实例, 要么不是这个概念的实例. 而引入这两种概念, 就是
为了模拟在实际当中, 我们想要确定所有对象的状态时, 却可能会遇到的无能为力
的情况. 倘若真遇到这样的情况, 就可以考虑用部分已知概念或近似概念来对概念
进行描述. 在部分已知概念情形中, 我们的无能为力是因为信息不全面; 在近似概
念情形中, 则是因为描述语言的表达能力有限.

4. 具有渐变边界的概念

与传统概念形成对照的是, 可以假定一个概念没有被明确定义好的边界. 例如,
对某些对象而言, 概念只是部分适用. 可能存在一系列对象, 它们逐渐从一个概念
的非实例转变为实例. 特别地, 我们可以从量化的角度来定义一种属于度. 模糊集
就是一个很好的例子, 它可以被用来表示一个具有渐变边界的概念的外延. 相应地,
多值逻辑可以被用来研究具有渐变边界的概念的外延.

表 2.1 概述了上述几种不同类型的概念分析. 传统概念中, 用集合论与布尔逻
辑进行概念分析. 对于其他类型的概念分析, 我们考虑了集合论和布尔逻辑的不同
推广. 区间集与 Kleene 三值逻辑是研究部分已知概念的基础. 粗糙集与模态逻辑
是研究近似概念的工具. 模糊集与多值逻辑可用于研究具有渐变边界的概念.

表 2.1　概念及其表达类型

概念	外延	内涵
传统概念	集合	布尔逻辑
部分已知概念	区间集	Kleene 三值逻辑
近似概念	粗糙集	模态逻辑
渐变边界概念	模糊集	多值逻辑

2.4　小　　结

为了从思维和哲学角度对概念有一个更为深刻的认识, 本章从符号学、语义学
以及哲学 (内涵–外延观) 的角度来阐述概念在不同研究领域里的共同哲学基础, 试
图给出从哲学层面理解概念的一个框架和思维方向. 继而介绍了聚类分析、粒计
算、粗糙集以及形式概念分析四种概念学习与分析方法, 特别强调了内涵–外延形
式的概念类型除传统观念外的扩展, 其中, 用区间集表达和解释的部分已知概念将
在第 8 章中给出更为详细的、最新的一些理论成果.

第 3 章　三支决策理论

3.1　三支决策理论的基本思想

三支决策 (Three-way Decisions, 3WD) 理论是姚一豫于 2009 年提出的以 "三分而治" (Trisecting-and-acting) 为主要思想的一个有效决策理论 [229], 即将一个整体 (论域) 分为三个部分, 并采取有效的策略来处理这三个部分. 近年来, 该理论得到国内外学者的普遍认可, 从理论研究到实际应用, 已经获得很多有价值的成果, 使得三支决策理论得以逐步完善.

我们首先介绍三支决策理论中的数字 "三" 的重要性与特殊性, 进而展示三支决策理论的主要思想.

3.1.1　"三" 的魅力

日常生活中, 我们对于数字 "三" 的使用司空见惯, 很多事物都可以用 "三" 进行描述, 或者被分为三种情形. 例如, 时间上, 我们有过去–现在–未来; 空间上, 有左–中–右, 上–中–下, 以及前面–中间–后面; 体积上, 有小–中–大; 语言的使用上, 重要的事情说三遍, 排比句往往是三句; 而三个事情的罗列, 如三个词、三个短语或者三句话, 更是被许多伟大的演讲者最常使用的、有力的演讲模式. 类似这样的关于 "三" 的例子在生活中比比皆是.

第 2 章在介绍概念的哲学机理的时候, 牵扯到若干三角形, 如语义三角形、粒计算三角形、概念的语义三角形、粒的语义三角形等. 这些稳固的三角形, 不仅体现了几何学的美与简单, 也揭示了概念的平衡性与概念内部的相互制约, 如内涵与外延的相互制约. 事实上, 这些关于概念的哲学意义等内容, 从某种角度上也体现了 "三" 的特殊性, 也是三支决策思想的来源之一.

我们先以皮尔斯的符号学理论的产生为例来说明 "三" 在其理论中的重要性.

皮尔斯关于符号三分的思想不仅强调总分类以一系列三分构成, 而且符号的各方面都三分. 因为他认为意义规律服从一个更本质的形式, 即 "现象学式的三分". 例如, 他将逻辑分为一元、二元、三元; 形而上学分为品质、事实与法则; 符号学有三方面的任务, 即分解、批判、方法; 符号本身三分, 即再现体、对象、解释项, 其中每一个又可以再进行三分. 皮尔斯认为三分是一个普遍原则问题. 因为 "一个有三条分叉的路可以有任何数量的终点, 而一端接一端的直线的路只能产生两个终点. 因此, 任何数字, 无论多大, 都可以在三种事物的组合基础上产生". 三元组成, 保证了皮尔斯符号学的开放性, 也与我国古代思想家老子的"三生万物"不谋而合.

老子《道德经》第四十二章首句云: "道生一, 一生二, 二生三, 三生万物. 万物负阴而抱阳, 冲气以为和." 一生二, 二生三, 三生万物, 这是《道德经》的核心. 其中, "三生万物" 这一词耐人寻味, 它揭示了事实的 "三元性". 在中国人的文化观念里, 三代表无穷多, 是万事万物的起点和节点. 它以有限寓无限, 是万物生化的关键之所在, 是量变与质变的临界点. 同时, 三也是一个平衡点, 是对称美的体现形式之一.

我国当代著名历史学家、文化史家、哲学史家庞朴先生一生致力于对中国哲学史、思想史、文化史的研究, 他提出, 中国人的思维是三分统一而不是二元对立的, 二分法把事情过于简化了. 好与坏, 对与错, 强与弱, 美与丑······ 这些都是二分法. 但是, 世上的人和事如果都这么简单地划分与对待, 那世界也就不会繁杂美丽, 人类也不可能有那么多美好的发明创造了. 他认为, 无论辩证法还是阴阳学说, 都是基于 "二分" 的, 不能全然反映世界的真实, 世界的真实应在于 "三分". 这就是庞朴先生学术成果中影响最大的 "一分为三" 学说. 其著作《一分为三论》对这一观念进行了详细的阐述与剖析.

不仅古今中外的哲学家对于 "三" 推崇备至, 就连我们的伟大领袖毛主席也有关于 "三" 的精彩论断. 他关于划分三个世界的正确战略, 为当时国际无产阶级、社会主义国家和被压迫民族团结一致, 建立最广泛的统一战线, 反对苏美两霸和它们的战争政策, 提供了强大的思想武器.

1949 年以后, 大部分国家根本不在意这个新生的中华人民共和国, 所以几乎所有的方面我们都只能向苏联学习, 模仿苏联模式. 在后来的实践中, 中国外交慢慢摸索, 逐步积累了更多的经验和教训. 1971 年在联合国大会第 26 届会议上通过第 2758 号决议, 恢复了中国在联合国的合法席位, 1972 年我国与日本邦交关系也正常化, 并与不少西方国家建立了外交关系. 经过这么多历练和积累后, 毛泽东在 1974 年会见赞比亚总统时这样讲: "我看美国、苏联是第一世界. 中间派, 日本、欧洲、澳大利亚、加拿大, 是第二世界. 咱们是第三世界." "亚洲除了日本, 都是第三世界, 整个非洲都是第三世界, 拉丁美洲也是第三世界." 从而明确地提出了划分三个世界的战略思想.

毛主席关于三个世界的划分本质上是依据世界各国的发展水平、政治制度、历史和现实关系等的不同进行的一个分类. 这个三分类战略不仅是中华人民共和国成立初期我国制定对外政策的重要依据, 也是其后很多年直至现在都对我国外交产生影响的重要指导思路. 三个世界的划分思路对于中国外交意义深远, 也是中国对世界外交的一大贡献, 具有很重要的意义.

事实上, 我们还有其他科学角度的研究结果来支持数字 "三" 在认知领域的特殊性与魅力, 如心理学与认知科学.

由于大脑工作记忆 (即短期记忆) 的限制, 我们处理信息的能力有限, 只能有效地处理有限的几个单元的信息. 为了调整这种局限, 降低认知负荷, 我们将信息转换成单元或者组块等以便管理. 虽然关于这种能力的有限性有着普遍的认同, 但还没有关于组块的确切数字的认可, 即对于到底是由几个单元或者组块设成一组较为合适尚缺乏认同. 但已有的科研成果都将这个数字指向"三".

心理学家 Miller 在 1956 年给出了关于组块个数的理论与实证研究 [230], 认为是 7 ± 2 个单元. 但是后续的研究认为, 组块的实际数量可以更小. 例如, Cowan 在 2000 年的研究表明是 4 ± 1 个单元 [231]; 而其实 Warfield 在 1988 年就通过考虑两个不同部分之间交互的个数提出 [232], 合适的组块个数就是 3. 他的想法如下: 利用一个论域的三分类, 我们可以考虑的情形有: ① 单个区域; ② 两个区域的组合; ③ 所有三个区域的组合, 总数是 3 + 3 + 1, 恰为 7; 如果我们将其分为四部分, 则总数为 4 + 6 + 4 + 1 = 15, 这远远超出了专家提出的我们所能处理的单元的数目. 所以, "三"不但恰好, 而且, 足以. 可见, 数字"三"在日常生活与研究中的被频繁选择与使用, 也是基于心理学和认知科学的一个重要结论.

老子的"三生万物", 道出了"三"的真谛. "三", 在哲学思想上, 在历史舞台上, 在文人墨客思想家的眼里, 在革命领袖的心中, 都有着不一样的地位. 一方面, 它既表征了人类信息处理能力的有限性, 也体现了一定的规律性; 另一方面, 它也唤醒了我们寻求简单与美好的审美享受. 这是一个从美学、智力角度都更令人愉悦、满意的、最简单的数字. 而建立在如此神奇的数字基础上的三支决策理论, 自然也蕴含着丰富的内涵.

3.1.2   三支决策理论的基本描述

在大家所熟知的二支决策模型中, 一般仅考虑接受与拒绝两种选择: 不接受等同于拒绝, 不拒绝等同于接受. 但在实际应用中往往并非如此. 姚一豫在 2012 年 JRS (Joint Rough Set Symposium) 大会的特邀报告中提出的三支决策理论为此种情况提供了一个不同于接受与拒绝的第三种选择: 不承诺 [233].

三支决策的本质思想是一种基于接受、拒绝和不承诺的三分类. 其目标是, 根据一组评判准则将一个论域分为两两互不相交的三个部分, 分别称为正域、负域和边界域 (中间域), 记为 POS、NEG 和 BND. 这三个区域在一个具体的决策问题中可以分别被看作接受域、拒绝域和不承诺域. 相应于这三个区域, 可以建立三支决策规则. 从正域构造接受规则, 从负域构造拒绝规则; 而当无法确定接受或者拒绝时, 就选择第三个选项"不承诺".

事实上, 我们在日常生活中经常会用到三支决策的思想与方法. 例如, 在常规的选举或者需要做出一个判断、决策时, 人们可以有同意、中立或者反对三种意见. 在医疗诊治决策中, 医生可以基于临床观察和化验结果, 做出治疗、进一步观察或者放弃治疗的决定. 在针对社会性事物的判定中, 人们可以有接受、不承诺或拒绝三种意见. 在序贯假设检验中, 人们可以选择接受假设、拒绝假设或者继续试验. 在论文评审过程中, 编辑可能接收一篇论文, 亦可能拒稿或者返修再审. 这些不胜枚举的例子说明, 人类认知与解决问题常常依赖于这样的三分类方法. 因此, 三支决策的思想早已为大家所认可, 且被非常自然地广泛应用于许多研究领域 [234-261].

简单来说, 三支决策的思想包括两部分: 三分与治略. 三分是指基于特定的方法与目标将整体划分为三个互不相交的部分, 也称为三个域, 三个域合起来给出了整体的"三划分"(Tri-partition). 根据各个问题的不同特点, 可以采用不同的三分法. 这种对整体的三分也可以看作从整体到局部, 从大粒度到小粒度, 从宏观到微观的转换. 治略则是指根据三分的结果, 有针对性地设计策略和实施行动, 以期达到某种收益的最大化或者代价的最小化. 治略的前提是三分的结果必须有意义, 这样才有可能设计出有效的措施和方法; 治略体现了三支决策中的"方法和策略". 其思想可以由图 3.1 来刻画.

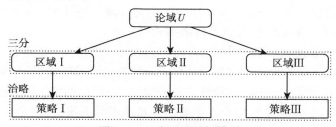

图 3.1 三分而治思想模型

尽管三支的思想已经被普遍地使用, 但是我们也会惊奇地发现, 目前还没有一个关于三支决策的一致的形式化描述. 因此, 姚一豫教授基于其早期有关三支决策与粗糙集的工作, 引入了三支决策理论. 这一理论自提出后, 得到了快速的发展, 已出版几部书籍, 还有一些理论拓展及应用的研究成果. 三支决策的探索研究与其他很多研究领域都紧密相关, 如粗糙集、区间集、模糊集的三支近似、阴影集以及正交对等. 三支决策理论包容了从这些理论产生的思想, 也引入了它自身的概念、方法和理论依据.

三支决策理论的目的在于模拟人类解决问题与信息处理的方式, 并有意识地应用于智能系统的设计与实现中. 它可以被构造成一种多学科的、学科内的、跨学科的学习.

下面, 我们通过两个例子对三支决策理论的基本思想与基本概念进行进一步解释.

1. 伤员验伤分类

伤员验伤分类是使用三支决策的一个经典例子, 曾被用于第一次世界大战中伤员的优先治疗问题.

伤员验伤分类的基本方法是把伤员分成以下三类:

(1) 无论是否接受治疗都能活下来的人;

(2) 无论接受何种治疗都会死的人;

(3) 若不立即治疗就会有生命危险的人.

最终采取的治疗策略则是根据伤员受伤的严重程度、需要治疗的紧迫程度等来决定, 而与他们的军衔和国籍无关.

现在, 虽然有了更精确的伤员验伤分类法, 但是基本上仍然使用该思想, 只不过其评估过程、分类和相关策略更加完善、丰富.

这个例子清晰地表明了三支决策的重要性和价值.

2. 学生管理

本书的读者大都是高校教师与学生, 大家对于高校内部对学生学习的管理一定有很多体会; 有孩子的家长对于孩子的教育, 尤其是学习管理也有很多的感触. 相信下面这个例子大家都经历过或者付诸实施过.

很多学校 (包括大学和中小学, 国内初三、高三更甚) 都是基于三支决策的思想, 把学生分成三类来监控学生的进步情况. 比较普遍的做法是, 根据年级平均成绩把学生分成高成绩组、中等成绩组和低成绩组. 不同组的学生可能会被不同地对待. 例如, 高成绩组的学生可能会获得奖学金和被老师关照, 可能会有 "吃小灶" 的机会, 也有后续参加各种竞赛的机会和为学校增光添彩的责任; 低成绩组的学生则可能会受到老师的提醒甚至告诫, 需要注意哪些事项; 而中等成绩组的学生, 一般不会受到特别的关注, 学校和老师也不会采取什么特别的措施, 一切按部就班、秩序正常就好. 事实上, 这是一种很普遍的学生管理方式, 就是 "抓两头, 带中间". 这也说明了三支决策思想的应用很普遍.

针对这个例子, 让我们换个角度思考.

我们都习惯了上述这种学生管理模式, 以及相应的处理方式, 很少质疑这种策略的制定和对学生的影响, 特别是对中等成绩组没有任何作为这个策略. 我们很容易让自己信服对高成绩组和低成绩组采取的行为有有限的影响, 这些策略也是这些学生所能料想到的或者是他们所期望的方式.

但是, 当我们进一步思索, 在肯定中等成绩组的学生的能力、鼓励这些学生做得更好、提供帮助使他们进步的时候, 我们也很容易想象这对于他们所产生的正面影响, 那就是可以防止他们滑落到低成绩组. 让我们想象这样一个特定的例子: 假设, 一个中等成绩的学生在某一门课程的考试中表现得非常好, 那么, 若该生收到一封预料之外的祝贺信件或是老师的表扬, 是应该能引起一串正面的激励和连锁反应的. 这种鼓励可能使得学生在其他的考试中表现得更好. 总之, 对中等成绩的学生做一些事情可能会产生使他们改变、并调整至高成绩组的积极影响. 因此, 这个例子也说明对于三支决策中普遍使用的策略应有进一步的深入检查和调整. 这是三支决策后续的工作, 也是深刻理解三支决策思想丰富内涵的实例.

在"三分而治"的基础上, 我们提出了具有"分, 治, 效"三要素的三支决策"TAO"(Trisecting-acting-outcome) 模型 [262], 如图 3.2 所示. "TAO" 模型是在上述模型的基础上增加效用分析, 因为考虑到了"三分而治"之后的结果, 所以使得原模型更为完善.

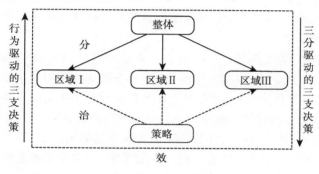

图 3.2 "TAO" 模型

我们常说"一年树谷, 十年树木, 百年树人", 这实际上为我们的"TAO" 模型提供了一个很好的例子. 此说法源于《管子·权修》, 原文为: "一年之计, 莫如树谷; 十年之计, 莫如树木; 终身之计, 莫如树人. 一树一获者, 谷也; 一树十获者, 木也; 一树百获者, 人也."

在这个阐述教育重要性的描述中, 所谓"一年, 十年, 百年"是对时间的划分, 即三支决策或者"分", 其意义相当于短期, 中期与长期. 所谓的"树谷, 树木, 树人"就是对划分好的三种时间段给出相应的治略, 即"治". 而"树谷一获, 树木十获, 树人百获"则是最终的效用.

需要注意的是, 三支决策理论是一种解决问题、处理信息的科学方法, 其基本思想是把一个论域分成三个两两互不相交的区域, 也就是说, 将一个整体分为三部分, 每个部分或者区域有其合适的策略. "三支决策"这一术语涵盖了决策过程的所有方面, 包括用以支持决策的数据与证据收集和分析, 获得特定决策的推理与计算, 以及最后关于决策的判定与解释. 这种把一个整体分为三部分的三支思想恰恰就是这种方法的特色, 绝不仅仅限于"决策". 因此, 我们也可以将"三支决策"中的"决策"二字替换成其他特定意义的词, 如三支计算、三支处理、三支分类、三支分析、三支聚类、三支推荐等, 从而在不同研究领域产生很多新的解决具体问题的方法.

3.1.3   三支决策理论的优势

利用具有三个域的三分类, 三支决策被构建在以神奇的数字 "三" 所验证的牢固的认知基础上. 同时, 三支决策在认知负荷、认知简化、认知流畅性和认知灵活性等方面有令人满意的优势.

思想是构成人类智力与交流的基础, 而概念是思想的基本单元. 遵从 Arnauld 和 Nicole 的波尔-罗亚尔逻辑的思想, 人们理解一个概念要把内涵 (理解) 和外延 (符号) 当作一个整体同时考虑. 一个概念的内涵包括概念所包含的所有对象都有效的所有特点和属性 (更一般的, 可以是语言的公式). 概念的外延是作为这个概念的例子的对象的集合.

在很多情形下, 精确地确定一个概念的外延, 即把一个论域分为两个不相交的区域, 可能在认知上没那么容易. 然而, 确定一个概念的典型例子和典型非例子相对要容易一些. 对于其他的对象, 在没有额外的认知能力的情况下决定它们是否从属于一个概念就比较困难了. 例如, 考虑一个医疗诊断的例子. 对于那些明显遭受或者明显没有遭受特定疾病困扰的患者, 医生很容易做出决定; 而对于那些症状不太明确的患者, 医生在诊断时需要做进一步的考虑. 三支决策就是通过引入第三个区域, 扩展了二支决策. 三支决策降低了认知负荷, 使得认知简化. 在某种意义上, 医生可以对某些患者做出快速而准确的决定, 而有更多的精力专注于其他一些患者. 这其实就是二支向三支的自然过渡, 也是三支思想存在的朴素性.

正如前面所指出的, 在某些情况下, 仅仅基于两极对对象进行分类是不合适的. 当我们面对不确定或者不完全的信息时, 我们可能没有具有足够说服力的证据把一个对象划分到两个相反的区域中的某一个. 此时, 把对象归入第三个区域可能更合适, 也更有意义. 考虑上述医疗三支决策例子的解释, 我们知道, 针对边界域的对象需要更进一步的调查研究, 一般包括收集新的证据或实施进一步的检验.

应用于三支决策中的三分类为解释、理解和表达一些考虑两级与中间的问题提供了一种自然的方式. 三个区域中的两个代表了两个相反的极端, 第三个代表中间. 以这种方式, 我们可以得到一个漂亮的对称描述: 两极关于中间是对称的. 事实上, 还有其他一些原因支持需要基于两极与中间的三支决策.

其一, 两极和中间这样的三支代表着一种简单的离散或者连续整体的定性近似. 例如, 我们一般用基于两极与中间的方法将时间、空间、体积和判断分别分为过去-现在-未来、左-中-右、小-中-大, 以及反对-中立-同意. 另一个有趣的例子是英语中形容词与副词在比较时, 三个程度或形式的使用, 即实际的、比较级和最高级. 这三种形式直观地提供了描述和解释三支决策中三个区域的必要词汇.

其二, 将中间引入两极具有认知优势. 通过两极和中间看待一个问题, 我们会有一个更高层次上的定性描述. 这种描述可以立即为三分类提供两种有效的步骤:

在确定三个区域时, 我们既可以从相反的两极移到中间, 也可以从中间移到两极. 对接近两极的对象给出决策相对容易, 但是把处于中间的对象向两极延伸的认知能力就会比较低. 例如, 考虑一个分派模糊隶属度的例子, 其中, 0 与 1 代表相反的两极, 0.5 代表中间. 研究表明, 当分派值接近 0 或 1 时, 人们总是对对象的判定更为自信; 而分派值在 0.5 附近时总是更加犹豫.

我们认为, 三分类与治略是三支决策的两个基本任务, 由此而产生了三支决策的三分而治模型. 在这个模型框架下, 后面将给出基于评估的三分类方法和基于优先权的治略方法. 这可以看作一些可能的解决方案的例子. 同时, 也很有必要去探索三分类与治略的其他方法. 另外, 我们在此也指出三支决策的一些盲点. 因为三支决策是基于启发式的, 所以就可能会遭遇启发偏差或者认知偏差的影响, 我们不能保证三支决策总是能起到好的作用. 因此, 研究三支决策起作用的条件也是极其重要的.

3.1.4　三支决策理论的模式

三支决策的有效性依赖于产生合适的策略并应用于相应区域中的对象. 我们先考虑三分类的三种可能的结构: 没有任何倾向的三个无序区域、非线性序的三个区域以及线性序的三个区域. 它们给出了三支决策关于三分而治模型中任务的三种模式.

1. 三个区域无任何倾向性

在一些情况下, 我们对三支决策中的三个不同区域的态度没有明确的倾向. 其原因可能有多种. 例如, 这三个区域有相同的价值, 或有相同的等级, 这就等同于它们是无序的; 也可能是任何两个区域之间进行比较没有意义. 此时, 我们可以不对这三个区域进行比较, 而是等同对待.

对于无序的三个区域, 不同区域的策略可以彼此独立地构造. 我们的目的在于通过充分利用每个区域以达到全局最优. 多层分析方法就是一个使用无序的三个区域的例子. 多层分析的中心思想是从很多层面来分析同一个问题, 每一层抓住这个问题的特定的方面. 虽然这些不同的层面用一些准则进行了排序, 但是它们的重要度或者取值都是无序的, 很难说哪个层面比其他的更重要. 多层分析的惯例是使用三层, 其优势来自于个体分析结果的集成. 例如, 可以在计算理论、表达与算法和硬件实现三个层面上解释信息处理系统; 可以结合个人层面分析、国家层面分析和系统层面分析来理解国际政治; 可以采用描述和解释的三层面方法, 包括微观、中观和宏观来研究复杂系统和复杂网络; 在经济学中, 也有以微观经济、中观经济和宏观经济为特征的三层面分析方法.

对于存在三个无序区域的三支决策问题, 可以从多层分析中获得思想. 我们既致力于每个域的独立分析, 也专注于三个域分析结果的集成.

2. 三个区域具有非线性序

非全序要求至少有一对区域是不可比的. 令 > 表示对三个域进行排序时的优先关系. 根据一定的准则, 区域间成对进行比较来确定优先次序. 我们考虑三种由优先关系产生的非线性序的三个域的可能情况:

(1) 三个域中只有两个是可比的, 如区域 I > 区域 II;

(2) 有一个区域优于其他两个区域, 如区域 I > 区域 II, 区域 I > 区域 III;

(3) 两个区域优于第三个区域, 如区域 I > 区域 II, 区域 III > 区域 II.

关于这三种形式, 我们考察其行动的不同策略.

情况 (1)　　在这种情况下, 只有两个区域值得我们考虑, 其中一个比较好或者说较另一个有较高的优先级; 此时没有必要考虑第三个区域. 换句话说, 将这两个区域与第三个区域进行比较, 既没有必要也没有意义. 一般来说, 根据优先级别, 实施的策略是针对这两类可比的区域中的对象的. 再次考虑医疗诊断例子. 利用三支决策, 医生将一些患者分为三组, 即明显具有某种疾病的, 可能有这种疾病的, 明显没有这种疾病的. 在治疗方面, 第一组比第二组有更高的优先权, 而第三组则没有必要考虑. 相应地, 医生可以立即对第一组的患者实施治疗, 对第二组患者进行进一步的检查, 而对第三组人什么也不做.

针对情况 (1) 的结构, 我们建议: 策略应根据优先权集中于两个区域, 而不考虑第三个区域. 这种策略省略了处理某些对象时不必要的努力, 提升了解决问题的效率.

情况 (2)　　这种情况可能是三支决策中最常用的结构. 我们可以用两极与中间的观念直观的解释这个结构. 不失一般性, 我们假定区域 II 与区域 III 对应两极, 代表两种极端, 而区域 I 对应中间. 这种结构可以被理解为居中者优先, 换句话说, 人们倾向于避免极端而更愿意选择中间的选项.

日常生活中有很多关于中间优势的例子. 例如, 世界上最伟大的三个思想家亚里士多德、释迦牟尼和孔子都提出过类似中庸之道的哲学思想. 这是一种缓和适中的智慧.

三支决策理论针对具有情况 (2) 的结构给出的建议是更多地关注中间区域的策略. 对中间域的对象施以相应策略, 能够体现出三分类方法的最大价值. 在很多情况下, 选择中庸之道、避免极端是很有益处的.

情况 (3)　　情况 (3) 是情况 (2) 的反面. 在这种情况下, 两个区域优于第三个区域. 具有多个结果的医疗检验就是这种情况的一个典型例子. 因为在医疗检验中, 如血液指标的化验等, 无论太高的值还是太低的值都表示需要引起注意的异常情况, 需要进一步的检查或者治疗; 而一个中间值则表示无须进一步检查的正常状况. 因此, 具有这种情况时, 三支决策理论给出的策略是更多关注两个区域, 忽略另一个区域. 这种把两个区域当作非正常情况予以关注, 而不考虑剩余那个区域的处理方式, 使得三支决策可以被用于异常检测与预防.

关于情况 (3) 的另一个类似解释是, 它代表了确定和处理被关注的两极区域中的元素的容易程度. 在这种解释下, 我们可以形成快速处理两个区域而不急于处理第三个区域的策略. 这些策略与人们快速思考和缓慢思考这两个系统相一致.

3. 三个区域满足线性序

具有线性序的三个域, 我们可以给其排序. 所以, 线性序的三个域的简单性在实现三支决策的价值中很有用. 不失一般性, 我们考虑线性序: 区域 I > 区域 II > 区域III. 这表明区域 I 是最优的区域, 区域III是最不好的区域, 而区域 II 是中间区域. 既然已经有了排序, 那么三支决策思想的使用就更是显而易见的了.

满足线性序的三个区域的例子也很常见. 例如, 根据成绩确定的学生三支分类, 基于肯定、中立和消极评价的顾客的三支分类, 等等, 都属于这一类. 对于满足线性序的三个域, 我们希望的策略是阻止对象落入弱优的区域、使得它们落入更优的区域. 例如, 在学生的三支分类案例中, 要设置有效的策略鼓励学生从低成绩组进入高成绩组; 在客户关系管理案例中, 策略则被设计成保持肯定评价的客户, 用适当奖励吸引中性评价的客户到肯定区域, 控制有负面评价的客户带来的潜在危害.

因此, 具有线性序的三支决策寻求的是能把对象从弱优区域移入更优区域的策略.

3.2 三支决策理论对形式概念分析的启示

形式概念分析理论中最基本的概念, 是基于形式背景产生的形式概念, 以及建立在诸多概念层次关系上的概念格. 这些形式概念都是概念的哲学定义的形式化描述, 即外延与内涵的匹配. 所以, 在形式概念分析中, 形式概念是以一个二元对 (外延, 内涵) 的形式来刻画的. 正如前面多次强调过的, 外延是符合这个概念的实体的集合, 内涵是概念所涵盖的所有特性的集合, 给出概念的本质.

形式概念从形式上讲, 是一个二元对. 从语义上讲, 是内涵与外延的一个完美匹配. 其中的内涵体现的是外延中所有实体的共同特性. 由此来看, 内涵之外的所有属性都不是外延对应的实体集合共有的. 换句话说, 一个用 (外延, 内涵) 表示的概念若从特性角度出发, 可以将所有特性分为两部分, 一个是内涵, 一个是非内涵; 与之类似, 若从实体角度出发, 则又可分为外延与非外延两部分. 即一个概念本质上体现的是一种二分法, 是一种二支思维. 所以, 形式概念分析是从二支的角度来研究概念的.

三支决策理论的本质思想是"三分而治", 而且, 该思想是一种很朴素的处理问题的思想. 那么, 在目前人工智能迅猛发展、各种处理不确定不完整信息的理论方法之间的结合日益普遍的大环境下, 我们也希望将三支决策理论与形式概念分析相结合, 把这一朴素的思想应用于概念刻画的理想形式中.

正如上述分析, 形式概念分析无论从形式上还是语义上讲, 都是二支的. 所以, 要想把三支决策理论应用于形式概念分析, 就需要在形式上将特性或者实体变为三分, 而且在语义上还要有合理的解释. 因此, 我们将结合形式与语义一起考虑, 并解决该问题.

在形式概念的二元形式 (外延, 内涵) 中, 内涵是外延中所有实体的共同特性. 而内涵之外, 其实还存在另一种共性, 即外延中所有实体共同不具有的特性. 这一点却是形式概念的二元表达所没有给出的. 如果把内涵看作正面的共性, 那么外延中所有实体共同不具有的这些特性就可以看作负面的共性. 如果将这些负面的共性也描写或者表达在概念的形式化描述中, 那么内涵就自然而然变成了两部分; 继而, 所有被考察的属性也相应地被分成了三部分: 共有的属性 (正面的属性)、共同不具有的属性 (负面的属性), 以及其他属性. 而这样的三分正好对应了三支决策思想中的正域、负域、边界域. 这样的刻画不仅从形式上解决了概念内涵从二支到三支的过渡, 而且语义上也是非常合乎逻辑的. 如此从内涵角度分析, 考虑对象的正面与负面的共性进而对属性进行三分得到的概念, 我们将其称为对象导出三支概念.

对偶地, 我们也可以从外延的角度思考: 是否可以, 以及如何将外延也从二分变成三分? 事实上, 利用内涵与外延之间完美的匹配意义, 我们也可以做到这一点. 在形式概念分析理论中, 由于外延体现的是符合一个特定概念的全体实例, 那么不符合的自然就是这个概念的非外延, 因此所考察的论域或者实例 (对象) 全体就被分成两部分. 但是, 我们可以改变一下思考角度. 对于一个特定的概念而言, 既然内涵反映的是这个概念的正面属性, 对应的是外延, 那么这个概念的负面属性所对应的是什么样的实体? 如果把这部分实体也当作一个要考察的对象, 整个论域自然也就分成了三部分: 选取属性是正面属性时所对应的实体 (即外延), 选取属性是负面属性时所对应的实体, 以及剩余的实体. 如此从外延角度分析, 利用正面属性与负面属性被拥有的对象的情形, 对所有对象或实体进行三分得到的概念可以称为属性导出三支概念.

也就是说, 无论从属性角度还是从对象角度, 我们都可以相应地把属性全体或者研究对象一分为三, 从而在形式上引入三支决策思想. 而事实上, 我们获得三分的原始思路又已经给出了相应的语义. 因此, 这样的思路与结果就是顺理成章的.

如此, 我们便将三支决策思想与理论引入形式概念分析的研究中, 为概念的形式化描述提供了一种新的形式. 而这样的结果, 也恰巧成了三支决策的一个很好的模型和应用实例. 这就是我们将要在第 5 章中重点介绍的三支概念分析.

3.3　小　　结

　　三支决策重在解决问题的三分类思想导向, 继而是后续对三个不同分类的处理方式, 即策略使用. 近年来, 三支决策理论引起了国内外学者的广泛关注. 已涌现出很多相关研究成果.

　　三支决策学术会议已在国内举办了四届, 三支决策、不确定性与粒计算国际研讨会 (Three-way Decisions, Uncertainty, and Granular Computing) 也已经在国内外举办了四届. 自 2011 年以来, 四部相关著作已出版: 李华雄等编著的《决策粗糙集理论及其研究进展》[263]、贾修一等编著的《三支决策理论与应用》[264]、刘盾等编著的《三支决策与粒计算》[265], 以及于洪等编著的《三支决策: 复杂问题求解方法与实践》[266]. 国际期刊 *Knowledge-Based Systems*、*International Journal of Approximate Reasoning*、*International Journal of Machine Learning and Cybernetics* 及 *Fundamenta Informaticae* 等都先后出版了三支决策的专刊. 这些都极大地推动了三支决策理论的发展.

　　关于三支决策的理论、模型与应用研究已经获得了很好的进展, 如决策分析与不确定性、三支聚类分析、垃圾邮件过滤、三支决策空间、代价敏感三支决策、三支决策与博弈论、多粒度三支决策、序列三支决策、动态三支决策、三支决策与逻辑、基于 Web 的应用、多标准的分类和多视角的决策模型, 以及三支概念分析等.

　　三支决策理论被普遍认可和接受这个事实, 必将使得其研究与应用更为广泛而深入.

第 4 章   形式概念分析基本理论

在哲学中, 概念被理解为由外延和内涵所组成的思想单元. 基于概念的这一哲学理解, 德国数学家 Wille 于 1982 年提出了形式概念分析 (Formal Concept Analysis, FCA), 用于概念的发现、排序和显示; 并于 1999 年与 Ganter 一起出版专著 *Formal Concept Analysis: Mathematical Foundations*, 对形式概念分析的数学理论基础进行了较为全面的整理. 作为形式概念分析领域第一本专著, 该书对于形式概念分析理论进项了详细的介绍, 对概念格的代数结构做了深入分析. 除形式概念分析的基本名词介绍之外, 其内容还包括概念格中部分信息的刻画方式、概念格的分解方法、概念格的构造方法、概念格的性质、概念测量等.

形式概念分析, 是一种基于概念和概念层次的数学化表达的理论. 概念格结构模型是该理论的核心数据结构. 它是根据形式背景 (即数据集) 中对象与属性之间的二元关系建立的一种概念层次结构, 生动简洁地体现了概念之间的泛化和特化关系.

FCA 处理的数据是形式背景 (OB, AT, I), OB 是对象集, AT 是属性集, I 是 OB 和 AT 之间的二元关系. I 中元素 $< o, a >$ 表示对象 o 具有属性 a. 从形式背景中可以生成形式概念 (O, A), 其中 O 是一个称为外延的对象子集, A 则是一个称为内涵的属性子集. 概念 (O, A) 描述了数据集中 "共同具有" 这种语义, 即 "对象集 O 的所有对象恰好共同具有属性集 A 的所有属性, 共同具有 A 中所有属性的对象全体恰为 O". 所有形式概念形成 (经典) 概念格.

FCA 在各种形式背景的知识表示和知识发现中发挥着独特优势, 已被广泛应用于知识工程、机器学习、信息检索、数据挖掘、语义 Web、软件工程等领域. 作为一种有效且具有极大潜力的知识发现工具, 该理论近年来备受人工智能工作者的关注. 目前专业的学术会议包括 "概念结构国际会议" (ICCS)、"形式概念分析国际会议" (ICFCA) 与 "概念格及其应用国际会议" (CLA). 也有越来越多的期刊和国际会议把 FCA 列为投稿方向和 Workshop 主题.

该理论的研究主要集中在以下几个方面.

1) 基础理论 [103−124]

从序、格、代数等方面研究概念格的数学结构特征, 此方面的研究以国外学者居多, 其中 Wille 教授领导的研究小组处于主导地位.

2) 概念格的建造算法 [125−136]

要使用 FCA 数据, 就要根据形式背景建造相应的概念格 (形式背景与概念格一一对应). 从形式背景中生成概念格的过程实质上是一种概念的聚类过程, 是一种知识发现过程. 在一般情况下, 概念格中的节点是按指数增长的. 这样, 建格算法的效率就成为决定 FCA 在实际中能否成功应用的关键, 尤其对大数据集更是如此.

建格算法主要分为串行算法和并行算法. 串行算法又分为批处理算法和增量式算法两类. 并行算法主要有基于形式背景无分解的并行建格算法 (Ⅰ类), 以及基于形式背景分解的并行建格算法 (Ⅱ类). Ⅰ类并行算法在没有被分解的原始形式背景上直接建格, 并对建格过程并行化. 此类算法主要是串行建格算法的并行化. Ⅱ类并行算法把原始的大形式背景分解为多个小的子背景, 然后同时建造子背景对应的概念格, 最后合并这些概念格得到原始大背景的概念格. 此类算法对形式背景的分解目前都是单向的 (横向或纵向).

3) 概念格约简与近似简化 [137−160]

基于规则提取的知识发现的核心问题之一是知识约简, 获取的规则只有在降维的基础上才有更大的泛化价值和意义. 另外, 对于大数据集来说, 其原始概念格庞大复杂, 这样的概念格即使能够快速建造出来, 其可读性、可理解性也比较差, 不便于实际使用. 对概念格进行约简和近似简化可以使其变得简单、明晰, 便于使用.

概念格约简是寻找能够保持概念格某种协调性质不变的极小属性集, 这方面已经取得了较多的研究成果. 例如, 概念格的格结构协调意义下的属性约简理论与方法、对象概念协调意义下的属性约简理论与方法、不可约元协调意义下的属性约简理论与方法等. 除此之外, 还有很多成果是将属性约简的思想扩张到决策形式背景上进行研究获得的.

概念格的近似简化根据概念之间的某种相似性对概念进行聚类, 使格结构得以简化. 关于这方面的研究目前还比较少. 有的是通过定义基于概念向量的相似度来合并概念得到简化的概念层次结构 (一般不是格); 有的是利用相似关系获得概念相似块, 以相似块之间的序关系重新建立格结构, 作为原始概念格的简化表达; 也有对形式背景的数据进行图形化的描述, 如直观图, 进而寻求近似简化方法.

4) 规则提取 [161−171]

已有不少研究人员讨论了从概念格中提取规则或函数依赖的问题. 由于 FCA 以概念格的形式使数据有机地组织起来, 其节点反映了概念内涵与外延的统一, 节点间关系体现了概念之间的泛化和例化关系, 因此非常适合发现规则型知识.

5) 概念格与粗糙集、模糊集、粒计算等的关系 [172−213]

概念格与粗糙集虽然是两种不同的理论, 但从目标和方法论来说, 它们却有许多相同之处. 研究这两种理论之间的关系并把二者结合起来, 将使人们能更好地分析和理解数据. 国内外已有很多学者在这两种理论的异同比较以及互相借鉴方面进行了研究.

概念格中的概念是一种基本的知识粒度, 因此, 在 FCA 中引入粒计算的思想就显得非常自然, 而且很有必要了. 例如, 将对象概念作为概念格中的粒度来研究属性约简问题; 采用逻辑方法分析概念格中的粒度结构; 设法定义能作为粒度进行研究的新的组块, 从而从新的角度来研究概念格等.

在实际问题中, 信息可能是部分已知、部分未知的, 即对象属性值为属性值域中的一个子集; 另外, 对象属性值也可能是属性值域中的一个模糊子集; 再者, 信息库的获得很可能是随机的或经统计得到的. 因此有必要研究这些不确定环境下的 FCA 理论. 目前国内外在这方面的研究方法以模糊集理论为主.

6) 应用 [214−226]

FCA 已成功地应用于知识工程、机器学习、信息检索、数据挖掘、语义 Web、软件工程等领域, 而且已取得了良好的经济效益和社会效益. 这方面国内外都有较多的研究.

作为后续章节的基础, 本章给出 FCA 中最基本的概念, 以及近年来我们关于概念格属性约简的部分成果.

4.1　形式概念分析理论的基本概念

本节回顾形式概念分析中最重要的基本概念.

定义 4.1　设 $(\mathrm{OB}, \mathrm{AT}, I)$ 为一个形式背景, 其中 $\mathrm{OB} = \{o_1, \cdots, o_p\}$ 为对象集, 每个 $o_i(i \leqslant p)$ 称为一个对象; $\mathrm{AT} = \{a_1, \cdots, a_q\}$ 为属性集, 每个 $a_j(j \leqslant q)$ 称为一个属性; I 为 OB 和 AT 之间的二元关系, $I \subseteq \mathrm{OB} \times \mathrm{AT}$. 若 $(o, a) \in I$, 则表示对象 o 有属性 a, 也记为 oIa.

形式背景可以直观地描述为一个二维数据表, 如例 4.1 所示.

例 4.1　表 4.1 是一个形式背景 $(\mathrm{OB}, \mathrm{AT}, I)$, 其中, $\mathrm{OB} = \{1, 2, 3, 4, 5, 6\}$, $\mathrm{AT} = \{a, b, c, d, e\}$. $\forall o \in \mathrm{OB}, \forall a_i \in \mathrm{AT}, oIa_i$ 用 + 表示, $o \bar{I} a_i$ 用 − 表示.

表 4.1　例 4.1 的形式背景 $(\mathrm{OB}, \mathrm{AT}, I)$

OB	a	b	c	d	e
1	+	−	+	+	+
2	+	−	+	−	−
3	−	+	−	−	+
4	−	+	−	−	+
5	+	−	−	−	−
6	+	+	−	−	+

对于形式背景 $(\mathrm{OB}, \mathrm{AT}, I)$, 对任意的 $O \subseteq \mathrm{OB}, A \subseteq \mathrm{AT}$, Wille 和 Ganter 定义了一对对偶的算子如下:

$$O^* = \{a \in A | \forall o \in O, oIa\}, \quad A^* = \{o \in O | \forall a \in A, oIa\}.$$

为简洁起见, 对任意的 $o \in$ OB, 我们记 $\{o\}^*$ 为 o^*, 对任意的 $a \in$ AT, 记 $\{a\}^*$ 为 a^*. 若对任意的 $o \in$ OB, $a \in$ AT, 都有 $o^* \neq \varnothing, o^* \neq$ AT, $a^* \neq \varnothing, a^* \neq$ OB, 则称形式背景是正则的. 本章研究的形式背景都是正则的, 且是有限的.

定义 4.2 设 (OB, AT, I) 为一个形式背景, $O \subseteq$ OB, $A \subseteq$ AT. 若 $O^* = A$ 且 $A^* = O$, 则称 (O, A) 为形式概念, 简称为概念. 其中, O 称为概念的外延, A 称为概念的内涵.

性质 4.1 设 (OB, AT, I) 为一个形式背景. 对任意的 $O_1, O_2, O \subseteq$ OB, A_1, $A_2, A \subseteq AT$, 可以得到以下基本结论:

(1) $O_1 \subseteq O_2 \Rightarrow O_2^* \subseteq O_1^*$, $A_1 \subseteq A_2 \Rightarrow A_2^* \subseteq A_1^*$;

(2) $O \subseteq O^{**}$, $A \subseteq A^{**}$;

(3) $O^* = O^{***}$, $A^* = A^{***}$;

(4) $O \subseteq A^* \Longleftrightarrow A \subseteq O^*$;

(5) $(O_1 \cup O_2)^* = O_1^* \cap O_2^*$, $(A_1 \cup A_2)^* = A_1^* \cap A_2^*$;

(6) $(O_1 \cap O_2)^* \supseteq O_1^* \cup O_2^*$, $(A_1 \cap A_2)^* \supseteq A_1^* \cup A_2^*$;

(7) (O^{**}, O^*) 和 (A^*, A^{**}) 都是概念.

例 4.2 (续例 4.1) 表 4.1 所示的形式背景 (OB, AT, I) 共有 9 个概念: $(\varnothing, \text{AT})$, $(\{1\},\ \{a,c,d,e\})$, $(\{6\}, \{a,b,e\})$, $(\{1,2\}, \{a,c\})$, $(\{1,6\}, \{a,e\})$, $(\{3,4,6\}, \{b,e\})$, $(\{1,2,5,6\}, \{a\})$, $(\{1,3,4,6\}, \{e\})$, $(\text{OB}, \varnothing)$. 为方便描述与分析, 我们分别将其简记为 $(\varnothing, \text{AT})$, $(1, acde)$, $(6, abe)$, $(12, ac)$, $(16, ae)$, $(346, be)$, $(1256, a)$, $(1346, e)$, $(\text{OB}, \varnothing)$.

注 为简单起见, 本书中所有概念的外延、内涵 (除全集 OB、AT 及空集 $\varnothing$ 外) 都以罗列其中元素的序列形式给出.

将形式背景 (OB, AT, I) 所有形式概念的集合记为 $L(\text{OB}, \text{AT}, I)$. 对于任意的 $(O_1, A_1), (O_2, A_2) \in L(\text{OB}, \text{AT}, I)$, 定义如下的偏序关系:

$$(O_1, A_1) \leqslant (O_2, A_2) \Longleftrightarrow O_1 \subseteq O_2 (\Longleftrightarrow A_1 \supseteq A_2).$$

我们用符号 $(O_1, A_1) < (O_2, A_2)$ 表示 $(O_1, A_1) \leqslant (O_2, A_2)$, 且 $(O_1, A_1) \neq (O_2, A_2)$. 如果 $(O_1, A_1) < (O_2, A_2)$ 成立, 而且不存在使得 $(O_1, A_1) < (O, A) < (O_2, A_2)$ 成立的概念 (O, A), 那么称 (O_1, A_1) 是 (O_2, A_2) 的子概念 (直接亚概念), (O_2, A_2) 是 (O_1, A_1) 的父概念 (直接超概念), 记之为 $(O_1, A_1) \prec (O_2, A_2)$.

进一步, 给出任意两个概念的下确界和上确界的定义为

$$(O_1, A_1) \wedge (O_2, A_2) = (O_1 \cap O_2, (A_1 \cup A_2)^{**}),$$

$$(O_1, A_1) \vee (O_2, A_2) = ((O_1 \cup O_2)^{**}, A_1 \cap A_2).$$

从而, $L(\text{OB}, \text{AT}, I)$ 形成一个完备格, 被称为概念格.

例 4.3 表 4.1 所示形式背景 (OB, AT, I) 的概念格如图 4.1 所示.

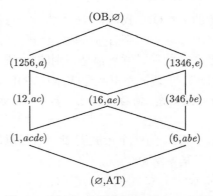

图 4.1   例 4.1 的概念格 $L(\mathrm{OB}, \mathrm{AT}, I)$

给定形式背景 $(\mathrm{OB}, \mathrm{AT}, I)$, 记 $I^c = (\mathrm{OB} \times \mathrm{AT}) \setminus I$, 则称 $(\mathrm{OB}, \mathrm{AT}, I^c)$ 是形式背景 $(\mathrm{OB}, \mathrm{AT}, I)$ 的补背景. 对任意的 $O \subseteq \mathrm{OB}, A \subseteq \mathrm{AT}$, 有 $O^{*c} \subseteq \mathrm{AT} - O^*, A^{*c} \subseteq \mathrm{OB} - A^*$. 记 $(\mathrm{OB}, \mathrm{AT}, I^c)$ 的所有概念构成的集合为 $L_c(\mathrm{OB}, \mathrm{AT}, I)$, 则 $L_c(\mathrm{OB}, \mathrm{AT}, I)$ 也是完备格, 被称为补背景概念格.

例 4.4 (续例 4.1)   表 4.2 是表 4.1 所示形式背景 $(\mathrm{OB}, \mathrm{AT}, I)$ 的补背景, 而图 4.2 是其相应的概念格.

表 4.2   例 4.1 的补背景 $(\mathbf{OB}, \mathbf{AT}, I^c)$

OB	a	b	c	d	e
1	−	+	−	−	−
2	−	+	−	+	+
3	+	−	+	+	−
4	+	−	+	+	−
5	−	+	+	+	+
6	−	−	+	+	−

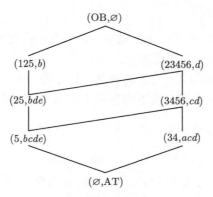

图 4.2   例 4.1 的补背景概念格 $L_c(\mathrm{OB}, \mathrm{AT}, I)$

4.2 概念格属性约简理论

概念格的属性约简是形式概念分析领域的研究热点之一, Ganter 与 Wille 最早给出了删除形式背景的行与列的约简想法, 并从子背景与原背景之间关系的角度探讨了格结构之间的联系. 我们沿着这一思路, 对保持概念格结构不变的属性约简问题进行了较为完整的探讨. 本章给出其具体的理论及方法.

4.2.1 概念格属性约简相关定义

从数学角度来讲, 概念格是一个漂亮的数学结构, 因为在有限情形下, 概念格是完备格, 具有很多良好的数学性质. 从应用角度讲, 概念格是原始数据 —— 形式背景的直观刻画形式, 有很好的层次性与可视性. 因此, 概念格的结构无论从理论分析角度还是从应用研究角度都是形式概念分析理论中最基础最重要的一个部分.

形式背景中的属性表示了所研究的对象的特征, 反映的是概念的内涵. 属性越多, 分析难度就越大越复杂. 因此, 如何减少属性个数但同时能保持原始数据所反映的信息不变, 就是很有意义的研究课题. 这与机器学习中的特征提取类似. 鉴于概念格结构在形式概念分析中的重要性, 从概念格结构保持不变的角度去研究属性约简就成为一个突破口.

为了研究概念格结构的不变性, 我们先给出概念格的同构关系.

定义 4.3 设 $L(\mathrm{OB}, \mathrm{AT}_1, I_1)$ 和 $L(\mathrm{OB}, \mathrm{AT}_2, I_2)$ 是两个概念格. 如果对于任意 $(O_2, A_2) \in L(\mathrm{OB}, \mathrm{AT}_2, I_2)$, 总存在 $(O_1, A_1) \in L(\mathrm{OB}, \mathrm{AT}_1, I_1)$, 使得 $O_1 = O_2$, 则称 $L(\mathrm{OB}, \mathrm{AT}_1, I_1)$ 细于 $L(\mathrm{OB}, \mathrm{AT}_2, I_2)$, 记为 $L(\mathrm{OB}, \mathrm{AT}_1, I_1) \leqslant L(\mathrm{OB}, \mathrm{AT}_2, I_2)$.

概念格之间的这种细于关系本质上体现的是知识的一种粗细. 因为对于 $L(\mathrm{OB}, \mathrm{AT}_2, I_2)$ 中的任何一个形式概念 (O_2, A_2), 都能在 $L(\mathrm{OB}, \mathrm{AT}_1, I_1)$ 中找到与之外延完全相同的概念. 这就说明, 概念格 $L(\mathrm{OB}, \mathrm{AT}_1, I_1)$ 中的形式概念不仅比 $L(\mathrm{OB}, \mathrm{AT}_2, I_2)$ 中的多, 更有与其中外延相同而反映的内涵不同的概念 (因为是不同的形式背景, 即数据信息来源不同). 因此, 我们可以认为 $L(\mathrm{OB}, \mathrm{AT}_1, I_1)$ 中的知识比 $L(\mathrm{OB}, \mathrm{AT}_2, I_2)$ 更为细致, 是其补充.

如果 $L(\mathrm{OB}, \mathrm{AT}_1, I_1) \leqslant L(\mathrm{OB}, \mathrm{AT}_2, I_2)$ 且 $L(\mathrm{OB}, \mathrm{AT}_2, I_2) \leqslant L(\mathrm{OB}, \mathrm{AT}_1, I_1)$, 那么称这两个概念格同构, 记为 $L(\mathrm{OB}, \mathrm{AT}_1, I_1) \cong L(\mathrm{OB}, \mathrm{AT}_2, I_2)$.

定义 4.4 设 $L(\mathrm{OB}, \mathrm{AT}, I)$ 是概念格, 其所有概念外延的集合记为 $L_E = \{O | (O, A) \in L(\mathrm{OB}, \mathrm{AT}, I)\}$. 若对于两个概念格 $L(\mathrm{OB}, \mathrm{AT}_1, I_1)$ 和 $L(\mathrm{OB}, \mathrm{AT}_2, I_2)$, 有 $L_E(\mathrm{OB}, \mathrm{AT}_1, I_1) = L_E(\mathrm{OB}, \mathrm{AT}_2, I_2)$, 则称 $L(\mathrm{OB}, \mathrm{AT}_1, I_1)$ 和 $L(\mathrm{OB}, \mathrm{AT}_2, I_2)$ 相等, 记为 $L(\mathrm{OB}, \mathrm{AT}_1, I_1) =_E L(\mathrm{OB}, \mathrm{AT}_2, I_2)$.

显然, 如果 $L(\mathrm{OB}, \mathrm{AT}_1, I_1) \leqslant L(\mathrm{OB}, \mathrm{AT}_2, I_2)$, 则有 $L_E(\mathrm{OB}, \mathrm{AT}_1, I_1) \supseteq L_E(\mathrm{OB},$

$AT_2, I_2)$; 如果又有 $L(OB, AT_2, I_2) \leqslant L(OB, AT_1, I_1)$, 那么 $L(OB, AT_1, I_1) =_E L$ (OB, AT_2, I_2), 于是有 $L(OB, AT_1, I_1) \cong L(OB, AT_2, I_2)$.

记所有概念格的集合为 $\mathcal{L} = \{L(OB, AT, I) | (OB, AT, I)$ 是形式背景$\}$, 则 $(\mathcal{L}, \leqslant)$ 是偏序集.

在形式背景 (OB, AT, I) 中, $\forall D \subseteq AT$, 记 $I_D = I \cap (OB \times D)$, 那么 (OB, D, I_D) 也是一个形式背景, 称为 (OB, AT, I) 的子形式背景. 对于运算 $O^*(O \subseteq OB)$, 在 (OB, AT, I) 中仍用 O^* 表示, 在 (OB, D, I_D) 中用 O^{*D} 表示. 显然 $I_{AT} = I, O^{*AT} = O^*, O^{*D} = O^{*AT} \cap D = O^* \cap D, O^{*D} \subseteq O^*$.

定理 4.1　设 (OB, AT, I) 是一个形式背景, 则 $\forall D \subseteq AT, D \neq \varnothing$, 总有 $L(OB, AT, I) \leqslant L(OB, D, I_D)$.

证明　$\forall(O, A) \in L(OB, D, I_D)$, 根据性质 4.1 的第 (7) 条, 我们有 (O^{**}, O^*) $\in L(OB, AT, I)$. 下面证明 $O^{**} = O$.

根据性质 4.1 的第 (2) 条, $O^{**} \supseteq O$; 再者由 $O^* \supseteq O^{*D} = A \Rightarrow O^{**} \subseteq A^* = O$. 于是 $O^{**} = O$. 因此, $L(OB, AT, I) \leqslant L(OB, D, I_D)$. □

定义 4.5　对于形式背景 (OB, AT, I), 若存在属性集 $D \subseteq AT$, 使得 $L(OB, D, I_D) =_E L(OB, AT, I)$, 则称 D 是 (OB, AT, I) 的协调集. 若进一步, $\forall d \in D, L(OB, D - \{d\}, I_{D-\{d\}}) \neq_E L(OB, AT, I)$, 则称 D 是 (OB, AT, I) 的约简. 所有 (OB, AT, I) 约简的交集称为 (OB, AT, I) 的核心.

显然下面的命题成立.

定理 4.2　设 (OB, AT, I) 是一个形式背景, $D \subseteq AT, D \neq \varnothing$. 则

$$D \text{是协调集} \Longleftrightarrow L(OB, D, I_D) \leqslant L(OB, AT, I).$$

定义 4.6　设形式背景 (OB, AT, I) 的所有约简为 $\{D_i | D_i$ 是约简, $i \in \tau\}$(τ 为一个指标集). 则属性集 AT 中的属性可分为以下三类:

(1) 绝对必要属性 (核心属性) $b : b \in \bigcap_{i \in \tau} D_i$;

(2) 相对必要属性 $c : c \in \bigcup_{i \in \tau} D_i - \bigcap_{i \in \tau} D_i$;

(3) 绝对不必要属性 $d : d \in AT - \bigcup_{i \in \tau} D_i$.

其中, 非核心中的属性, 我们称为不必要属性 $e : e \in AT - \bigcap_{i \in \tau} D_i$. 它要么是相对必要属性, 要么是绝对不必要属性. 对于绝对必要属性 b、相对必要属性 c、绝对不必要属性 d, 显然有 $b^* \neq c^*, c^* \neq d^*, b^* \neq d^*$.

定理 4.3　对于任何形式背景 (OB, AT, I) 而言, 约简一定存在.

证明　若对于任意 $a \in AT$, 都有 $L(OB, AT - \{a\}, I_{AT-\{a\}}) \neq_E L(OB, AT, I)$, 则 AT 本身就是约简. 若存在 $a \in AT$, 使 $L(OB, AT-\{a\}, I_{AT-\{a\}}) =_E L(OB, AT, I)$,

则研究 $A_1 = \text{AT} - \{a\}$. 若对于任意 $a_1 \in A_1$, 都有 $L(\text{OB}, A_1 - \{a_1\}, I_{A_1 - \{a_1\}}) \neq_E$ $L(\text{OB}, \text{AT}, I)$, 则 A_1 是约简; 否则, 再进一步研究 $A_1 - \{a_1\}$. 重复上述过程, 由于 AT 是有限集, 这样总可以找到至少一个约简. 因此, 形式背景 $(\text{OB}, \text{AT}, I)$ 的约简一定存在. □

但是一般来说, 约简不一定是唯一的.

例 4.5 针对表 4.3 所示的形式背景 $(\text{OB}, \text{AT}, I)$, $\text{OB} = \{1, 2, 3, 4\}$, $\text{AT} = \{a, b, c, d, e\}$, 我们给出其概念格与约简.

表 4.3 例 4.5 的形式背景 $(\text{OB}, \text{AT}, I)$

OB	a	b	c	d	e
1	+	+	−	+	+
2	+	+	+	−	−
3	−	−	−	+	−
4	+	+	+	−	−

该形式背景的 6 个概念为 $(1, abde)$, $(24, abc)$, $(13, d)$, $(124, ab)$, $(\text{OB}, \varnothing)$, $(\varnothing, \text{AT})$, 我们分别将其标记为 $\text{FC}_i(i = 1, 2, \cdots, 6)$. 其概念格如图 4.3 所示. 该形式背景的约简有 2 个, 分别是 $D_1 = \{a, c, d\}$, $D_2 = \{b, c, d\}$. 本例中, c, d 为绝对必要属性 (即核心属性), a, b 为相对必要属性, 而 e 为绝对不必要属性, a, b, e 为不必要属性. 形式背景 $(\text{OB}, D_1, I_{D_1})$ 的概念格见图 4.4. 对比图 4.3 与图 4.4, 很容易发现它们是同构的.

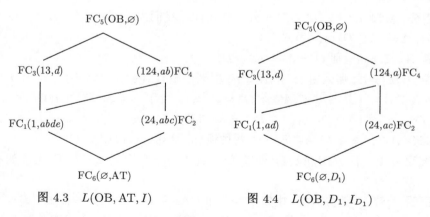

图 4.3 $L(\text{OB}, \text{AT}, I)$ 图 4.4 $L(\text{OB}, D_1, I_{D_1})$

利用上述的定义与定理, 我们不难获得以下推论.

推论 4.1 核心是约简 $\Longleftrightarrow$ 约简唯一.

证明 必要性. 假设核心是约简, 且约简不唯一, 则至少有两个约简 D_i, D_j 不相等. 那么约简的核心 $\bigcap_{k \in \tau} D_k \subseteq D_i \cap D_j \subset D_i$, 由于 D_i 是约简, 所以其真子集 (此

处即约简的核心) 不可能是约简. 这显然与已知条件相矛盾. 因此, 如果核心是约简, 则约简唯一.

充分性. 显然成立.　　　　　　　　　　　　　　　　　　　　　　　　□

推论 4.2　$a \in \mathrm{AT}$ 是不必要属性 $\Longleftrightarrow \mathrm{AT} - \{a\}$ 是协调集.

推论 4.3　$a \in \mathrm{AT}$ 是核心属性 $\Longleftrightarrow \mathrm{AT} - \{a\}$ 不是协调集.

4.2.2　概念格属性约简判定定理

既然给出了概念格属性约简的定义与语义, 本节给出属性约简的判定方法.

因为概念格上的约简 D 满足以下两个条件: 首先, D 是协调集; 其次, $\forall d \in D, D - \{d\}$ 不是协调集. 即约简的本质就是极小协调集. 因此, 只要对协调集必须满足的充要条件研究透彻, 就能获得约简的判定方法. 本节就从研究协调集的充分必要条件出发, 来获取约简的充分必要条件.

定理 4.4 (协调集判定定理 1)　设 $(\mathrm{OB}, \mathrm{AT}, I)$ 为形式背景, $D \subset \mathrm{AT}, D \neq \varnothing$, $E = \mathrm{AT} - D$. 则 D 是协调集 $\Longleftrightarrow \forall F \subseteq E, F \neq \varnothing, (F^{**} - E)^* = (F^{**} \cap D)^* = F^*$.

证明　必要性. 由 D 是协调集可知 $L(\mathrm{OB}, D, I_D) \leqslant L(\mathrm{OB}, \mathrm{AT}, I)$. 由于 $\forall F \subseteq E, F \neq \varnothing$, 总有 $(F^*, F^{**}) \in L(\mathrm{OB}, \mathrm{AT}, I)$, 所以 $\exists C \subseteq D, (F^*, C) \in L(\mathrm{OB}, D, I_D)$, 于是 $C^* = F^*$. 又 $C = F^{**D} = F^{**} \cap D$, 所以 $(F^{**} - E)^* = (F^{**} \cap D)^* = C^* = F^*$.

充分性. 若能证明 $\forall (O, A) \in L(\mathrm{OB}, \mathrm{AT}, I)$, 都有 $(O, A \cap D) \in L(\mathrm{OB}, D, I_D)$, 则 $L(\mathrm{OB}, D, I_D) \leqslant L(\mathrm{OB}, \mathrm{AT}, I)$, 从而 D 是协调集. 这样需要证明: $O^{*D} = A \cap D$, $(A \cap D)^* = O$.

首先, 易知, $O^{*D} = A^* \cap D = A \cap D$. 所以, 我们需要证明 $(A \cap D)^* = O$. 将 A 分解为: $A = (A \cap D) \cup (A \cap E)$.

若 $A \cap E = \varnothing$, 则 $O = A^* = (A \cap D)^*$.

若 $A \cap E \neq \varnothing$, 那么由于 $A \cap E \subseteq E$, 根据已知有 $((A \cap E)^{**} \cap D)^* = (A \cap E)^*$. 于是, $A \cap E \subseteq A \Rightarrow (A \cap E)^{**} \subseteq A^{**} = O^* = A \Rightarrow (A \cap E)^* = ((A \cap E)^{**} \cap D)^* \supseteq (A \cap D)^*$. 从而, $O = A^* = (A \cap D)^* \cap (A \cap E)^* = (A \cap D)^*$.

综合 $A \cap E = \varnothing$ 与 $A \cap E \neq \varnothing$ 两种情况, 可知 $(A \cap D)^* = O$.　　□

推论 4.4　设 $(\mathrm{OB}, \mathrm{AT}, I)$ 为形式背景, $D \subset \mathrm{AT}, D \neq \varnothing$. 若 D 是协调集, 则 $D^* \subseteq (\mathrm{AT} - D)^*$.

证明　若 D 是协调集, 由定理 4.4 知 $((\mathrm{AT} - D)^{**} \cap D)^* = (\mathrm{AT} - D)^*$. 又由于 $(\mathrm{AT} - D)^{**} \cap D \subseteq D$, 因此 $D^* \subseteq ((\mathrm{AT} - D)^{**} \cap D)^* = (\mathrm{AT} - D)^*$.　　□

定理 4.5 (协调集判定定理 2)　设 $(\mathrm{OB}, \mathrm{AT}, I)$ 为形式背景, $D \subset \mathrm{AT}, D \neq \varnothing$, $E = \mathrm{AT} - D$. 则 D 是协调集 $\Longleftrightarrow \forall F \subseteq E, F \neq \varnothing, \exists C \subseteq D, C \neq \varnothing, $ 使得 $C^* = F^*$.

证明　必要性. 由定理 4.4 即证.

充分性. 由 $C^* = F^*$ 可得 $C \subseteq C^{**} = F^{**}$, 且 $C \subseteq D$, 因而 $C \subseteq F^{**} \cap D$,

$(F^{**} \cap D)^* \subseteq C^* = F^*$. 又 $(F^{**} \cap D)^* \supseteq F^* \cup D^* \supseteq F^*$, 从而 $(F^{**} \cap D)^* = F^*$. 因此根据定理 4.4, D 是协调集. $\qquad\square$

定理 4.6 (协调集判定定理 3) 设 $(\mathrm{OB}, \mathrm{AT}, I)$ 为形式背景, $D \subset \mathrm{AT}, D \neq \varnothing$, $E = \mathrm{AT} - D$. 则 D 是协调集 $\Longleftrightarrow \forall e \in E, \exists C \subseteq D, C \neq \varnothing$, 使得 $C^* = e^*$.

证明 必要性. 由定理 4.5 即证.

充分性. $\forall F \subseteq E, F \neq \varnothing$, 记 $F = \{e_k | k \in \tau\}$. 根据已知, $\forall e_k \in F \subseteq E, \exists C_k \subseteq D, C_k \neq \varnothing, C_k^* = e_k^*$. 于是 $F^* = \bigcap_{k \in \tau} e_k^* = \bigcap_{k \in \tau} C_k^* = (\bigcup_{k \in \tau} C_k)^*$. 记 $C = \bigcup_{k \in \tau} C_k$, 则 $C \subseteq D, C \neq \varnothing, C^* = F^*$. 因此根据定理 4.5 可知, D 是协调集. $\qquad\square$

定理 4.7 (协调集判定定理 4) 设 $(\mathrm{OB}, \mathrm{AT}, I)$ 为形式背景, $D \subset \mathrm{AT}, D \neq \varnothing$, $E = \mathrm{AT} - D$. 则 D 是协调集 $\Longleftrightarrow \forall e \in E, (e^{**} - E)^* = (e^{**} \cap D)^* = e^*$.

证明 必要性. 由定理 4.4 即证.

充分性. 由已知, $\forall e \in E, (e^{**} \cap D)^* = e^*$. 记 $C = e^{**} \cap D$, 则 $C \subseteq D, C \neq \varnothing$, 且 $C^* = e^*$. 因此根据定理 4.6, D 是协调集. $\qquad\square$

到目前为止, 我们已经获得了四个关于形式背景 $(\mathrm{OB}, \mathrm{AT}, I)$ 的协调集的等价条件, 即定理 4.4~定理 4.7. 这四个等价命题对于属性集 D 是否为形式背景协调集的判断方法, 皆是考察 D 的补集中任意子集或元素的性质, 其相互关系如下.

定理 4.5 是理论意义最普遍的一个结论. 它考察对于 D 的补集 E 中任意非空子集 F 是否存在非空的 $C \subseteq D$, 使得 $C^* = F^*$, 若存在, 则 D 为协调集. 定理 4.4 则表明若存在满足条件的非空属性集 C, 那么可以将其具体化为 $C = F^{**} \cap D$. 定理 4.6 的可操作性比定理 4.4 强, 因为它只研究 E 中的元素, 而非子集, 使运算简化. 更进一步, 定理 4.7 中, 对于 E 中任意元素所对应的 D 中的非空属性集 C, 又可以将其具体化为 $C = e^{**} \cap D$.

因此, 这四个等价命题按照定理 4.5、定理 4.4、定理 4.6、定理 4.7 的顺序, 其理论意义逐步细节化、具体化, 而可操作性渐强. 定理 4.5 适宜于理论分析, 且具有普遍意义; 而定理 4.7 则适宜于对形式背景的任一个具体属性子集是否为协调集进行判断.

例 4.6 (续例 4.5) 针对表 4.3 所示的形式背景, 我们根据定理 4.7 对任意选取的一个属性子集是否为协调集进行判断.

假设 $D_1 = \{c, d\}$, 则 $E_1 = \{a, b, e\}$. 由于 E_1 中的元素 a 使得 $(a^{**} - E_1)^* = \varnothing^* = \mathrm{OB}$, 而 $a^* = \{1, 2, 4\}$, 二者不同, 定理 4.7 的条件不满足, 因此, $D_1 = \{c, d\}$ 不是协调集. 事实上, 它仅是核心.

假设 $D_2 = \{a, c, d, e\}$, 则 $E_2 = \{b\}$. 由于 $(b^{**} - E_2)^* = b^* = \{1, 2, 4\}$. 因此, $D_2 = \{a, c, d, e\}$ 是协调集. 这一点我们在例 4.5 的结论中已经可以看出.

推论 4.5 设 $(\mathrm{OB}, \mathrm{AT}, I)$ 为形式背景, 核心为 K, $K \subseteq \mathrm{AT}$. 则约简唯一

$\Longleftrightarrow K \neq \varnothing$, 且要么 $K = \mathrm{AT}$, 要么 $\forall e \in \mathrm{AT} - K, (e^{**} \cap K)^* = e^*$.

证明 根据推论 4.1 和定理 4.7, 易证. □

下面的定理从属性子集 $D \subset \mathrm{AT}$ 对应的子背景形成的格与其补集对应的子背景形成的格之间的关系的角度给出协调集判定定理.

定理 4.8 (协调集判定定理 5) 设 $(\mathrm{OB}, \mathrm{AT}, I)$ 为形式背景, $D \subset \mathrm{AT}, D \neq \varnothing$, $E = \mathrm{AT} - D$. 则 D 是协调集 $\Longleftrightarrow L(\mathrm{OB}, D, I_D) \leqslant L(\mathrm{OB}, E, I_E)$.

证明 必要性. 由 D 是协调集可知 $L(\mathrm{OB}, D, I_D) \leqslant L(\mathrm{OB}, \mathrm{AT}, I)$. 由于 $E \subseteq \mathrm{AT}$, 根据定理 4.1, 有 $L(\mathrm{OB}, \mathrm{AT}, I) \leqslant L(\mathrm{OB}, E, I_E)$. 因此 $L(\mathrm{OB}, D, I_D) \leqslant L(\mathrm{OB}, E, I_E)$.

充分性. 由于 $L(\mathrm{OB}, D, I_D) \leqslant L(\mathrm{OB}, E, I_E)$, 且对于任意的 $F \subseteq E, F \neq \varnothing$, 有 $(F^*, F^{**E}) \in L(\mathrm{OB}, E, I_E)$, 所以 $\exists C \subseteq D, C \neq \varnothing$ 使 $(F^*, C) \in L(\mathrm{OB}, D, I_D)$, 于是 $C^* = F^*$. 因此根据定理 4.5, D 是协调集. □

上述每一个协调集的判定定理再加上本节开篇提到的约简与协调集的关系, 就可以获得约简的相应的判定定理. 此处, 我们仅给出从定理 4.7 出发, 结合约简与协调集关系所得到的约简判定定理.

定理 4.9 (约简判定定理) 设 $(\mathrm{OB}, \mathrm{AT}, I)$ 为形式背景, $D \subset \mathrm{AT}, D \neq \varnothing$, $E = \mathrm{AT} - D$. 则 D 是约简 $\Longleftrightarrow \forall e \in E, (e^{**} - E)^* = (e^{**} \cap D)^* = e^*$, 且 $\forall d \in D, (d^{**} - (E \cup \{d\}))^* = (d^{**} \cap (D - \{d\}))^* \neq d^*$.

证明 必要性. 一方面, 由于 D 是约简 $\Rightarrow$ D 是协调集 $\Rightarrow$ $\forall e \in E, (e^{**} - E)^* = (e^{**} \cap D)^* = e^*$.

另一方面, 假设 $\exists d \in D, (d^{**} - (E \cup \{d\}))^* = (d^{**} \cap (D - \{d\}))^* \neq d^*$. 那么可以证明 $D - \{d\}$ 是协调集. 根据定理 4.7, 考察 $E \cup \{d\}$ 中每个元素的情况. $\forall e \in E \cup \{d\}$,

若 $e = d$, 根据假设有 $e^* = (e^{**} - (E \cup \{d\}))^*$.

若 $e \in E$ 且 $d \notin e^{**}$, 则 $e^* = (e^{**} - E)^* = (e^{**} - (E \cup \{d\}))^*$.

若 $e \in E$ 且 $d \in e^{**}$, 则 $d^{**} \subseteq e^{**}$. 于是

$e^* = (e^{**} \cap D)^* = ((e^{**} \cap (D - \{d\})) \cup \{d\})^* = (e^{**} \cap (D - \{d\}))^* \cap \{d\}^* = (e^{**} \cap (D - \{d\}))^* \cap (d^{**} \cap (D - \{d\}))^* = ((e^{**} \cap (D - \{d\})) \cup (d^{**} \cap (D - \{d\})))^* = ((e^{**} \cup d^{**}) \cap (D - \{d\}))^* = (e^{**} \cap (D - \{d\}))^* = (e^{**} - (E \cup \{d\}))^*$.

总之, $\forall e \in E \cup \{d\}$, 都有 $e^* = (e^{**} - (E \cup \{d\}))^*$ 成立, 从而 $\mathrm{AT} - E \cup \{d\} = D - \{d\}$ 是协调集, 不是约简, 这与已知相矛盾. 因此 $\forall d \in D, (d^{**} - (E \cup \{d\}))^* = (d^{**} \cap (D - \{d\}))^* \neq d^*$.

充分性. 由定理 4.7 知 D 是协调集. 进一步, 假设 D 不是约简, 那么 $\exists d \in D$, 使得 $D - \{d\}$ 是协调集. 于是由定理 4.7 得 $d^* = (d^{**} - (E \cup \{d\}))^* = (d^{**} \cap (D - \{d\}))^*$. 这与前提矛盾. 因此 D 是约简. □

4.3 概念格属性约简方法

本节给出求解概念格约简的两种不同方法. 一种方法是从形式概念的内涵差异出发, 利用差别矩阵与差别函数来计算所有的约简; 第二种方法是利用每种属性的特点, 以及相对于约简所起的作用, 将属性进行组合获取约简. 即第一种方法是从概念格全局的角度出发来获取约简; 第二种方法是从每个属性的个体角度出发来构造约简.

4.3.1 基于差别矩阵的概念格属性约简方法

任何两个概念之间都存在差异, 这也是它们之所以成为两个不同的概念的本质原因. 因此, 揭示概念间的差异就能为研究属性约简提供方向.

由于两个概念的内涵之间存在差异, 那么将所有概念中, 两两之间的差异刻画出来就可以当作形式背景的差别矩阵. 这种思想源自粗糙集理论中的属性约简理论, 但是对于概念间差异的刻画与粗糙集理论中等价类之间差异的刻画有所不同. 本书作者与张文修教授曾于 2005 年提出这样的差别矩阵, 并给出了由此获得属性约简的具体方法.

然而, 事实上, 能够决定概念格结构的本质在于父子概念, 并不是所有概念之间的差异与层次关系. 即只要确定了父子关系, 格结构就可以完整建立. 所以, 只需要研究所有父子概念对的差异, 就可以体现出所有概念之间的差异. 从这个角度出发, 本书作者于 2009 年对 2005 年所提出的差别矩阵方法进行改善, 给出了一种更为简单而本质的约简方法, 只需要研究父子概念 (概念格中边的两个端点) 的差异即可获得保持概念格结构不变的属性约简. 本节给出该方法的详细阐述.

定义 4.7 设 (OB, AT, I) 是一个形式背景, $(O_i, A_i), (O_j, A_j) \in L(OB, AT, I)$. 那么

$$\text{DIS}_L((O_i, A_i), (O_j, A_j)) = \begin{cases} A_i - A_j, & (O_i, A_i) \prec (O_j, A_j) \\ \varnothing, & \text{其他} \end{cases} \tag{4.1}$$

称为概念 (O_i, A_i) 与 (O_j, A_j) 之间的差别属性集;

$$\Lambda_L = (\text{DIS}_L((O_i, A_i), (O_j, A_j)), (O_i, A_i), (O_j, A_j) \in L(OB, AT, I)) \tag{4.2}$$

称为 (OB, AT, I) 的差别矩阵.

为了从差别矩阵出发获得求解约简的方法, 我们先给出以下理论分析.

引理 4.1 设 (OB, AT, I) 是一个形式背景. $(O_i, A_i), (O_j, A_j), (O_k, A_k)$ 是形式概念, 且满足 $(O_i, A_i) \prec (O_j, A_j), (O_j, A_j) \leqslant (O_k, A_k), D \subseteq AT$. 如果 $A_i \cap D \neq A_j \cap D$, 则有 $A_i \cap D \neq A_k \cap D$.

证明　　因为 $(O_i, A_i) \prec (O_j, A_j)$, 所以有 $A_i \supset A_j$, $A_i \cap D \supseteq A_j \cap D$. 由已知 $A_i \cap D \neq A_j \cap D$ 可得, $A_i \cap D \supset A_j \cap D$. 进一步, $(O_j, A_j) \leqslant (O_k, A_k) \Rightarrow A_j \supseteq A_k$, 于是, $A_j \cap D \supseteq A_k \cap D$. 所以, $A_i \cap D \supset A_k \cap D$, 进而, $A_i \cap D \neq A_k \cap D$.　　　　□

引理 4.1 表明: 如果一个属性集 D 与一个概念 (O_i, A_i) 的内涵的交集跟它与这个概念的父概念 (O_j, A_j) 的内涵的交集不同, 则它与这个父概念的其他所有超概念 (即更高层次、更抽象、更泛化的概念) 的内涵的交集也不同. 这是证明下面协调集判定定理的一个预备性结果.

定理 4.10　　设 $(\mathrm{OB}, \mathrm{AT}, I)$ 是一个形式背景. $\forall D \subseteq \mathrm{AT}$, $D \neq \varnothing$, 以下命题等价:

(1) D 是一个协调集.

(2) $\forall (O_i, A_i), (O_j, A_j) \in L(\mathrm{OB}, \mathrm{AT}, I)$, 如果 $(O_i, A_i) \prec (O_j, A_j)$, 则 $A_i \cap D \neq A_j \cap D$.

(3) $\forall H \in \Lambda_L$, 如果 $H \neq \varnothing$, 则 $D \cap H \neq \varnothing$.

(4) $\forall H \subseteq \mathrm{AT}$, $H \neq \varnothing$, 如果 $H \cap D = \varnothing$, 则 $H \notin \Lambda_L$.

证明　　(1)$\Rightarrow$(2). 令 $(O_i, A_i), (O_j, A_j) \in L(\mathrm{OB}, \mathrm{AT}, I)$, $(O_i, A_i) \prec (O_j, A_j)$. 由 D 是协调集可知 $L(\mathrm{OB}, D, I_D) \leqslant L(\mathrm{OB}, \mathrm{AT}, I)$. 于是, $\exists C_i, C_j \subseteq D$ 使得 $(O_i, C_i), (O_j, C_j) \in L(\mathrm{OB}, D, I_D)$. 再由 $(O_i, A_i) \prec (O_j, A_j)$ 可得 $O_i \neq O_j$, 于是 $C_i \neq C_j$ 成立. 进一步有, $C_i = O_i^{*_D} = O_i^* \cap D = A_i \cap D$, $C_j = O_j^{*_D} = O_j^* \cap D = A_j \cap D$, 所以, $A_i \cap D \neq A_j \cap D$ 成立.

(2)$\Rightarrow$(1). 若我们能够证明, 所有的 $(O, A) \in L(\mathrm{OB}, \mathrm{AT}, I)$, 都使得 $(O, A \cap D) \in L(\mathrm{OB}, D, I_D)$ 成立, 则能证明 $L(\mathrm{OB}, D, I_D) \leqslant L(\mathrm{OB}, \mathrm{AT}, I)$, 即 D 是一个协调集. 因此, 我们要证明 $O^{*_D} = A \cap D$, $(A \cap D)^* = O$. 又因为 $O^{*_D} = A \cap D$, 所以只需要证明 $(A \cap D)^* = O$. 此处采用反证法.

假设 $(A \cap D)^* \neq O$.

因为 $((A \cap D)^*, (A \cap D)^{**}) \in L(\mathrm{OB}, \mathrm{AT}, I)$, 所以 $(A \cap D)^{**} \neq A$ 成立. 而 $A \cap D \subseteq A \Rightarrow (A \cap D)^* \supseteq A^* = O \Rightarrow (A \cap D)^{**} \subseteq O^* = A$, 于是, $(A \cap D)^{**} \subset A$. 所以, 一定存在 $(Y, C) \in L(\mathrm{OB}, \mathrm{AT}, I)$ 使得 $(O, A) \prec (Y, C)$, 而且 $(Y, C) \leqslant ((A \cap D)^*, (A \cap D)^{**})$. 由 $A \cap D \neq C \cap D$ 及引理 4.1 可知, 一定有 $A \cap D \neq (A \cap D)^{**} \cap D$.

但是, 我们知道 $(A \cap D)^{**} \subset A \Rightarrow (A \cap D)^{**} \cap D \subseteq A \cap D$, $A \cap D \subseteq (A \cap D)^{**} \Rightarrow A \cap D = A \cap D \cap D \subseteq (A \cap D)^{**} \cap D$. 于是, $A \cap D = (A \cap D)^{**} \cap D$, 这与前面证明的结论是矛盾的.

所以, $(A \cap D)^* = O$.

(2)$\Rightarrow$(3). 假设 $H \in \Lambda_L$, $H \neq \varnothing$, 则一定存在两个概念 $(O_i, A_i) \prec (O_j, A_j)$ 使得 H 是 (O_i, A_i) 与 (O_j, A_j) 的差别属性集, 即 $H = A_i - A_j$. 因为 $(O_i, A_i) \prec (O_j, A_j)$, 所以有 $A_i \supset A_j$, $A_i \cap D \neq A_j \cap D$; 又因为 $A_i \supset A_j$, 则 $A_i \cap D \supseteq A_j \cap D$. 这表明

$A_i \cap D \supset A_j \cap D$. 所以, $(A_i - A_j) \cap D \neq \varnothing$, 即, $D \cap H \neq \varnothing$.

(3)⇒(2). 假设 $(O_i, A_i), (O_j, A_j) \in L(\mathrm{OB}, \mathrm{AT}, I)$, $(O_i, A_i) \prec (O_j, A_j)$. 则 (O_i, A_i) 与 (O_j, A_j) 之间的差别属性集是 $H = A_i - A_j \neq \varnothing$. 所以, $D \cap H = D \cap (A_i - A_j) \neq \varnothing$, 即, $A_i \cap D \neq A_j \cap D$.

(3)⇔(4). 这个结论自然成立. □

定理 4.10 表明两个事实: 一是只有非空的差别属性集才对约简有意义, 所以我们也用 Λ_L 来表示那些非空元素的集合, 其具体意义可以根据上下文获知; 二是概念格属性约简的本质方法在于寻找满足条件 $D \cap H \neq \varnothing$ $(\forall H \in \Lambda_L)$ 的极小属性集 $D \subseteq \mathrm{AT}$.

因此, 在给出或描述差别矩阵时, 我们只关注非空的差别集; 而在确定约简的具体结果时, 就去找出那些跟所有差别集相交都不为空的极小属性集.

利用定理揭示的这些结果, 我们进一步给出差别函数的概念, 用此方法可以一次性计算出所有约简.

定义 4.8 设 $(\mathrm{OB}, \mathrm{AT}, I)$ 是一个形式背景, 其差别函数定义如下:

$$g(\Lambda_L) = \bigwedge_{H \in \Lambda_L} \left(\bigvee_{h \in H} h \right). \tag{4.3}$$

此外, 我们还可以由上述定理得到关于核心属性的以下重要结论, 从而从差别矩阵的角度给出形式背景核心的一个简单有效的判别方法. 即差别矩阵元素若为单点集, 则其唯一的元素必为核心元素.

定理 4.11 设 $(\mathrm{OB}, \mathrm{AT}, I)$ 是一个形式背景. 则 $a \in \mathrm{AT}$ 是核心属性 $\Leftrightarrow \exists H \in \Lambda_L, H = \{a\}$.

证明 $a \in \mathrm{AT}$ 是核心属性 $\Longleftrightarrow \mathrm{AT} - \{a\}$ 不是协调集 $\Longleftrightarrow \exists H \in \Lambda_L, H \neq \varnothing, H \cap (\mathrm{AT} - \{a\}) = \varnothing \Longleftrightarrow \exists H \in \Lambda_L, H = \{a\}$. □

例 4.7 表 4.4 是一个形式背景 $(\mathrm{OB}, \mathrm{AT}, I)$, 其中, 对象集 $\mathrm{OB} = \{1, 2, 3, 4, 5\}$, 属性集 $\mathrm{AT} = \{a, b, c, d, e\}$. 针对这个形式背景, 我们用以上方法寻找其约简.

表 4.4 例 4.7 的形式背景 $(\mathrm{OB}, \mathrm{AT}, I)$

OB	a	b	c	d	e
1	+	−	+	−	+
2	+	+	−	+	+
3	+	+	−	−	+
4	−	+	+	+	−
5	−	+	+	+	−

该背景一共有 10 个概念, 每一个都分别被标记为 FC_i $(i = 1, 2, \cdots, 10)$, 其概念格 $L(\mathrm{OB}, \mathrm{AT}, I)$ 如图 4.5 所示.

该形式背景有两个约简, 分别是 $D = \{a, b, c, d\}$ 和 $E = \{b, c, d, e\}$. 其中, b, c, d 是核心属性. 约简后的概念格 $L(\mathrm{OB}, D, I_D)$ 如图 4.6 所示.

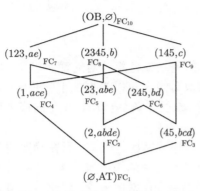
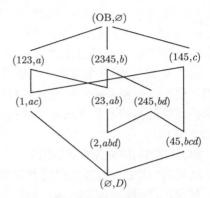

图 4.5   概念格 $L(\mathrm{OB}, \mathrm{AT}, I)$ 图 4.6   概念格 $L(\mathrm{OB}, D, I_D)$

表 4.5 是依据定义 4.7 计算的差别矩阵. 其中, 第一行是差别矩阵的定义 (定义 4.7) 中所提到的子概念, 第一列是父概念.

表 4.5   例 4.7 的差别矩阵 Λ_L

	FC$_1$	FC$_2$	FC$_3$	FC$_4$	FC$_5$	FC$_6$	FC$_7$	FC$_8$	FC$_9$	FC$_{10}$
FC$_1$										
FC$_2$	c									
FC$_3$	ae									
FC$_4$	bd									
FC$_5$		d								
FC$_6$		ae	c							
FC$_7$				c	b					
FC$_8$					ae	d				
FC$_9$			bd	ae						
FC$_{10}$							ae	b	c	

因为概念格 $L(\mathrm{OB}, \mathrm{AT}, I)$ 中有 15 条边, 在其相应的差别矩阵中就有 15 个非空元素, 这点可以由表 4.5 清楚看出. 从这个差别矩阵出发, 可以很容易获得差别函数 $g(\Lambda_L)$, 从而得到约简.

具体计算过程如下:

$$g(\Lambda_L) = b \wedge c \wedge d \wedge (a \vee e) \wedge (b \vee d)$$
$$= (a \wedge b \wedge c \wedge d) \vee (b \wedge c \wedge d \wedge e).$$

最终得到该形式背景的两个约简: $\{a, b, c, d\}$ 与 $\{b, c, d, e\}$.

4.3.2 基于属性特征的概念格属性约简方法

根据属性与概念格约简的关系, 我们可以把形式背景的属性分为三类: 绝对必要属性 (核心属性)、相对必要属性和绝对不必要属性. 不同类型的属性在概念格约简中所起的作用是不同的.

本节, 先探寻不同类型属性的特征, 再利用这些特征通过属性组合的方式来构造约简. 该方法也可以找出所有的约简.

首先, 我们从差别属性集出发, 将寻找核心属性的特征作为突破口, 进而获得各类属性的特征.

定理 4.12 设 (OB, AT, I) 是一个形式背景, $a \in AT$. 则 a 为核心属性 $\Longleftrightarrow$ $\exists (O_i, A_i), (O_j, A_j) \in L(OB, AT, I)$, 使得 $\mathrm{DIS}_L((O_i, A_i), (O_j, A_j)) = \{a\}$.

证明 利用推论 4.3 以及定理 4.11 可得

$a \in AT$是核心属性

$\Longleftrightarrow AT - \{a\}$不是协调集

$\Longleftrightarrow \exists (O_i, A_i), (O_j, A_j) \in L(OB, AT, I)$,满足 $\mathrm{DIS}_L((O_i, A_i), (O_j, A_j)) \neq \varnothing$,

使得 $\mathrm{DIS}_L((O_i, A_i), (O_j, A_j)) \cap (AT - \{a\}) = \varnothing$

$\Longleftrightarrow \exists (O_i, A_i), (O_j, A_j) \in L(OB, AT, I)$,使得 $\mathrm{DIS}_L((O_i, A_i), (O_j, A_j)) = \{a\}$.

$\square$

由以上获取的结果, 可以得到以下几个简单而有用的推论.

推论 4.6 *核心为空集 $\Longleftrightarrow$ 差别矩阵中没有单点集.*

推论 4.7 *核心为全集 $AT \Longleftrightarrow AT$ 中的任一个元素形成的单点集必在差别矩阵中.*

推论 4.8 *约简唯一 $\Longleftrightarrow$ 每个非空的差别属性组必包含差别矩阵中的某个单点集.*

引理 4.2 设 (OB, AT, I) 是一个形式背景, $(O, A) \in L(OB, AT, I)$, 且 (O, A) 是 $(OB, \varnothing)$ 的一个子概念. 则 $\forall a \in A$, 总有 $a^* = O$.

证明 $|A| = 1$ 时命题显然成立.

$|A| > 1$ 时, 假设 $\exists c \in A$, $c^* \neq O$. 由于 $c^* \supseteq A^* = O$, 所以 $c^* \supset O$. 又 $c^{**} \neq \varnothing$, 因而 $(O, A) \leqslant (c^*, c^{**}) \leqslant (OB, \varnothing)$, 即 (O, A) 并非 $(OB, \varnothing)$ 的子概念. 这与题设矛盾. 因此原命题成立. $\square$

推论 4.9 设 (OB, AT, I) 是一个形式背景, $(O, A) \in L(OB, AT, I)$, 且 (O, A) 是 $(OB, \varnothing)$ 的一个子概念. 则以下命题成立:

(1) 若 $|A| = 1$, 则 A 中属性是绝对必要属性;

(2) 若 $|A| > 1$, 则 A 中属性是相对必要属性.

证明　（1）由于 $|A| = 1$，所以 $\mathrm{DIS}_L((O, A), (\mathrm{OB}, \varnothing)) = A$ 是单点集. 根据定理 4.12 可知，A 中属性是绝对必要属性.

（2）由于 $|A| > 1$，由引理 4.2 可知，$\forall a \in A$，一定有 $a^* = O$ 成立. 即 A 中属性都属于同一类；且 A 中属性要么同时属于、要么同时不属于某个概念的内涵，所以 A 中任何属性都不属于差别矩阵的任何单点集，即 A 中任何属性都不是绝对必要属性. 另外，显然 $\mathrm{AT} - A$ 不是协调集，于是 A 中必有属性属于某个约简. 因此 A 中属性是相对必要属性.　　　　　　　　　　　　□

推论 4.10　设 $(\mathrm{OB}, \mathrm{AT}, I)$ 是一个形式背景. 若 $(\mathrm{OB}, \varnothing)$ 有 n 个子概念 (O_k, A_k)，$k = 1, 2, \cdots, n$，则 $(\mathrm{OB}, \mathrm{AT}, I)$ 的约简的个数至少为 $\prod\limits_{k=1}^{n} |A_k|$.

证明　根据推论 4.9 易证.　　　　　　　　　　　　　　　　　　　　　　　　□

由推论 4.2 与定理 4.7 可得以下结论.

定理 4.13　设 $(\mathrm{OB}, \mathrm{AT}, I)$ 是一个形式背景. $\forall a \in \mathrm{AT}$，$a$ 是不必要属性 $\Longleftrightarrow$ $(a^{**} - \{a\})^* = a^*$.

以下定理给出三种类型属性的充分必要条件，从形式概念分析最基础的算子角度揭示它们最本质的特点.

定理 4.14　设 $(\mathrm{OB}, \mathrm{AT}, I)$ 是一个形式背景. $\forall a \in \mathrm{AT}$，记 $G_a = \{g | g \in \mathrm{AT}, g^* \supset a^*\}$，则下列命题成立：

（1）a 是核心属性 $\Longleftrightarrow$ $(a^{**} - \{a\})^* \neq a^*$；

（2）a 是绝对不必要属性 $\Longleftrightarrow$ $(a^{**} - \{a\})^* = a^*$，且 $G_a^* = a^*$；

（3）a 是相对必要属性 $\Longleftrightarrow$ $(a^{**} - \{a\})^* = a^*$，且 $G_a^* \neq a^*$.

证明　（1）此命题实为定理 4.13 的等价命题.

（2）必要性. 因为 a 是绝对不必要属性，所以，一方面由定理 4.13 可知 $(a^{**} - \{a\})^* = a^*$；另一方面，对于任意约简 D 有 $a \notin D$，从而由定理 4.9 可得 $(a^{**} \cap D)^* = a^*$. 而 $\forall b \in a^{**} \cap D$，由 $b \in a^{**}$ 可得 $b^* \supseteq a^*$；由 $b \in D$ 可知 $b \neq a$ 且 b 不是绝对不必要属性，于是 $b^* \neq a^*$. 所以 $b^* \supset a^*$. 从而 $a^{**} \cap D \subseteq G_a$，$G_a^* \subseteq (a^{**} \cap D)^* = a^*$. 另外 $G_a^* \supseteq a^*$，所以 $G_a^* = a^*$.

充分性. 假设 a 不是绝对不必要属性，则一定存在约简 D，使得 $a \in D$. 于是 $(a^{**} \cap (D - \{a\}))^* \neq a^*$. 又因为 $(a^{**} \cap (D - \{a\}))^* \supseteq a^* \cup (D - \{a\})^* \supseteq a^*$，所以 $(a^{**} \cap (D - \{a\}))^* \supset a^*$. 由于 $a \notin G_a$，所以 $G_a = (G_a \cap (D - \{a\})) \cup (G_a \cap (A - D))$，于是，$G_a^* = (G_a \cap (D - \{a\}))^* \cap (G_a \cap (A - D))^*$. 由 $G_a \subseteq a^{**}$ 可得，$G_a \cap (D - \{a\}) \subseteq a^{**} \cap (D - \{a\})$，从而 $(G_a \cap (D - \{a\}))^* \supseteq (a^{**} \cap (D - \{a\}))^*$. $\forall e \in G_a \cap (\mathrm{AT} - D)$，由 $e \in G_a$ 可知 $e^* \supset a^*$，从而 $e^{**} \subset a^{**}$，$a \notin e^{**}$. 又由 $e \in \mathrm{AT} - D$ 且 D 是协调集可得，$e^* = (e^{**} \cap D)^* = (e^{**} \cap (D - \{a\}))^* \supseteq (a^{**} \cap (D - \{a\}))^*$，于是，$(G_a \cap (\mathrm{AT} - D))^* = \bigcap\limits_{e \in G_a \cap (\mathrm{AT} - D)} e^* \supseteq (a^{**} \cap (D - \{a\}))^*$. 因此，我们有 $G_a^* \supseteq$

$(a^{**} \cap (D - \{a\}))^* \supset a^*$, $G_a^* \neq a^*$. 这与已知矛盾. 所以 a 是绝对不必要属性.

(3) 由 (1) 和 (2) 即得. □

对于形式背景 (OB, AT, I), 由上述已经获得的属性特点容易得到关于核心的以下结论:

$$核心为空集 \varnothing \Longleftrightarrow \forall a \in AT, \quad (a^{**} - \{a\})^* = a^*,$$

$$核心为全集 AT \Longleftrightarrow \forall a \in AT, \quad (a^{**} - \{a\})^* \neq a^*.$$

而下面的定理则为我们得到约简结构提供理论依据.

定理 4.15 设 (OB, AT, I) 为形式背景. $\forall a \in AT$, 若 a 是相对必要属性, 那么一定存在 $b \in AT, b \neq a$, 满足 $b^* = a^*$.

证明 由于 a 是相对必要属性, 由定理 4.13 知 $(a^{**} - \{a\})^* = a^*$; 另外存在约简 $D, a \in D$. 假设 $\forall b \in AT, b \neq a$ 有 $b^* \neq a^*$. 于是 $\forall e \in a^{**} \cap (AT - D)$, 由 $e \neq a$ 可得 $e^* \neq a^*$, 又因为 $e \in a^{**}$, 所以 $e^* \supset a^*$, $e^{**} \subset a^{**}$, $a \notin e^{**}$. 因而 $e^* = (e^{**} \cap D)^* = (e^{**} \cap (D - \{a\}))^* \supseteq (a^{**} \cap (D - \{a\}))^*$, 于是, $(a^{**} \cap (AT - D))^* = \bigcap_{e \in a^{**} \cap (AT - D)} e^* \supseteq (a^{**} \cap (D - \{a\}))^*$. 由定理 4.9 可知, $(a^{**} \cap (D - \{a\}))^* \neq a^*$. 从而有

$$
\begin{aligned}
(a^{**} - \{a\})^* &= (a^{**} \cap ((D - \{a\}) \cup (AT - D)))^* \\
&= ((a^{**} \cap (D - \{a\})) \cup (a^{**} \cap (AT - D)))^* \\
&= (a^{**} \cap (D - \{a\}))^* \cap (a^{**} \cap (AT - D))^* \\
&= (a^{**} \cap (D - \{a\}))^* \\
&\neq a^*.
\end{aligned}
$$

这与 $(a^{**} - \{a\})^* = a^*$ 矛盾. 因此原命题成立. □

由定理 4.15 可知: 如果一个形式背景存在相对必要属性, 则一定存在与该属性的属性值完全相同的其他属性, 简单来讲, 就是在形式背景中一定存在相同的列.

因此, 如果存在相对必要属性, 那这样的属性一定是一组, 不仅该组中属性的取值完全相同, 而且其中的属性个数大于等于 2. 于是, 若所有的相对必要属性可以分为若干组, 从每个组中各取一个属性, 再加上核心, 就是一个约简. 因而所有约简含有的属性个数相等, 约简的数量是这些相对必要属性组中属性个数的乘积.

所以, 该定理描绘出在概念格属性约简中每个属性的类别和作用, 给出了属性约简作为集合的清晰结构, 即如何按照属性特点及分类通过构造性方法来获得约简.

总体来说, 上述定理研究了两个问题, 并给出了相应的解决方法: 一是任意一个属性的类别判断; 二是属性约简的形成方法.

以下是针对这两个问题, 利用上述结论给出的属性类型判定与属性约简构造方法.

(1) 属性 $a \in \mathrm{AT}$ 的类型判断.

① 如果 $(a^{**} - \{a\})^* \neq a^*$, 则 a 为核心元素.

② 否则, 记 $G_a = \{g | g \in \mathrm{AT}, g^* \supset a^*\}$.

③ 如果 $G_a^* \neq a^*$, 则 a 为相对必要属性.

④ 否则, a 为绝对不必要属性.

(2) 属性约简的构造性方法.

① 先根据上述方法判断每一个属性的类别.

② 如果没有相对必要属性, 则约简唯一, 即核心 K.

③ 如果有相对必要属性, 把相对必要属性分组, 属性值相同的为一组. 从每个相对必要属性组中取一个属性, 和核心的并集就是一个约简. 所有这样的组合就是全部约简.

下面, 我们对例 4.7 的形式背景利用属性特征来构造约简的方法进行约简获取.

例 4.8 (续例 4.7)　针对表 4.4 所示的形式背景, 利用属性特征来构造约简.

(1) 首先, 判断 AT 中每一个属性的类型.

$(a^{**} - \{a\})^* = (\{a, e\} - \{a\})^* = \{e\}^* = \{1, 2, 3\}$, $a^* = \{1, 2, 3\}$, 二者相等, 故 a 的类型需进一步判断. 再计算 G_a 得 $G_a = \{g | g \in \mathrm{AT}, g^* \supset a^*\} = \varnothing^* = \mathrm{AT} \neq a^*$, 因此, a 为相对必要属性.

$(b^{**} - \{b\})^* = \varnothing^* = \mathrm{AT}$, $b^* = \{2, 3, 4, 5\}$, 二者不等, 因此, b 是核心属性.

$(c^{**} - \{c\})^* = \varnothing^* = \mathrm{AT}$, $c^* = \{1, 4, 5\}$, 二者不等, 因此, c 是核心属性.

$(d^{**} - \{d\})^* = \{b\}^* = \{2, 3, 4, 5\}$, $d^* = \{2, 4, 5\}$, 二者不等, 因此, d 是核心属性.

$(e^{**} - \{e\})^* = (\{a, e\} - \{e\})^* = \{a\}^* = \{1, 2, 3\}$, $e^* = \{1, 2, 3\}$, 二者相等, 故 e 的类型需进一步判断. 再计算 G_e 得 $G_e = \{g | g \in \mathrm{AT}, g^* \supset e^*\} = \varnothing^* = \mathrm{AT} \neq e^*$, 因此, e 为相对必要属性.

(2) 构造所有约简.

相对必要属性有两个: a 与 e, 且因为 $a^* = e^*$, 二者恰为一组. 本例中没有绝对不必要属性. 因此, 这组相对必要属性中的任何一个与所有核心元素就可以组成一个约简. 于是可得, 本例的约简有两个, 分别是 $\{a, b, c, d\}$ 与 $\{b, c, d, e\}$.

4.4　基于决策形式背景的规则提取

决策研究是多学科联手进行的综合探讨活动, 在信息科学、管理科学、系统科学、行为科学乃至心理学方面, 决策研究都有自己的一席之地, 有不同的研究方法和研究策略, 它为我们的日常生活和科技、经济的发展提供研究导向和支撑. 因此,带有决策的数据信息比没有决策的数据更能吸引人们的注意力. 一方面是因为, 带有决策的数据能够全面地体现各种因素之间的联系, 潜藏着内在的等待我们去发掘的规律. 另一方面是因为, 人类认知世界的主要目的之一就是进行预测和决策, 只有在原始积累知识的基础上, 获得能够指导后续生活、科研和创造的普遍规律或者导向, 有了决策相关信息, 使得对于未来的掌控成为可能, 人类才能取得更大的进步. 所以, 对于带有决策的数据, 我们希望能更多地获取知识, 特别是规则方面的知识.

形式概念分析中研究的形式背景, 作为最原始的数据信息, 其属性集中的元素是没有差异的、平等的. 因此, 对于其规则的研究仅局限于关联规则. 为了能借助形式概念分析, 特别是格论的数学知识处理决策问题, 也为了较为完整地研究概念格约简问题, 我们在张文修教授的指导下, 首次提出了决策形式背景这一新概念, 定义了决策形式背景的强协调性和弱协调性, 并研究了两种不同协调意义下的约简问题, 进一步, 又讨论了决策形式背景的规则获取. 之后, 梅长林和李金海等对基于决策形式背景的规则获取进行了较为深入的研究.

定义 4.9 如果 $(\mathrm{OB}, \mathrm{CA}, I)$ 和 $(\mathrm{OB}, \mathrm{DA}, J)$ 是形式背景, 则五元组 $(\mathrm{OB}, \mathrm{CA}, I, \mathrm{DA}, J)$ 被称为一个决策形式背景, 其中, CA 被称为条件属性集, DA 被称为决策属性集. 进一步, 若有 $L(\mathrm{OB}, \mathrm{CA}, I) \leqslant L(\mathrm{OB}, \mathrm{DA}, J)$, 则称 $(\mathrm{OB}, \mathrm{CA}, I, \mathrm{DA}, J)$ 是一个强协调的决策形式背景.

基于强协调的决策形式背景, 决策规则的定义如下.

定义 4.10 设 $(\mathrm{OB}, \mathrm{CA}, I, \mathrm{DA}, J)$ 是一个强协调的决策形式背景. 对于任意的 $Y \subseteq \mathrm{OB}, Y \neq \mathrm{OB}, \varnothing$, 如果概念 $(X, A) \in L(\mathrm{OB}, \mathrm{CA}, I)$ 与 $(Y, B) \in L(\mathrm{OB}, \mathrm{DA}, J)$ 满足 $X \subseteq Y$, 则称 $A \to B$ 是一个决策规则, 读作"if A, then B".

对于一个特定的规则, 我们可能会发现另外有一些规则与之具有同样的后继, 但是其前继要更小一些, 即这样的规则反映的知识比之前考虑的特定规则反映的知识更紧凑, 而前者就显得多余. 所以, 就有了冗余规则这一概念.

定义 4.11 设 $(\mathrm{OB}, \mathrm{CA}, I, \mathrm{DA}, J)$ 是一个强协调的决策形式背景. 如果两个决策规则 $A \to B$ 与 $A' \to B'$ 满足条件: $A \subseteq A'$, $B \supseteq B'$, 则我们称规则 $A \to B$ 蕴含规则 $A' \to B'$, 并称规则 $A' \to B'$ 是冗余的.

例 4.9 表 4.6 是一个形式背景 $(\mathrm{OB}, \mathrm{CA}, I, \mathrm{DA}, J)$, 其中 $\mathrm{OB} = \{1, 2, 3, 4\}$, $\mathrm{CA} = \{a, b, c, d\}$, $\mathrm{DA} = \{g, h, k\}$. 两个概念格 $L(\mathrm{OB}, \mathrm{CA}, I)$ 与 $L(\mathrm{OB}, \mathrm{DA}, J)$ 分别如图 4.7 和图 4.8 所示. 由于 $L(\mathrm{OB}, \mathrm{CA}, I) \leqslant L(\mathrm{OB}, \mathrm{DA}, J)$, 根据定义 4.9 可知, $(\mathrm{OB}, \mathrm{CA}, I, \mathrm{DA}, J)$ 是一个强协调的决策形式背景. 该决策背景有如下 8 个决策规则: $b \to g$, $ab \to g$, $bcd \to g$; $a \to h$, $ab \to h$, $ad \to h$; $ab \to gh$; $ad \to hk$. 比较容易判断出, 其中有 4 个冗余规则: $ab \to g$, $bcd \to g$, $ab \to h$, $ad \to h$.

表 4.6　例 4.9 的强协调决策形式背景 (OB, CA, I, DA, J)

G	a	b	c	d	g	h	k
1	+	+	−	−	+	+	−
2	+	−	−	−	−	+	−
3	−	+	+	+	+	−	−
4	+	−	−	+	−	−	+

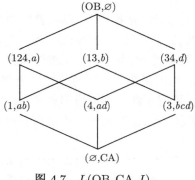

图 4.7　L(OB, CA, I)

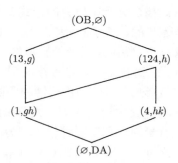

图 4.8　L(OB, DA, J)

4.5　小　结

　　形式概念是对哲学中"概念"这一名词, 也是人类思维的最基本单元, 从数学的角度进行的形式化描述. 形式概念分析则是以原始数据来源 (形式背景)、基于该数据来源的形式概念以及由形式概念间的关系产生的概念格这三个最基本的概念为出发点, 用数学、逻辑、认知、计算机等理论工具和方法对其潜在的更多信息进行分析以获取知识. 形式概念分析很好地表达了人类思维与数学之间的联系, 巧妙地揭示了认知与形式化描述的内在联系. 所以, 有关形式概念分析的研究前景已经不仅仅局限于数学角度的分析, 也涉及认知、管理等思维科学的领域.

　　本章在回顾形式概念分析中最重要的一些基本概念的基础上, 重点给出基于形式背景的保持概念格结构不变的属性约简理论与方法, 从约简的判定、约简的获取与约简的构造三个不同的角度全面地阐述了这一问题. 最后在决策形式背景基础上提出规则获取问题. 这些内容都是后续章节的基础知识.

　　除了本章所述的保持概念格结构不变的属性约简理论, 还有很多保持其他语义的属性约简理论. 例如, 吴伟志等研究了对象概念协调意义下的概念格约简理论; 王霞等研究了不可约元协调意义下的概念格约简理论. 本质上来说, 约简就是一种保持某种特定语义的简化, 只要这种简化能够保持或者保证原始数据 (形式背景或者概念格) 的某种完整性, 那就是有意义的.

除此之外, 我们还可以结合认知领域的知识, 充分理解 "概念" 这一思维单元在思维过程中的重要性和作用, 在形式概念分析领域开辟和发掘更多的相关研究, 如概念的动态性. 随着人类知识的修缮与添加, 我们对某一个特定概念的认识也在不断地调整和完善. 反映在数据上, 就是形式背景横向 (属性、特征) 或者纵向 (对象、样本) 的更新或者追加. 那么如何在不改变原始的形式概念 (已经接受的知识) 的情况下, 进行知识的更新与获取, 这是个很有意义的问题.

第 5 章 完备背景下的三支概念分析

解释和表达概念的一种简单而有效的方法是给出一对内涵与外延. 内涵是指概念固有的属性, 而外延是概念的实例.

在二支概念分析中, 一个属性集合可以当作内涵, 一个对象集合可以当作外延. 假设一个属性集合 A 是一个内涵, 由于 A 与其补集互斥, 其反映的信息互补, 我们也可以用这对互斥的属性集来表示和分析一个单一内涵所刻画的知识. 对于外延的理解也类似. 所以, 二支概念分析也可以通过互斥的属性集或者对象集来解释, 即内涵与其补集形成的对, 外延与其补集形成的对.

Wille 提出的形式概念分析是二支概念分析的一个代表性例子. 其最基本的概念是由对象集与属性集之间的二元关系定义的形式背景. 如果一个对象具有一种属性, 这个对象就被认为与这个属性有二元关系. 一个概念的内涵 (在 FCA 中称为 Intent) 与外延 (在 FCA 中称为 Extent) 可以通过形式背景的一对导出算子获得.

在标准的形式概念分析中, 一般是完全背景, 即形式背景的信息是完整的, 人们只需要考虑一个对象集所共有的最大属性集和具有一组属性的最大对象集. 在此基础上, 结合三支决策的思想, 本书作者于 2014 年将经典的 FCA 拓广为三支概念分析 (Three-way Concept Analysis, 3WCA)[267], 并对形式概念与三支概念、概念格与三支概念格之间的关系做了较为深入的分析 [268].

与形式概念分析中的形式概念一样, 三支概念也具有外延和内涵. 但不同的是, 三支概念的外延或内涵本身也由两部分构成, 是一个二元组, 具有 Ciucci 所研究的正交对的形式, 可以同时表达 "共同具有" 和 "共同不具有". 而这个二元组的本质是三个两两互斥的集合: 二元组本身就是两个互斥的集合, 潜在的第三个集合就是二元组中两个集合的并集的补集. 所以, 三支概念分析使用三个两两互斥的属性集或三个两两互斥的对象集来对知识进行描述和解释. 与二支概念分析相比, 这样的刻画方式和解释能够提供更多的信息.

三支概念分析研究的大概思路是: 在形式概念分析理论中考虑对象集共同具有的最大属性集的基础上, 进一步考虑该对象集共同不具有的最大属性集. 其结果是, 一个概念的内涵可以由三个两两互斥的集合来表示: 该对象集所共有的最大属性集, 该对象集所共同不具有的最大属性集, 以及这两者之并集的补集. 其中, 对象集所共同不具有的最大属性集可以从补背景的角度去解释. 概念内涵的这种三支描述方式明确地揭示了一个对象集共同缺失的特征, 是对象集另一种共性的反映. 类似地, 我们可以得到概念外延的三支描述.

这样, 我们成功地将三支决策的思想与形式引入形式概念分析, 将形式概念扩展为三支概念; 反过来, 基于三支概念, 我们也自然地把对象论域或属性论域分为三部分, 从而可以进行三支决策.

目前, 三支概念分析已得到有关学者的关注 [267−280], 但是, 研究尚处于起步阶段, 相关研究成果很少, 还有很多重要的理论问题与关键技术有待研究和突破.

5.1 三支概念分析基本模型

本节给出三支概念分析的一些基本定义. 首先说明其中用到的符号.

设 S 是一个非空集合, $\mathcal{P}(S)$ 是 S 的子集构成的集合, 即 S 的幂集. 令 $\mathcal{DP}(S) = \mathcal{P}(S) \times \mathcal{P}(S)$. 在 $\mathcal{DP}(S)$ 上, 定义集合对之间的交运算 $\cap$、并运算 $\cup$ 以及取补运算 c 分别为: 对于任意的 $(A, B), (C, D) \in \mathcal{DP}(S)$, $(A, B) \cap (C, D) = (A \cap C, B \cap D)$, $(A, B) \cup (C, D) = (A \cup C, B \cup D)$, $(A, B)^c = (A^c, B^c)$. 另外, 在 $\mathcal{DP}(S)$ 上定义二元关系 $\subseteq$ 如下: 对于任意的 $(A, B), (C, D) \in \mathcal{DP}(S)$, $(A, B) \subseteq (C, D) \Longleftrightarrow A \subseteq C$ 且 $B \subseteq D$.

在三支概念分析理论中, 相对于 Wille 提出的算子, 我们定义如下算子.

定义 5.1 设 $(\mathrm{OB}, \mathrm{AT}, I)$ 为一个形式背景, $O \subseteq \mathrm{OB}, A \subseteq \mathrm{AT}, I^c = (\mathrm{OB} \times \mathrm{AT}) \setminus I$. 定义算子 $\overline{*} : \mathcal{P}(\mathrm{OB}) \to \mathcal{P}(\mathrm{AT})$ 及 $\overline{*} : \mathcal{P}(\mathrm{AT}) \to \mathcal{P}(\mathrm{OB})$, 对于任意的 $O \subseteq \mathrm{OB}$ 及 $A \subseteq \mathrm{AT}$, 有

$$O^{\overline{*}} = \{a \in \mathrm{AT} | \forall o \in O(oI^c a)\} = \{a \in \mathrm{AT} | O \subseteq I^c a\},$$

$$A^{\overline{*}} = \{o \in \mathrm{OB} | \forall a \in A(oI^c a)\} = \{o \in \mathrm{OB} | A \subseteq oI^c\}.$$

相对于形式背景 $(\mathrm{OB}, \mathrm{AT}, I)$ 中 $*$ 算子体现的是对象集与属性集之间相互“共同具有”的语义, 这对算子反映的是对象集与属性集之间“共同不具有”这样的具有否定性的语义, 因此称上述算子为负算子. 相应地, 称 Wille 提出的算子为正算子.

很明显, 上述 $(\mathrm{OB}, \mathrm{AT}, I)$ 的负算子其实就是背景 $(\mathrm{OB}, \mathrm{AT}, I^c)$ 中的正算子. 因此, 负算子有着跟正算子类似的性质.

假设 $O, O_1, O_2 \subseteq \mathrm{OB}, A, A_1, A_2 \subseteq \mathrm{AT}$, 则有:

(1) $O \subseteq O^{\overline{*}\overline{*}}, A \subseteq A^{\overline{*}\overline{*}}$;

(2) $O_1 \subseteq O_2 \Longrightarrow O_2^{\overline{*}} \subseteq O_1^{\overline{*}}, A_1 \subseteq A_2 \Longrightarrow A_2^{\overline{*}} \subseteq A_1^{\overline{*}}$;

(3) $O^{\overline{*}} = O^{\overline{*}\overline{*}\overline{*}}, A^{\overline{*}} = A^{\overline{*}\overline{*}\overline{*}}$;

(4) $O \subseteq A^{\overline{*}} \Longleftrightarrow A \subseteq O^{\overline{*}}$;

(5) $(O_1 \cup O_2)^{\overline{*}} = O_1^{\overline{*}} \cap O_2^{\overline{*}}, (A_1 \cup A_2)^{\overline{*}} = A_1^{\overline{*}} \cap A_2^{\overline{*}}$;

(6) $(O_1 \cap O_2)^{\overline{*}} \supseteq O_1^{\overline{*}} \cup O_2^{\overline{*}}, (A_1 \cap A_2)^{\overline{*}} \supseteq A_1^{\overline{*}} \cup A_2^{\overline{*}}$.

对于一个给定的形式背景 (OB, AT, I), 由其负算子导出的概念称为负概念 (N-概念). 显然, $(O^{\overline{**}}, O^{\overline{*}})$ 与 $(A^{\overline{*}}, A^{\overline{**}})$ 都是负概念. 相应的概念格称为负概念格, 记为 $\mathrm{NL}(OB, AT, I)$, 其中的序关系, 下确界和上确界的定义与概念格 $L(OB, AT, I)$ 中的相应定义相似.

我们统称负概念与形式概念为经典概念, 而 $L(OB, AT, I)$ 与 $\mathrm{NL}(OB, AT, I)$ 都是经典概念格.

事实上, 定义在形式背景 (OB, AT, I) 上的算子 $\overline{*}$ 就是其补背景中的 $*$ 算子, 因此负概念格 $\mathrm{NL}(OB, AT, I)$ 也就是补背景概念格 $L(OB, AT, I^c)$.

类似地, $\mathrm{NL}_E(OB, AT, I)$ 和 $\mathrm{NL}_I(OB, AT, I)$ 分别表示负概念格中所有外延的集合与所有内涵的集合.

同时考虑正算子和负算子, 从对象子集与属性子集之间 "共同具有" 和 "共同不具有" 某种二元关系这两个角度同时出发, 我们给出如下三支算子的概念.

定义 5.2　设 (OB, AT, I) 为一个形式背景. 定义算子 $< : \mathcal{P}(OB) \to \mathcal{DP}(AT)$ 及 $> : \mathcal{DP}(AT) \to \mathcal{P}(OB)$, 分别为: 对于任意的 $O \subseteq OB, A, B \subseteq AT, O^< = (O^*, O^{\overline{*}})$, 且 $(A, B)^> = \{o \in OB | o \in A^* \text{ 且 } o \in B^{\overline{*}}\} = A^* \cap B^{\overline{*}}$. 我们称算子 $<$ 及 $>$ 为对象导出三支算子, 简称为 OE-算子.

从定义 5.2 可以看出, 三支算子 $<$ 将正负算子同时考虑, 使得 $O^< = (O^*, O^{\overline{*}})$, 即同时给出对象子集 "共同具有" 和 "共同不具有" 的两个属性子集, 既反映原背景中正算子的意义, 也反映补背景中正算子的意义, 将两个背景反映的信息体现在一个概念当中. 而另一个三支算子 $>$ 的计算结果为 $(A, B)^> = A^* \cap B^{\overline{*}}$, 反映了一对属性子集 A 和 B 分别被某些对象共同具有和共同不具有的交叉信息.

性质 5.1　对于任意的 $X, Y \subseteq OB, A, B \subseteq AT$, 对象导出三支算子 $<$ 和 $>$ 有以下性质:

(1) $X \subseteq X^{<>}, (A, B) \subseteq (A, B)^{><}$;

(2) $X \subseteq Y \Rightarrow X^< \supseteq Y^<, (A, B) \subseteq (C, D) \Rightarrow (A, B)^> \supseteq (C, D)^>$;

(3) $X^< = X^{<><}, (A, B)^> = (A, B)^{><>}$;

(4) $X \subseteq (A, B)^> \Longleftrightarrow (A, B) \subseteq X^<$;

(5) $(X \cup Y)^< = X^< \cap Y^<, (X \cap Y)^< \supseteq X^< \cup Y^<$;

(6) $((A, B) \cup (C, D))^> = (A, B)^> \cap (C, D)^>, ((A, B) \cap (C, D))^> \supseteq (A, B)^> \cup (C, D)^>$.

定义 5.3　设 (OB, AT, I) 为一个形式背景, $O \subseteq OB, A, B \subseteq AT$. 若 $O^< = (A, B)$, 且 $(A, B)^> = O$, 则称 $(O, (A, B))$ 为对象导出三支概念, 简称为 OE-概念.

其中称 O 为 OE-概念 $(O,(A,B))$ 的外延, (A,B) 为 OE-概念 $(O,(A,B))$ 的内涵.

记形式背景 $(\mathrm{OB},\mathrm{AT},I)$ 的所有 OE-概念构成的集合为 $\mathrm{OEL}(\mathrm{OB},\mathrm{AT},I)$, 所有 OE-概念外延构成的集合为 $\mathrm{OEL}_E(\mathrm{OB},\mathrm{AT},I)$, 所有 OE-概念内涵构成的集合为 $\mathrm{OEL}_I(\mathrm{OB},\mathrm{AT},I)$. 因为 OE-概念的内涵是两个部分组成的二元组, 我们特别记所有第一元组成的集合为 $\mathrm{OEL}_I^+(\mathrm{OB},\mathrm{AT},I)$, 记所有第二元组成的集合为 $\mathrm{OEL}_I^-(\mathrm{OB},\mathrm{AT},I)$.

对于任意的 $(X,(A,B)),(Y,(C,D)) \in \mathrm{OEL}(\mathrm{OB},\mathrm{AT},I)$, 定义 $\mathrm{OEL}(\mathrm{OB},\mathrm{AT},I)$ 上的一个二元关系为

$$(X,(A,B)) \leqslant (Y,(C,D)) \Longleftrightarrow X \subseteq Y \Longleftrightarrow (C,D) \subseteq (A,B).$$

我们已证明二元关系 $\leqslant$ 为 $\mathrm{OEL}(\mathrm{OB},\mathrm{AT},I)$ 上的偏序关系, 且在此偏序关系下, $\mathrm{OEL}(\mathrm{OB},\mathrm{AT},I)$ 形成一个完备格, 其下确界与上确界分别定义如下: 对于任意的 $(X,(A,B)),(Y,(C,D)) \in \mathrm{OEL}(\mathrm{OB},\mathrm{AT},I)$, 有

$$(X,(A,B)) \wedge (Y,(C,D)) = (X \cap Y,((A,B) \cup (C,D))^{\rhd \lhd}),$$

$$(X,(A,B)) \vee (Y,(C,D)) = ((X \cup Y)^{\lhd \rhd},(A,B) \cap (C,D)).$$

同样地, 因为 $\mathrm{OEL}(\mathrm{OB},\mathrm{AT},I)$ 中的每个元素都是形式背景 $(\mathrm{OB},\mathrm{AT},I)$ 的对象导出三支概念, 且 $(\mathrm{OEL}(\mathrm{OB},\mathrm{AT},I),\leqslant)$ 为完备格, 所以称 $\mathrm{OEL}(\mathrm{OB},\mathrm{AT},I)$ 为形式背景 $(\mathrm{OB},\mathrm{AT},I)$ 的对象导出三支概念格, 简记为 OE-概念格.

类似于上述从对象集出发, 寻找其共同具有以及共同不具有的属性的算子, 我们还提出了另一类三支算子. 这类算子是从属性集出发, 设法寻找能共同具有该属性集以及共同不具有该属性集的对象. 与上述算子相比, 除了定义域与值域不同, 运算法则是相同的, 所以对于下述三支算子, 采用了同样的算子符号.

定义 5.4 设 $(\mathrm{OB},\mathrm{AT},I)$ 为一个形式背景. 定义算子 $\lhd : \mathcal{P}(\mathrm{AT}) \to \mathcal{DP}(\mathrm{OB})$ 及 $\rhd : \mathcal{DP}(\mathrm{OB}) \to \mathcal{P}(\mathrm{AT})$, 分别为: 对于任意的 $X,Y \subseteq \mathrm{OB},A \subseteq \mathrm{AT}$, $A^{\lhd} = (A^*,A^{\overline{*}})$, 且 $(X,Y)^{\rhd} = \{a \in \mathrm{AT} | a \in X^* \text{ 且 } a \in Y^{\overline{*}}\} = X^* \cap Y^{\overline{*}}$. 我们称算子 $\lhd$ 及 $\rhd$ 为属性导出三支算子, 简称为 AE-算子.

与定义 5.2 类似, 用于属性集合的三支算子 $\lhd$ 也将正负算子同时考虑, 计算结果 $A^{\lhd} = (A^*,A^{\overline{*}})$ 同时反映原背景与补背景中的信息. 而另一个三支算子 $\rhd$ 的计算结果为 $(X,Y)^{\rhd} = X^* \cap Y^{\overline{*}}$, 则反映了一对对象子集 X 和 Y 分别共同具有和共同不具有的交叉属性.

性质 5.2 对于任意的 $X,Y,Z,W \subseteq \mathrm{OB},A,B \subseteq \mathrm{AT}$, 属性导出三支算子 $\lhd$ 和 $\rhd$ 有以下性质:

(1) $A \subseteq A^{\lhd \rhd},(X,\ Y) \subseteq (X,\ Y)^{\rhd \lhd}$;

(2) $A \subseteq B \Rightarrow A^< \supseteq B^<, (X, Y) \subseteq (Z, W) \Rightarrow (X, Y)^> \supseteq (Z, W)^>$;

(3) $A^< = A^{<><}, (X, Y)^> = (X, Y)^{><>}$;

(4) $A \subseteq (X, Y)^> \Leftrightarrow (X, Y) \subseteq A^<$;

(5) $(A \cup B)^< = A^< \cap B^<, (A \cap B)^< \supseteq A^< \cup B^<$;

(6) $((X, Y) \cup (Z, W))^> = (X, Y)^> \cap (Z, W)^>$;

$((X, Y) \cap (Z, W))^> \supseteq (X, Y)^> \cup (Z, W)^>$.

定义 5.5　设 $(\mathrm{OB}, \mathrm{AT}, I)$ 为一个形式背景, $X, Y \subseteq \mathrm{OB}, A \subseteq \mathrm{AT}$. 若 $(X, Y)^> = A$ 且 $A^< = (X, Y)$, 则称 $((X, Y), A)$ 为属性导出三支概念, 简称为 AE-概念. 其中称 (X, Y) 为 AE-概念 $((X, Y), A)$ 的外延, A 为 AE-概念 $((X, Y), A)$ 的内涵.

同样地, 记形式背景 $(\mathrm{OB}, \mathrm{AT}, I)$ 的所有 AE-概念构成的集合为 $\mathrm{AEL}(\mathrm{OB}, \mathrm{AT}, I)$, 所有 AE-概念外延构成的集合为 $\mathrm{AEL}_E(\mathrm{OB}, \mathrm{AT}, I)$, 所有 AE-概念内涵构成的集合为 $\mathrm{AEL}_I(\mathrm{OB}, \mathrm{AT}, I)$. 因为 AE-概念的外延是两个部分组成的二元组, 我们特别记所有第一元组成的集合为 $\mathrm{AEL}_E^+(\mathrm{OB}, \mathrm{AT}, I)$, 记所有第二元组成的集合为 $\mathrm{AEL}_E^-(\mathrm{OB}, \mathrm{AT}, I)$.

对于任意的 $((X, Y), A), ((Z, W), B) \in \mathrm{AEL}(\mathrm{OB}, \mathrm{AT}, I)$, 定义 $\mathrm{AEL}(\mathrm{OB}, \mathrm{AT}, I)$ 的二元关系为

$$((X, Y), A) \leqslant ((Z, W), B) \Longleftrightarrow (X, Y) \subseteq (Z, W) \Longleftrightarrow B \subseteq A.$$

容易证明 $\leqslant$ 为 $\mathrm{AEL}(\mathrm{OB}, \mathrm{AT}, I)$ 的偏序关系. 且在此偏序关系下, $\mathrm{AEL}(\mathrm{OB}, \mathrm{AT}, I)$ 形成一个完备格, 其下确界与上确界分别定义如下: 对于任意的 $((X, Y), A), ((Z, W), B) \in \mathrm{AEL}(\mathrm{OB}, \mathrm{AT}, I)$, 有

$$((X, Y), A) \wedge ((Z, W), B) = ((X, Y) \cap (Z, W), (A \cup B)^{<>}),$$

$$((X, Y), A) \vee ((Z, W), B) = (((X, Y) \cup (Z, W))^{><}, A \cap B).$$

因为 $\mathrm{AEL}(\mathrm{OB}, \mathrm{AT}, I)$ 中的每个元素都是形式背景 $(\mathrm{OB}, \mathrm{AT}, I)$ 的属性导出三支概念, 且 $(\mathrm{AEL}(\mathrm{OB}, \mathrm{AT}, I), \leqslant)$ 为完备格, 所以称 $\mathrm{AEL}(\mathrm{OB}, \mathrm{AT}, I)$ 为形式背景 $(\mathrm{OB}, \mathrm{AT}, I)$ 的属性导出三支概念格, 简记为 AE-概念格.

为了方便叙述, 统称对象导出三支概念格与属性导出三支概念格为三支概念格.

例 5.1　形式背景 $(\mathrm{OB}, \mathrm{AT}, I)$ 及其补背景分别如表 5.1 与表 5.2 所示, 其中 $\mathrm{OB} = \{1, 2, 3, 4\}$, $\mathrm{AT} = \{a, b, c, d, e\}$. 相应的概念格 $L(\mathrm{OB}, \mathrm{AT}, I)$, 补背景概念格, 即负概念格 $\mathrm{NL}(\mathrm{OB}, \mathrm{AT}, I)$, 对象导出三支概念格 $\mathrm{OEL}(\mathrm{OB}, \mathrm{AT}, I)$, 以及属性导出三支概念格 $\mathrm{AEL}(\mathrm{OB}, \mathrm{AT}, I)$ 分别由图 5.1~图 5.4 给出.

表 5.1 例 5.1 的形式背景 (OB, AT, I)

OB	a	b	c	d	e
1	+	+	−	+	+
2	+	+	+	−	−
3	−	−	−	+	−
4	+	+	+	−	−

表 5.2 例 5.1 的补背景 (OB, AT, I^c)

OB	a	b	c	d	e
1	−	−	+	−	−
2	−	−	−	+	+
3	+	+	+	−	+
4	−	−	−	+	+

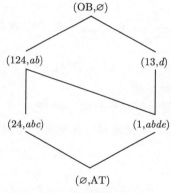

图 5.1 例 5.1 的 L(OB, AT, I)

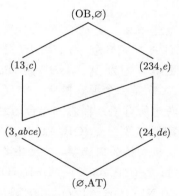

图 5.2 例 5.1 的 NL(OB, AT, I)

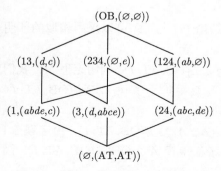

图 5.3 例 5.1 的 OEL(OB, AT, I)

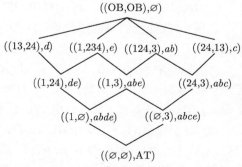

图 5.4 例 5.1 的 AEL(OB, AT, I)

5.2 三支概念格与经典概念格关系

本节探讨三支概念格与经典概念格在元素以及结构的关系. 首先, 我们详细讨论 OE-概念格与经典概念格的关系, 随后, 相应地给出 AE-概念格与经典概念格的关系.

5.2.1 OE-概念格与经典概念格

定理 5.1 设 $(\mathrm{OB}, \mathrm{AT}, I)$ 是一个形式背景. 如果 (X, A) 是形式概念, 而 (Y, B) 是负概念, 那么 $(X, (A, X^*))$ 和 $(Y, (Y^*, B))$ 都是 OE-概念.

证明 因为 (X, A) 是一个形式概念, 所以 $X^* = A$, $A^* = X$. 根据 $*$ 算子的性质知 $X \subseteq X^{**}$. 于是可得, $A^* \cap X^{**} = X$. 所以, 由 OE-概念的定义即可证明 $(X, (A, X^*))$ 是一个 OE-概念. 类似地, 我们也可以证明 $(Y, (Y^*, B))$ 是一个 OE-概念. □

定理 5.2 设 $(\mathrm{OB}, \mathrm{AT}, I)$ 是一个形式背景. 如果 $(X, (A, B))$ 是 OE-概念, 则 (A^*, A) 是形式概念, 而 $(B^{\bar{*}}, B)$ 是负概念.

证明 因为 $(X, (A, B))$ 是 OE-概念, 所以有 $X^* = A$, $X^{\bar{*}} = B$. 于是, $(A^*, A) = (X^{**}, X^*)$ 是一个形式概念, $(B^{\bar{*}}, B) = (X^{\bar{*}\bar{*}}, X^{\bar{*}})$ 是负概念. □

考虑所有 OE-概念的集合与经典概念集合, 我们可以得到以下结论.

定理 5.3 设 $(\mathrm{OB}, \mathrm{AT}, I)$ 是一个形式背景. 则其概念格、负概念格与对象导出三支概念格的内涵集、外延集之间有以下关系:

(1) $L_E(\mathrm{OB}, \mathrm{AT}, I) \subseteq \mathrm{OEL}_E(\mathrm{OB}, \mathrm{AT}, I)$;

(2) $\mathrm{NL}_E(\mathrm{OB}, \mathrm{AT}, I) \subseteq \mathrm{OEL}_E(\mathrm{OB}, \mathrm{AT}, I)$;

(3) $L_I(\mathrm{OB}, \mathrm{AT}, I) = \mathrm{OEL}_I^+(\mathrm{OB}, \mathrm{AT}, I)$;

(4) $\mathrm{NL}_I(\mathrm{OB}, \mathrm{AT}, I) = \mathrm{OEL}_I^-(\mathrm{OB}, \mathrm{AT}, I)$.

证明 此处我们只证明结论 (1) 与 (3). 结论 (2) 与 (4) 可以采用相似的证明过程获得.

(1) 假设 $X \in L_E(\mathrm{OB}, \mathrm{AT}, I)$, 则有 $(X, X^*) \in L(\mathrm{OB}, \mathrm{AT}, I)$. 利用定理 5.1, 我们可进一步得到 $(X, (X^*, X^{\bar{*}})) \in \mathrm{OEL}(\mathrm{OB}, \mathrm{AT}, I)$, 这等价于 $X \in \mathrm{OEL}_E(\mathrm{OB}, \mathrm{AT}, I)$. 于是 $L_E(\mathrm{OB}, \mathrm{AT}, I) \subseteq \mathrm{OEL}_E(\mathrm{OB}, \mathrm{AT}, I)$ 得证.

(3) 对于任意的 $A \in L_I(\mathrm{OB}, \mathrm{AT}, I)$, 都有 $(A^*, A) \in L(\mathrm{OB}, \mathrm{AT}, I)$. 由定理 5.1 可知, $(A^*, (A, A^{*\bar{*}})) \in \mathrm{OEL}(\mathrm{OB}, \mathrm{AT}, I)$ 成立, 这意味着 $A \in \mathrm{OEL}_I^+(\mathrm{OB}, \mathrm{AT}, I)$. 因此可得 $L_I(\mathrm{OB}, \mathrm{AT}, I) \subseteq \mathrm{OEL}_I^+(\mathrm{OB}, \mathrm{AT}, I)$.

另外, 对于任意的 $A \in \mathrm{OEL}_I^+(\mathrm{OB}, \mathrm{AT}, I)$, 存在 $X \subseteq \mathrm{OB}$ 和 $B \subseteq \mathrm{AT}$ 使得 $(X, (A, B)) \in \mathrm{OEL}(\mathrm{OB}, \mathrm{AT}, I)$. 于是, 由定理 5.2 可得 $(A^*, A) \in L(\mathrm{OB}, \mathrm{AT}, I)$, 这等

价于 $A \in L_I(\mathrm{OB}, \mathrm{AT}, I)$. 于是可证 $L_I(\mathrm{OB}, \mathrm{AT}, I) \supseteq \mathrm{OEL}_I^+(\mathrm{OB}, \mathrm{AT}, I)$.

结合上述两种关系即可获得 $L_I(\mathrm{OB}, \mathrm{AT}, I) = \mathrm{OEL}_I^+(\mathrm{OB}, \mathrm{AT}, I)$. □

注解 5.1 定理 5.1~定理 5.3 中的结论可以由例 5.1 来验证. 同时, 例 5.1 还进一步表明 $L_E(\mathrm{OB}, \mathrm{AT}, I) \cup \mathrm{NL}_E(\mathrm{OB}, \mathrm{AT}, I) = \mathrm{OEL}_E(\mathrm{OB}, \mathrm{AT}, I)$. 但是, 我们仅能从定理 5.3 得到 $L_E(\mathrm{OB}, \mathrm{AT}, I) \cup \mathrm{NL}_E(\mathrm{OB}, \mathrm{AT}, I) \subseteq \mathrm{OEL}_E(\mathrm{OB}, \mathrm{AT}, I)$. 所以, 我们会很自然地想到一个问题: 在一般情况下, 这个相反的关系 $\mathrm{OEL}_E(\mathrm{OB}, \mathrm{AT}, I) \subseteq L_E(\mathrm{OB}, \mathrm{AT}, I) \cup \mathrm{NL}_E(\mathrm{OB}, \mathrm{AT}, I)$ 是否也成立呢? 下面的例 5.2 表明, 答案是否定的. 因此, 上述的等式是不成立的.

例 5.2 表 5.3 给出了一个形式背景 $(\mathrm{OB}, \mathrm{AT}, I)$, 其中 $\mathrm{OB} = \{1, 2, 3, 4\}$, $\mathrm{AT} = \{a, b, c, d, e\}$, 表 5.4 是其补背景. 图 5.5~图 5.7 则分别展示的是原始背景的概念格 $L(\mathrm{OB}, \mathrm{AT}, I)$, 补背景概念格 $\mathrm{NL}(\mathrm{OB}, \mathrm{AT}, I)$, 以及对象导出三支概念格 $\mathrm{OEL}(\mathrm{OB}, \mathrm{AT}, I)$.

表 5.3 例 5.2 的形式背景 $(\mathbf{OB}, \mathbf{AT}, I)$

OB	a	b	c	d	e
1	+	+	+	+	−
2	+	+	+	−	−
3	+	+	+	−	+
4	−	−	−	+	−

表 5.4 例 5.2 的补背景 $(\mathbf{OB}, \mathbf{AT}, I^c)$

OB	a	b	c	d	e
1	−	−	−	−	+
2	−	−	−	+	+
3	−	−	−	+	−
4	+	+	+	−	+

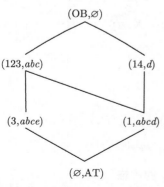

图 5.5 例 5.2 的 $L(\mathrm{OB}, \mathrm{AT}, I)$

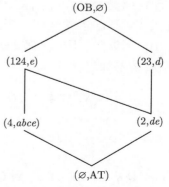

图 5.6 例 5.2 的 $\mathrm{NL}(\mathrm{OB}, \mathrm{AT}, I)$

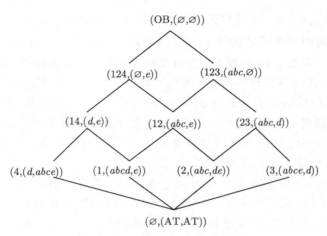

图 5.7　例 5.2 的 $\mathrm{OEL}(\mathrm{OB}, \mathrm{AT}, I)$

考察 $\mathrm{OEL}(\mathrm{OB}, \mathrm{AT}, I)$ 中的外延 $\{1,2\}$ 发现, $\{1,2\}$ 既不是 $L(\mathrm{OB}, \mathrm{AT}, I)$ 中的外延, 也不是 $\mathrm{NL}(\mathrm{OB}, \mathrm{AT}, I)$ 中的外延, 即 $\{1,2\} \notin L_E(\mathrm{OB}, \mathrm{AT}, I) \cup \mathrm{NL}_E(\mathrm{OB}, \mathrm{AT}, I)$. 因此, $\mathrm{OEL}_E(\mathrm{OB}, \mathrm{AT}, I) \subseteq L_E(\mathrm{OB}, \mathrm{AT}, I) \cup \mathrm{NL}_E(\mathrm{OB}, \mathrm{AT}, I)$ 一般不成立.

下面, 我们给出从序关系和代数结构的角度分析得到的 OE-概念格与经典概念格之间的联系. 这个联系不仅揭示了 OE-概念格与经典概念格之间在数学结构上的关系, 也为第 7 章规则提取的对比研究奠定了理论基础.

定理 5.4　设 $(\mathrm{OB}, \mathrm{AT}, I)$ 是一个形式背景, 则其经典概念格 $L(\mathrm{OB}, \mathrm{AT}, I)$ 与对象导出三支概念格 $\mathrm{OEL}(\mathrm{OB}, \mathrm{AT}, I)$ 之间存在保交序嵌入 φ_1: $L(\mathrm{OB}, \mathrm{AT}, I) \to \mathrm{OEL}(\mathrm{OB}, \mathrm{AT}, I)$.

证明　我们定义映射 $\varphi_1 : L(\mathrm{OB}, \mathrm{AT}, I) \to \mathrm{OEL}(\mathrm{OB}, \mathrm{AT}, I)$ 为 $\varphi_1((X, A)) = (X, (A, X^*))$.

首先, 对于任意的 $(X, A), (Y, B) \in L(\mathrm{OB}, \mathrm{AT}, I)$, 有 $\varphi_1((X, A) \wedge (Y, B)) = \varphi_1((X \cap Y, (A \cup B)^{**}))$, $\varphi_1((X, A)) \wedge \varphi_1((Y, B)) = (X, (A, X^*)) \wedge (Y, (B, Y^*)) = (X \cap Y, ((A, X^*) \cup (B, Y^*))^{><})$. 于是, 可以推出 $\varphi_1((X, A) \wedge (Y, B)) = \varphi_1((X, A)) \wedge \varphi_1((Y, B))$. 所以, φ_1 是一个保交映射.

其次, 容易知道

$$(X, A) \leqslant (Y, B) \Longleftrightarrow X \subseteq Y$$
$$\Longleftrightarrow (X, (A, X^*)) \leqslant (Y, (B, Y^*))$$
$$\Longleftrightarrow \varphi_1((X, A)) \leqslant \varphi_1((Y, B)).$$

这表明 φ_1 是从 $L(\mathrm{OB}, \mathrm{AT}, I)$ 到 $\mathrm{OEL}(\mathrm{OB}, \mathrm{AT}, I)$ 的序嵌入.

综上所述, 定理得证.　　　　　　　　　　　　　　　　　　　　　　　　□

定理 5.5 设 $(\mathrm{OB}, \mathrm{AT}, I)$ 是一个形式背景, 则其负概念格 $\mathrm{NL}(\mathrm{OB}, \mathrm{AT}, I)$ 与对象导出三支概念格 $\mathrm{OEL}(\mathrm{OB}, \mathrm{AT}, I)$ 之间存在着保交序嵌入 $\varphi_2\colon \mathrm{NL}(\mathrm{OB}, \mathrm{AT}, I) \to \mathrm{OEL}(\mathrm{OB}, \mathrm{AT}, I)$.

证明 只要将定理 5.4 中的 $\varphi_1(X, A) = (X, (A, X^{\bar{*}}))$ 替换为 $\varphi_2(Y, B) = (Y, (Y^*, B))$, 定理即可证明. $\qquad\square$

定理 5.6 设 $(\mathrm{OB}, \mathrm{AT}, I)$ 是一个形式背景, 则存在从 $\mathrm{OEL}(\mathrm{OB}, \mathrm{AT}, I)$ 到 $\mathcal{K} = L(\mathrm{OB}, \mathrm{AT}, I) \times \mathrm{NL}(\mathrm{OB}, \mathrm{AT}, I)$ 的保并映射.

证明 对于任意的 $(X, (A, B)) \in \mathrm{OEL}(\mathrm{OB}, \mathrm{AT}, I)$, 我们知道 $(A^*, A) \in L(\mathrm{OB}, \mathrm{AT}, I)$, $(B^{\bar{*}}, B) \in \mathrm{NL}(\mathrm{OB}, \mathrm{AT}, I)$, 这意味着 $((A^*, A), (B^{\bar{*}}, B)) \in \mathcal{K}$.

定义一个映射 $\psi\colon \mathrm{OEL}(\mathrm{OB}, \mathrm{AT}, I) \longrightarrow \mathcal{K}$ 为 $\psi(X, (A, B)) = ((A^*, A), (B^{\bar{*}}, B))$. 则对于任意 $(Y, (C, D)) \in \mathrm{OEL}(\mathrm{OB}, \mathrm{AT}, I)$, 都有 $\psi(Y, (C, D)) = ((C^*, C), (D^{\bar{*}}, D))$. 进一步, 结合 $A^{**} = A$, $C^{**} = C$, $B^{\bar{*}\bar{*}} = B$ 以及 $D^{\bar{*}\bar{*}} = D$, 可得

$$
\begin{aligned}
&\psi((X, (A, B)) \vee (Y, (C, D)))\\
&= \psi((X \cup Y)^{<>}, (A, B) \cap (C, D))\\
&= \psi((X \cup Y)^{<>}, (A \cap C, B \cap D))\\
&= (((A \cap C)^*, A \cap C), ((B \cap D)^{\bar{*}}, B \cap D))\\
&= (((A^* \cup C^*)^{**}, A \cap C), ((B^{\bar{*}} \cup D^{\bar{*}})^{\bar{*}\bar{*}}, B \cap D))\\
&= ((A^*, A) \vee (C^*, C), (B^{\bar{*}}, B) \vee (D^{\bar{*}}, D))\\
&= ((A^*, A), (B^{\bar{*}}, B)) \vee ((C^*, C), (D^{\bar{*}}, D))\\
&= \psi((X, (A, B))) \vee \psi((Y, (C, D))),
\end{aligned}
$$

因此, ψ 是保并映射.

此外, 我们还知道

$$
\begin{aligned}
&(X, (A, B)) \leqslant (Y, (C, D))\\
&\Longleftrightarrow (C, D) \subseteq (A, B)\\
&\Longleftrightarrow C \subseteq A \text{ 且 } D \subseteq B\\
&\Longleftrightarrow (A^*, A) \leqslant (C^*, C) \text{ 且 } (B^{\bar{*}}, B) \leqslant (D^{\bar{*}}, D)\\
&\Longleftrightarrow ((A^*, A), (B^{\bar{*}}, B)) \leqslant ((C^*, C), (D^{\bar{*}}, D))\\
&\Longleftrightarrow \psi(X, (A, B)) \leqslant \psi(Y, (C, D)).
\end{aligned}
$$

这些等价条件表明 ψ 是一个序嵌入.

综上所述, 我们可以证明 ψ 是从 $\mathrm{OEL}(\mathrm{OB}, \mathrm{AT}, I)$ 到 $\mathcal{K}$ 的保并序嵌入. $\qquad\square$

注解 5.2　　需要注意的是, 定理 5.4 与定理 5.5 中定义的映射不是保并的, 定理 5.6 中定义的映射不是保交的. 这些事实将在例 5.3 中给出.

例 5.3　表 5.5 是一个新的形式背景 (OB, AT, I), 其中 $OB = \{1, 2, 3\}$, $AT = \{a, b, c, d, e\}$; 表 5.6 是其补背景. 相应的概念格 $L(OB, AT, I)$, 负概念格 $NL(OB, AT, I)$, 以及对象导出三支概念格 $OEL(OB, AT, I)$ 分别由图 5.8~图 5.10 给出. 通过观察易得

$$\varphi((1, ab) \vee (3, cd)) \neq \varphi(1, ab) \vee \varphi(3, cd),$$

并且

$$\psi((12, (b, d)) \wedge (13, (\varnothing, e))) \neq \psi((12, (b, d)) \wedge \psi(13, (\varnothing, e)).$$

对于形式上较为复杂的 $\mathcal{K}$, 我们还有以下结论能体现三支概念格与经典概念格之间的联系.

表 5.5　例 5.3 的形式背景 (OB, AT, I)

OB	a	b	c	d	e
1	+	+	−	−	−
2	−	+	+	−	+
3	−	−	+	+	−

表 5.6　例 5.3 的补背景 (OB, AT, I^c)

OB	a	b	c	d	e
1	−	−	+	+	+
2	+	−	−	+	−
3	+	+	−	−	+

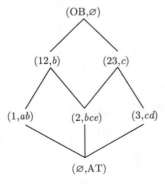

图 5.8　例 5.3 的 $L(OB, AT, I)$

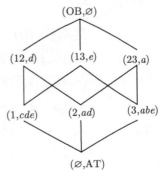

图 5.9　例 5.3 的 $NL(OB, AT, I)$

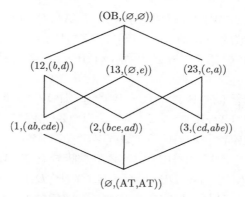

图 5.10　例 5.3 的 OEL(OB, AT, I)

定理 5.7　设 $(\mathrm{OB}, \mathrm{AT}, I)$ 是一个形式背景. 在 $\mathcal{K}$ 上定义一个二元关系 R:

$$((X, A), (Y, B))\ R\ ((X', A'), (Y', B')) \Longleftrightarrow X \cap Y = X' \cap Y'.$$

其中, $((X, A), (Y, B)), ((X', A'), (Y', B')) \in \mathcal{K}$. 则有:

(1) R 是 $\mathcal{K}$ 上的等价关系;

(2) R 的每一个等价类是一个交半格;

(3) $((Z, C), (W, D)) \in \mathcal{K}$ 是等价类 $[((Z, C), (W, D))]_R$ 的最小元, 当且仅当 $(Z \cap W)^* = C$ 且 $(Z \cap W)^\ast = D$.

证明　(1) 由关系 R 的定义即可证明.

(2) 假设 $[((Z, C), (W, D))]_R$ 是 R 的等价类. 对于任意的 $((X, A), (Y, B)), ((X', A'), (Y', B')) \in [((Z, C), (W, D))]_R$, 都有 $X \cap Y = Z \cap W$, $X' \cap Y' = Z \cap W$. 由于

$$((X, A), (Y, B)) \wedge ((X', A'), (Y', B'))$$
$$= ((X, A) \wedge (X', A'), (Y, B) \wedge (Y', B'))$$
$$= ((X \cap X', (A \cup A')^{**}), (Y \cap Y', (B \cup B')^{**})),$$

以及

$$(X \cap X') \cap (Y \cap Y')$$
$$= (X \cap Y) \cap (X' \cap Y')$$
$$= Z \cap W,$$

我们可知, $((X, A), (Y, B)) \wedge ((X', A'), (Y', B')) \in [((Z, C), (W, D))]_R$. 所以, $[((Z, C), (W, D))]_R$ 是一个交半格.

(3) 必要性. 由 $((Z\cap W)^{**},(Z\cap W)^{*})\in L(\mathrm{OB},\mathrm{AT},I)$ 与 $((Z\cap W)^{\bar{*}\bar{*}},(Z\cap W)^{\bar{*}})\in$ $\mathrm{NL}(\mathrm{OB},\mathrm{AT},I)$ 可知, $(((Z\cap W)^{**},(Z\cap W)^{*}),((Z\cap W)^{\bar{*}\bar{*}},(Z\cap W)^{\bar{*}}))\in \mathcal{K}$.

进一步, 由 $Z\cap W\subseteq Z$, $Z^{**}=Z$, 可得 $(Z\cap W)^{**}\subseteq Z$. 类似地, $(Z\cap W)^{\bar{*}\bar{*}}\subseteq W$ 成立.

后两个结论意味着 $(Z\cap W)^{**}\cap (Z\cap W)^{\bar{*}\bar{*}}\subseteq Z\cap W$. 除此之外, 利用 $*$ 和 $\bar{*}$ 的性质可得 $(Z\cap W)^{**}\cap (Z\cap W)^{\bar{*}\bar{*}}\supseteq Z\cap W$. 所以, $(Z\cap W)^{**}\cap (Z\cap W)^{\bar{*}\bar{*}}=Z\cap W$. 这进一步推出 $(((Z\cap W)^{**},(Z\cap W)^{*}),((Z\cap W)^{\bar{*}\bar{*}},(Z\cap W)^{\bar{*}}))\in [((Z,C),(W,D))]_{R}$.

另外, $(Z\cap W)^{**}\subseteq Z$ 与 $(Z\cap W)^{\bar{*}\bar{*}}\subseteq W$ 也意味着 $(((Z\cap W)^{**},(Z\cap W)^{*}),((Z\cap W)^{\bar{*}\bar{*}},(Z\cap W)^{\bar{*}}))\leqslant ((Z,C),(W,D))$. 结合 $((Z,C),(W,D))$ 是 $[((Z,C),(W,D))]_{R}$ 的最小元这一事实, 我们可以得到 $(((Z\cap W)^{**},(Z\cap W)^{*}),((Z\cap W)^{\bar{*}\bar{*}},(Z\cap W)^{\bar{*}}))=((Z,C),(W,D))$, 即 $(Z\cap W)^{*}=C$, $(Z\cap W)^{\bar{*}}=D$.

充分性. 对于任意的 $((X,A),(Y,B))\in [((Z,C),(W,D))]_{R}$, 我们有 $X\cap Y=Z\cap W$. 于是, $A=X^{*}\subseteq (X\cap Y)^{*}=(Z\cap W)^{*}=C$ 成立. 类似地, 我们可以证明 $B\subseteq D$. 因此, $(X,A)\geqslant (Z,C)$ 与 $(Y,B)\geqslant (W,D)$ 成立, 这进一步揭示了 $((X,A),(Y,B))\geqslant ((Z,C),(W,D))$. 即 $((Z,C),(W,D))$ 是 $[((Z,C),(W,D))]_{R}$ 的最小元. □

定理 5.8 设 $(\mathrm{OB},\mathrm{AT},I)$ 是一个形式背景, $\mathcal{D}$ 是 $\mathcal{K}/R$ 中所有等价类的最小元集合. 则有 $\mathrm{OEL}(\mathrm{OB},\mathrm{AT},I)=\{(X\cap Y,(A,B))\mid ((X,A),(Y,B))\in \mathcal{D}\}$.

证明　对于任意的 $(X,(A,B))\in \mathrm{OEL}(\mathrm{OB},\mathrm{AT},I)$, 都有 $(A^{*},A)\in L(\mathrm{OB},\mathrm{AT},I)$, $(B^{\bar{*}},B)\in \mathrm{NL}(\mathrm{OB},\mathrm{AT},I)$. 而且, 由于 $(A^{*}\cap B^{\bar{*}})^{*}=X^{*}=A$, $(A^{*}\cap B^{\bar{*}})^{\bar{*}}=X^{\bar{*}}=B$, 利用定理 5.7 可得 $((A^{*},A),(B^{\bar{*}},B))\in \mathcal{D}$.

由 $(X,(A,B))=(A^{*}\cap B^{\bar{*}},(A,B))$ 可以推出 $(X,(A,B))\in \{(X\cap Y,(A,B))\mid ((X,A),(Y,B))\in \mathcal{D}\}$. 因此, 我们有 $\mathrm{OEL}(\mathrm{OB},\mathrm{AT},I)\subseteq \{(X\cap Y,(A,B))\mid ((X,A),(Y,B))\in \mathcal{D}\}$.

另外, 已知条件 $((X,A),(Y,B))\in \mathcal{D}$ 意味着 $(X\cap Y)^{*}=A$, $(X\cap Y)^{\bar{*}}=B$. 所以, 由 OE-概念格的定义容易得出 $(X\cap Y,(A,B))\in \mathrm{OEL}(\mathrm{OB},\mathrm{AT},I)$, 于是, $\{(X\cap Y,(A,B))\mid ((X,A),(Y,B))\in \mathcal{D}\}\subseteq \mathrm{OEL}(\mathrm{OB},\mathrm{AT},I)$.

最终, 我们得到结论 $\mathrm{OEL}(\mathrm{OB},\mathrm{AT},I)=\{(X\cap Y,(A,B))\mid ((X,A),(Y,B))\in \mathcal{D}\}$. 完成定理证明. □

定理 5.8 表明, OE-概念格可以从经典概念格出发进行构造. 具体过程由算法 5.1 给出.

算法 5.1　给定一个形式背景 $(\mathrm{OB},\mathrm{AT},I)$.

(1) 构造概念格 $L(\mathrm{OB},\mathrm{AT},I)$ 与负概念格 $\mathrm{NL}(\mathrm{OB},\mathrm{AT},I)$.

(2) 根据定理 5.7 定义的等价关系 R 计算等价类, 获取所有等价类的最小元.

(3) 根据定理 5.8 生成所有的 OE-概念.

例 5.4 我们以例 5.1 中的形式背景为例, 依据算法 5.1 给出利用经典概念格构造对象导出三支概念格的具体过程.

(1) 建立概念格 $L(\mathrm{OB}, \mathrm{AT}, I)$ 与负概念格 $\mathrm{NL}(\mathrm{OB}, \mathrm{AT}, I)$.

$$L(\mathrm{OB}, \mathrm{AT}, I) = \{(\mathrm{OB}, \varnothing), (124, ab), (13, d), (24, abc), (1, abde), (\varnothing, \mathrm{AT})\},$$

$$\mathrm{NL}(\mathrm{OB}, \mathrm{AT}, I) = \{(\mathrm{OB}, \varnothing), (13, c), (234, e), (3, abce), (24, de), (\varnothing, \mathrm{AT})\}.$$

(2) 计算等价类, 找出所有最小元.

$$[((\mathrm{OB}, \varnothing), (\mathrm{OB}, \varnothing))]_R = \{((\mathrm{OB}, \varnothing), (\mathrm{OB}, \varnothing))\},$$

$$[((\mathrm{OB}, \varnothing), (13, c))]_R = \{((\mathrm{OB}, \varnothing), (13, c)), ((13, d), (13, c)), ((13, d), (\mathrm{OB}, \varnothing))\},$$

$$[((\mathrm{OB}, \varnothing), (234, e))]_R = \{((\mathrm{OB}, \varnothing), (234, e))\},$$

$$[((\mathrm{OB}, \varnothing), (3, abce))]_R = \{((\mathrm{OB}, \varnothing), (3, abce)), ((13, d), (234, e)), ((13, d), (3, abce))\},$$

$$[((\mathrm{OB}, \varnothing), (24, de))]_R = \{((\mathrm{OB}, \varnothing), (24, de)), ((124, ab), (234, e)), ((124, ab), (24, de)),$$
$$((24, abc), (\mathrm{OB}, \varnothing)), ((24, abc), (234, e)), ((24, abc), (24, de))\},$$

$$[((\mathrm{OB}, \varnothing), (\varnothing, \mathrm{AT}))]_R = \{((\mathrm{OB}, \varnothing), (\varnothing, \mathrm{AT})), ((124, ab), (3, abce)), ((124, ab), (\varnothing, \mathrm{AT})),$$
$$((13, d), (24, de)), ((13, d), (\varnothing, \mathrm{AT})), ((24, abc), (13, c)),$$
$$((24, abc), (3, abce)), ((1, abde), (\varnothing, V)), ((1, abde), (234, e)),$$
$$((1, abde), (3, abce)), ((1, abde), (24, de)), ((\varnothing, \mathrm{AT}), (\mathrm{OB}, \varnothing)),$$
$$((\varnothing, \mathrm{AT}), (13, c)), ((\varnothing, \mathrm{AT}), (234, e)), ((\varnothing, \mathrm{AT}), (3, abce)),$$
$$((\varnothing, \mathrm{AT}), (24, de)), ((\varnothing, \mathrm{AT}), (\varnothing, \mathrm{AT}))\},$$

$$[((124, ab), (\mathrm{OB}, \varnothing))]_R = \{((124, ab), (\mathrm{OB}, \varnothing))\},$$

$$[((124, ab), (13, c))]_R = \{((124, ab), (13, c)), ((1, abde), (\mathrm{OB}, \varnothing)), ((1, abde), (13, c))\}.$$

于是, 可得

$$\mathcal{D} = \{((\mathrm{OB}, \varnothing), (\mathrm{OB}, \varnothing)), ((13, d), (13, c)), ((\mathrm{OB}, \varnothing), (234, e)), ((13, d), (3, abce)),$$
$$((24, abc), (24, de)), ((\varnothing, \mathrm{AT}), (\varnothing, \mathrm{AT})), ((124, ab), (\mathrm{OB}, \varnothing)), ((1, abde), (13, c))\}.$$

(3) 生成所有 OE-概念.

$$\mathrm{OEL}(\mathrm{OB}, \mathrm{AT}, I) = \{(\mathrm{OB}, (\varnothing, \varnothing)), (234, (\varnothing, e)), (124, (ab, \varnothing)), (13, (d, c)), (3, (d, abce)),$$
$$(1, (abde, c)), (24, (abc, de)), (\varnothing, (\mathrm{AT}, \mathrm{AT}))\}.$$

显然, 这个结果与图 5.3 完全一致.

5.2.2　AE-概念格与经典概念格

本节给出 AE-概念格与经典概念格的关系. 所有结论的证明过程因与 5.2.1 节类似, 故而省略.

定理 5.9　设 (OB, AT, I) 是一个形式背景. 如果 (X, A) 是形式概念, (Y, B) 是负概念, 那么 $((X, A^{\ast}), A)$ 与 $((B^*, Y), B)$ 都是 AE-概念.

定理 5.10　设 (OB, AT, I) 是一个形式背景. 如果 $((X, Y), A)$ 是 AE-概念, 那么 (X, X^*) 是形式概念, 而 (Y, Y^*) 是负概念.

定理 5.11　设 (OB, AT, I) 是一个形式背景. 则有:

(1) $L_I(OB, AT, I) \subseteq \mathrm{AEL}_I(OB, AT, I)$;

(2) $\mathrm{NL}_I(OB, AT, I) \subseteq \mathrm{AEL}_I(OB, AT, I)$;

(3) $L_E(OB, AT, I) = \mathrm{AEL}_E^+(OB, AT, I)$;

(4) $\mathrm{NL}_E(OB, AT, I) = \mathrm{AEL}_E^-(OB, AT, I)$.

注解 5.3　需要注意的是, $L_I(OB, AT, I) \cup \mathrm{NL}_I(OB, AT, I) = \mathrm{AEL}_I(OB, AT, I)$ 在一般情况下不一定总是成立的.

定理 5.12　设 (OB, AT, I) 是一个形式背景, 则其经典概念格 $L(OB, AT, I)$ 与属性导出三支概念格 $\mathrm{AEL}(OB, AT, I)$ 之间存在着保并序嵌入 ψ_1: $L(OB, AT, I) \rightarrow \mathrm{AEL}(OB, AT, I)$.

定理 5.13　设 (OB, AT, I) 是一个形式背景, 则其负概念格 $\mathrm{NL}(OB, AT, I)$ 与属性导出三支概念格 $\mathrm{AEL}(OB, AT, I)$ 之间存在着保并序嵌入 ψ_2: $\mathrm{NL}(OB, AT, I) \rightarrow \mathrm{AEL}(OB, AT, I)$.

定理 5.14　设 (OB, AT, I) 是一个形式背景, 则存在从 $\mathrm{AEL}(OB, AT, I)$ 到 $\mathcal{K} = L(OB, AT, I) \times \mathrm{NL}(OB, AT, I)$ 的保交序嵌入.

注解 5.4　要注意的是, 定理 5.12 与定理 5.13 中定义的两个映射并不是保交的, 而且, 定理 5.14 中定义的映射也不是保并的.

定理 5.15　设 (OB, AT, I) 是一个形式背景. 定义 $\mathcal{K}$ 上的一个二元关系 S:

$$((X, A), (Y, B)) S ((X', A'), (Y', B')) \Longleftrightarrow A \cap B = A' \cap B'.$$

其中, $((X, A), (Y, B)), ((X', A'), (Y', B')) \in \mathcal{K}$. 于是有以下结论:

(1) S 是 $\mathcal{K}$ 上的等价关系;

(2) S 的每一个等价类都是一个并半格;

(3) $((Z, C), (W, D)) \in \mathcal{K}$ 是等价类 $[((Z, C), (W, D))]_S$ 的最大元当且仅当 $(C \cap D)^* = Z$ 与 $(C \cap D)^{\ast} = W$ 都成立.

定理 5.16　设 (OB, AT, I) 是一个形式背景, $\mathcal{T}$ 是 $\mathcal{K}/S$ 中所有等价类的最大元的集合. 则有 $\mathrm{AEL}(OB, AT, I) = \{((X, Y), A \cap B) \mid ((X, A), (Y, B)) \in \mathcal{T}\}$.

以经典概念格为基础构造 AE-概念格的算法总结如下.

算法 5.2 给定一个形式背景 $(\mathrm{OB}, \mathrm{AT}, I)$.

(1) 构造概念格 $L(\mathrm{OB}, \mathrm{AT}, I)$ 与负概念格 $\mathrm{NL}(\mathrm{OB}, \mathrm{AT}, I)$.

(2) 根据定理 5.15 定义的等价关系计算等价类, 找出所有等价类中的最大元.

(3) 根据定理 5.16 生成所有的 AE-概念.

5.3 三支概念格构造算法

从前面对于三支概念分析理论的介绍和例子可以看出, 虽然三支概念反映的信息比经典的形式概念更加全面, 但是数量庞大、构建耗时是一个明显存在的问题. 因此, 如果构建问题得不到较好的解决, 那么三支概念分析理论也难以得到广泛的应用.

由于三支概念分析是刚刚提出的新理论, 目前还没有很好的三支概念构建算法, 我们先研究了现有的形式概念格的建格算法.

对于经典形式概念的并行构建算法, 已有不少学者进行了研究. Njiwoua 等于 1997 年提出了 ParGaL 算法 [125]. ParGaL 算法以 Bordat 串行算法为基础, 需要和处理器之间进行很多交互, 通过 PVM (并行虚拟机) 架构实现并行化. Fu 等于 2004 年提出了 ParallelNextClosure 算法 [126]. ParallelNextClosure 算法是在串行算法 NextClosure 的基础上进行并行化改进的, 相比 ParGaL 算法减少了和处理器之间的交互. ParallelNextClosure 算法可以更自由地分解搜索空间, 每个处理器可单独计算形式概念. Krajca 等于 2008 年和 2010 年分别提出了 PCbO 算法和 PFCbO 算法 [128,131], 二者均利用多核多线程的并行化思想实现并行化. 其中 PCbO 算法在串行算法 CbO 的基础上进行改进, PFCbO 算法在串行算法 FCbO 的基础上进行改进, 均利用字典序遍历所有属性子集, 关键操作采用位操作提高了算法效率, 同时不需要同步操作, 计算速度明显提升.

所以, 我们借鉴经典形式概念的构建算法, 首先给出一种三支概念串行构建算法 CbO3C, 进而在此基础上进行并行化, 提出三支概念的并行构建算法 PCbO3C.

5.3.1 三支概念串行构建算法: CbO3C

借鉴形式概念构建算法 CbO 的思想, 按字典序生成所有属性子集, 在算法 In-Close 部分闭包正则检测和算法 FCbO 失效正则检测的基础上进行改进用以剪枝, 使用约简条件排除非核心三支概念, 最终提出三支概念的构建算法 CbO3C. 考虑到三支概念的实际应用, 算法 CbO3C 仅考虑给定形式背景的所有核心三支概念.

首先, 我们给出核心概念的定义, 这是我们的算法要寻找的目标.

我们知道, 一个 AE-概念 $((X, Y), A)$ 在 $X = \varnothing$ 时, 表达出来的信息实际上是负概念 (Y, A); 当 $Y = \varnothing$ 时, 实际上是形式概念 (X, A). 这种代表二支概念的

AE-概念对三支概念的生成没有实质作用, 而且它们可以通过已有的二支概念构建算法来生成. 因此本章不考虑此类 AE-概念的构建. 把满足 $X \neq \varnothing$ 且 $Y \neq \varnothing$ 的 AE-概念 $((X,Y),A)$ 称为核心 AE-概念, 所有核心 AE-概念的集合称为 AE 核, 记为 AECore.

类似地, 一个 OE-概念 $(X,(A,B))$, 当 $A = \varnothing$ 时, 实际上表示负概念 (X,B); 当 $B = \varnothing$ 时, 实际上是形式概念 (X,A). 我们把满足 $A \neq \varnothing$ 且 $B \neq \varnothing$ 的 OE-概念 $(X,(A,B))$ 称为核心 OE-概念, 所有核心 OE-概念的集合称为 OE 核, 记为 OECore.

我们仅考虑核心 AE-概念与核心 OE-概念的构建. 同时, 因为 OE-概念 $(X,(A,B))$ 和 AE-概念 $((X,Y),A)$ 是对偶关系, 所以我们仅以 AE-概念为主给出算法 CbO3C 的算法思想. 计算 OE-概念时只需将形式背景的对象和属性进行转置, 用同样的方法计算即可.

1. 算法思想与描述

在算法 CbO3C 中, $X,Y,W,Z \subseteq$ OB, 其中 (X,Y) 表示父概念外延, (W,Z) 表示当前处理的子概念外延. $A,B \subseteq$ AT, 其中 A 表示父概念内涵, B 表示当前处理的子概念内涵. 定义操作 $V_j = \{v \in \text{AT}|v < j\} = \{0,1,2,\cdots,j-2,j-1\}$, $W^{*j} = \{v \in V_j|\forall u \in W(uIv)\}$, $Z^{\overline{*}j} = \{v \in V_j|\forall u \in Z(\neg(uIv))\}$. 定义集合 N^j 用以存放 $W^{*j} \cap Z^{\overline{*}j}$.

算法 CbO3C 借鉴形式概念构建算法 CbO 的思想, 按字典序生成所有属性子集, 为执行正则判断以过滤重复概念提供条件. 借鉴算法 In-Close 的思想引入部分闭包正则检测, 如果等式 $A \cap V_j = W^{*j} \cap Z^{\overline{*}j}$ 成立, 则当前概念是正则的, 加入队列中. 借鉴算法 FCbO 的思想引入失效正则检测, 将部分闭包正则检测失败的记录 $W^{*j} \cap Z^{\overline{*}j}$ 更新到失效集合 N^j 中. 在递归处理子概念的操作中, 利用 $N^j \subseteq A \cap V_j$ 初步判断概念是否正则, 如果包含关系成立, 则进入下一步处理, 否则执行剪枝, 直接遍历下一个属性. 为过滤非核心三支概念, 引入约简条件, 若外延中任何一个对象子集为空, 则执行约简, 直接遍历下一个属性.

三支概念的构建算法 CbO3C 具体如下, 其中算法的初始对为 $((X,Y),A) = ((\text{OB},\text{OB}),\varnothing)$, 初始属性为 $v = 0$, 初始失效集合为 $\{N^v = \varnothing|v \in \text{AT}\}$.

算法 5.3　算法 CbO3C$(((X,Y),A),v,\{N^v|v \in \text{AT}\})$

1　for $j \leftarrow v$ upto $n-1$ do
2　　　$M^j \leftarrow N^j$
3　　　if $j \notin A$ and $N^j \subseteq A \cap V_j$ then
4　　　　　$W \leftarrow X \cap j^*$
5　　　　　if $W = \varnothing$ then

```
6              continue
7              Z ← Y ∩ j̄*
8          if Z = ∅ then
9              continue
10         if X = W and Y =Z then
11             A ← A ∪ {j}
12         else
13             if A ∩ Vⱼ = W*ʲ ∩ Z*̄ʲ then
14                 PutInQueue(W, Z, j)
15             else
16                 Mʲ ← W*ʲ ∩ Z*̄ʲ
17  ProcessConcept(((X, Y), A))
18  while GetFromQueue(W, Z, j) do
19      B ← A ∪ {j}
20      CbO3C (((W, Z), B), j + 1, {Mᵛ|v ∈ AT})
```

算法第 3 行, 首先执行重复检测, 由于当前处理的内涵继承其父概念内涵的属性, 如果当前属性 j 属于内涵 A, 则属于重复处理, 直接跳过. 否则, 进行失效正则检测, 如果 $N^j \subseteq A \cap V^j$, 则通过失效正则检测, 执行进一步处理.

算法第 4~9 行, 对概念进行约简, 首先通过将当前外延二元组中的对象子集 X 和共同具有当前属性 j 的所有对象的集合相交, 形成新的外延二元组中的对象子集 W. 类似地, 通过将当前外延二元组中的对象子集 Y 和共同不具有当前属性 j 的所有对象的集合相交, 形成新的外延二元组中的对象子集 Z. 如果新的外延二元组中的对象子集 W 或 Z 为空, 则执行约简, 直接遍历下一属性.

算法第 10~11 行, 如果新的外延二元组 (W, Z) 等于外延二元组 (X, Y), 则说明当前属性 j 被当前对象子集 X 具有且不被当前对象子集 Y 具有, 将属性 j 加入当前内涵 A 中. 否则, 进行部分闭包正则检测.

算法第 13~16 行, 进行部分闭包正则检测, 对于某个已处理过的属性 $k \in [0, j)$ 且 $k \notin A$, 如果 W 中的所有对象共同具有 k, 同时 Z 中的所有对象共同不具有 k, 则检测失败, 将失败记录 $W^{*j} \cap Z^{\bar{*}j}$ 存入 M^j. 否则, 当前概念是正则的, 将生成的新外延二元组 (W, Z) 和当前属性 j 放入队列中.

算法第 18~20 行, 处理子概念, 首先从队列中提取每一个子概念的外延和最后处理的属性 j, 其中子概念的内涵 B 继承父概念内涵 A 中的所有属性, 并加入了最后处理的属性 j. 然后执行递归操作, 初始属性为 $j + 1$.

在算法具体实现中, 所有集合运算利用位操作实现, 节约了内存空间, 并提高

了算法运行效率. 算法 CbO3C 的时间复杂度为 $O(|U||V|^2|AECore|)$, 其中 $|AECore|$
表示给定形式背景所有核心 AE-概念的数量.

2. 实验结果与分析

实验在 Intel Core i5-2300 双核, 主频 2.80GHz、内存 4GB 的台式计算机上进
行, 通过对 UCI 数据库①和随机数据进行实验, 分析三支概念构建算法 CbO3C 和
基于基本定义的穷举法在性能上的区别, 验明算法 CbO3C 可以准确、有效地计算
出给定形式背景的所有核心三支概念.

我们先对 UCI Machine Learning Repository 网站中的不同领域的数据 Balance-
Scale、Car-Evaluation、Nursery、Lung-Cancer 和 Mushroom 进行实验, 原始数据通
过软件 FcaBedrock 转化为算法使用的格式, 实验结果见表 5.7, 其中 t_1、t_2 分别为
算法 CbO3C 和穷举法计算 AECore 的时间, 单位是 s, $d = \dfrac{|I|}{|OB| \times |AT|} \times 100\%$ 表
示形式背景的密度.

表 5.7   算法 CbO3C 的 UCI 数据实验分析表

	Balance-Scale	Car-Evaluation	Nursery	Lung-Cancer	Mushroom
$|OB| \times |AT|$	625×23	1728×25	12960×32	32×162	8124×119
$d/\%$	21.74	28.00	28.13	35.19	19.33
$|AECore|$	3362	19472	249444	1120807	18973924
t_1/s	0.020	0.156	10.679	6.237	574.881
t_2/s	11.105	54.994	27956.314	>86400	>86400

实验结果表明算法 CbO3C 运行时间明显少于穷举法, 可以准确、有效地计算
出给定形式背景的所有核心 AE-概念.

对于随机数据, 我们进行的实验如下: 固定其他变量, 分别考虑属性、对象和
密度对算法性能的影响, 实验结果见图 5.11, 其中 t 为计算 AECore 的时间.

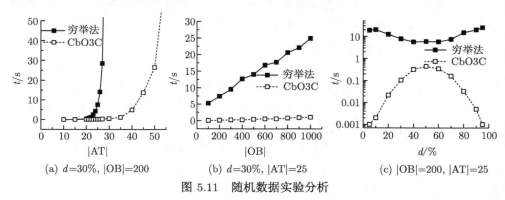

(a) d=30%, $|OB|$=200   (b) d=30%, $|AT|$=25   (c) $|OB|$=200, $|AT|$=25

图 5.11   随机数据实验分析

① UCI 数据库为加利福尼亚大学欧文分校提出的用于机器学习的数据库.

图 5.11(a) 中固定对象数量为 200, 密度为 30%, 属性较少时穷举法还可以计算出所有核心 AE-概念, 随着属性的增加, 穷举法显得力不从心, 算法 CbO3C 则可以适用于较大的数据, 性能远高于穷举法. 图 5.11(b) 中固定属性数量为 25, 密度为 30%, 通过变化对象的数量, 分析算法 CbO3C 和穷举法的性能, 再次验证了算法 CbO3C 性能优于穷举法. 图 5.11(c) 中固定对象数量为 200, 属性数量为 25, 算法 CbO3C 执行时间同样少于穷举法, 且算法 CbO3C 在密度趋于 0% 和 100% 时效率较高. 通过对图 5.11 中多组随机数据进行实验和分析, 实验结果表明算法 CbO3C 性能明显优于穷举法.

5.3.2 三支概念并行构建算法: PCbO3C

借鉴形式概念并行构建算法 PCbO 的思想, 在三支概念的串行构建算法 CbO3C 的基础上加入并行化, 提出三支概念的并行构建算法 PCbO3C. 我们仍以构建核心 AE-概念为例给出具体算法.

1. 算法思想与描述

算法 PCbO3C 在串行构建算法 CbO3C 基础上加入并行化, 在函数递归中加入了参数 l 代表当前递归的层次, 通过多个线程并行计算核心 AE-概念. 并行化处理借鉴了算法 PCbO 的思想, 假定程序创建 P 个线程, L 代表递归调用的概念层次, $0 < L < n$, 在递归调用到 L 层之前处理方式和 CbO3C 基本一样, 仅有两个区别. 第一个区别是在属性遍历到 $n-1$ 或者父概念的内涵为 V 时, 程序不是直接退出, 而是跳转到第 27 行; 第二个区别是在递归调用时要对递归层次 l 执行加 1 操作.

算法的递归过程在到达 L 层后停止, 此时产生的概念由 L 个属性组成, 位于 L 层的概念被存在队列中而非被处理. 算法共有 P 个队列, 如何选择队列对 L 层概念进行存储以达到负载均衡是关键. 然而在计算出所有三支概念之前, 我们不知道三支概念在搜索空间中的分布, 因此很难达到完全负载均衡. 我们的策略是利用当前 P 个队列中所有概念数 C 对线程数 P 取模, 得到要选择的队列 r, 然后将当前概念放入队列 r 中.

在 P 个队列被填充, 递归层次 l 返回到 0 时, 算法通过 P 个线程从 P 个队列取出父概念, 开始并行计算父概念对应的所有核心 AE 子概念.

为了并行计算出所有核心 AE-概念, PCbO3C 算法的初始对设为 $((X,Y),A) = ((\mathrm{OB}, \mathrm{OB}), \varnothing)$, 初始属性 $v = 0$, 初始失效集合 $\{N^v = \varnothing | v \in \mathrm{AT}\}$, 初始递归层次 $l = 0$. 经过有限次计算, 算法可以产生所有核心 AE-概念, 而且每个核心 AE-概念仅计算一次.

具体算法如下.

算法 5.4　算法 $PCbO3C(((X, Y), A), v, \{N^v | v \in AT\}, l)$

1　if $l = L$ then

2　　select r from 0 to $P - 1$

3　　Store $((X, Y), A), v, \text{queue}[r])$

4　　return

5　if $A = AT$ or $v > n - 1$ then

6　　goto line 27

7　for $j \leftarrow v$ upto $n - 1$ do

8　　$M^j \leftarrow N^j$

9　　if $j \notin A$ and $N^j \subseteq A \cap V_j$ then

10　　　$W \leftarrow X \cap \{j\}^*$

11　　　if $W = \varnothing$ then

12　　　　continue

13　　　$Z \leftarrow Y \cap \{j\}^{\overline{*}}$

14　　　if $Z = \varnothing$ then

15　　　　continue

16　　　if $X = W$ and $Y = Z$ then

17　　　　$A \leftarrow A \cup \{j\}$

18　　　else

19　　　　if $A \cap V_j = W^{*j} \cap Z^{\overline{*}j}$ then

20　　　　　$PutInQueue(W, Z, j)$

21　　　　else

22　　　　　$M^j \leftarrow W^{*j} \cap Z^{\overline{*}j}$

23　$ProcessConcept(((X, Y), A))$

24　while $GetFromQueue(W, Z, j)$ do

25　　$B \leftarrow A \cup \{j\}$

26　　$PCbO3C\ (((W, Z), B), j + 1, \{M^v | v \in AT\}, l + 1)$

27　if $l = 0$ then

28　　for $r \leftarrow 1$ upto $P - 1$ do

29　　　new process

30　　　　while $Get(((W, Z), A), v, \text{queue}[r])$

31　　　　　$CbO3C(((W, Z), B), j + 1, \{M^v | v \in AT\})$

32　　while $Get(((W, Z), A), v, \text{queue}[0])$,

33　　　$CbO3C(((W, Z), B), j + 1, \{M^v | v \in AT\})$

算法第 1~4 行, 当递归层次 l 等于预设递归层次 L 时, 将 L 层的概念保存到队列 r 中而非进行计算处理. 在这一步, 所有由 L 个属性产生的概念均被存入队列中. 在第 4 行, 退出递归分支时, 算法执行第 27 行, 因为第 26 行是 PCbO3C 被递归调用的唯一地方.

算法第 5~6 行, 在属性 $n-1$ 已经遍历或者 $A = $ AT 时, 直接跳转到第 27 行.

算法第 7~26 行, 算法在到达 L 层之前执行, 执行过程和串行构建算法 CbO3C 基本一样, 只是递归搜索过程中对概念层次 l 执行加 1 操作.

算法第 27~32 行, 当 $l \neq 0$ 时, 算法退出当前递归分支; 当 $l = 0$ 时, 此时递归堆栈中没有递归分支, 即到达顶部递归层. 在顶部递归层中, 算法新建 $P-1$ 个线程各自调用串行构建算法 CbO3C 并行计算队列 1 到 $P-1$ 中父概念对应的核心 AE 子概念. 然后主程序通过算法 CbO3C 计算队列 0 中父概念对应的核心 AE 子概念. 这样所有由 L 个或更多属性产生的概念将都通过多个线程并行处理, 可以有效节约算法的运行时间. 其中, 三支概念的串行构建算法 CbO3C 如算法 5.3 所示.

在算法 PCbO3C 中, 多个线程之间不需要进行交互操作, 因此提高了算法的性能. PCbO3C 中参数 L 的大小, 决定各线程并行处理的概念的数量. 如果 $L = 1$, 大部分核心 AE-概念被一个或两个线程处理. 随着 L 的增加, 所有核心 AE-概念的计算可以更负载均衡地分配到各 CPU 核心上. 然而, 随着 L 的增加, 会有更多的概念被串行处理, CPU 资源利用不充分. 经过实验分析, L 取 2 或 3, 算法的总体性能比较好.

在算法具体实现中, 采用三支概念串行构建算法 CbO3C 中的位运算技术, 所有的集合运算均利用位操作实现, 节约运行时间, 提高算法效率. 算法 CbO3C 的时间复杂度为 $O(N|U||V|^2|\text{AECore}|)$, 其中 $|\text{AECore}|$ 表示给定形式背景所有核心 AE-概念的数量, N 表示并行构建算法 PCbO3C 相对于串行构建算法 CbO3C 速度提升的倍数, N 最大接近 CPU 的核心数.

2. 实验结果与分析

实验在 Intel Xeon E5640 双 CPU、8 核心、主频 2.66GHz、内存 4GB 的台式计算机上进行, 算法中的递归调用层 L 取 2. 通过对 UCI 数据和随机数据进行实验, 分析不同线程下算法 PCbO3C 的运行时间, 验证在多 CPU 核心下, 随着算法线程个数的增加, 算法 PCbO3C 可以更加高效地计算出给定形式背景的所有核心三支概念.

同 5.3.1 节类似, 我们仍然先对 UCI 数据进行实验, 然后再对随机数据进行实验分析.

对 UCI Machine Learning Repository 网站中的不同领域的数据 Nursery、Lung-Cancer 和 Mushroom 进行实验, 实验的原始数据通过软件 FcaBedrock 转化为算法

使用的格式, 实验结果见表 5.8. 其中 OB 表示对象, $d = \dfrac{|I|}{|OB| \times |AT|} \times 100\%$ 表示形式背景的密度, t 表示串行构建算法 CbO3C 计算所有核心 AE-概念的时间, t_i 表示程序有 i 个线程时算法 PCbO3C 计算所有核心 AE-概念的时间, 时间单位是 s.

表 5.8　算法 PCbO3C 的 UCI 数据实验分析表

	Lung-Cancer	Nursery	Mushroom
$|OB| \times |V|$	32×162	12960×32	8124×119
$d/\%$	35.19	28.13	19.33
$|AECore|$	1120807	249444	18973924
t/s	4.021	6.307	305.84
t_1/s	4.01	6.146	297.43
t_2/s	2.574	3.478	161.505
t_4/s	2.184	2.294	92.508
t_8/s	1.45	1.435	54.787
t_{16}/s	0.936	1.014	43.665
t_{32}/s	0.78	0.904	46.114
t_{64}/s	0.749	0.826	42.26

表 5.8 的实验结果表明, 在程序单线程时, 三支概念的并行构建算法 PCbO3C 运行时间和其串行构建算法 CbO3C 相当. 在程序多线程时, 并行构建算法 PCbO3C 运行速度明显优于串行构建算法 CbO3C.

具体表现为: 在线程数达到 CPU 核心数 8 之前, 针对形式背景 Mushroom 线程数每增加一倍提速比较明显, 平均提速约 76%; 在线程数从 CPU 核心数 8 增加到核心数的 2 倍时, 速度提升变缓可提速 25.5%; 在线程数超过线程数的 2 倍后, 速度变化幅度较小, 甚至会由于并行调度开销的增大而降低. 而形式背景 Nursery 和 Lung-Cancer 规模相对较小, 并行的额外开销权重较大, 速度提升低于 Mushroom.

为进一步验证并行构建算法的正确性、高效性, 对随机数据进行实验, 固定形式背景的其他变量, 分别考虑属性数量、对象数量和密度大小对并行构建算法 PCbO3C 性能的影响.

1) 情形 1: 改变对象数量

固定形式背景的属性数量为 40, 密度为 30%, 对象数量的变化范围是 200~2000, 实验结果见图 5.12.

图 5.12 的实验结果表明, 保持属性数量和密度不变, 算法 PCbO3C 计算三支概念的时间随着对象数量的增加而增加. 再次验证算法 PCbO3C 在单线程下计算速度和 CbO3C 相当; 在线程数达到 CPU 核心数 8 之前, 随着线程数量翻倍, 平均提速为 63.4%; 在线程数从 CPU 核心数增加到核心数的 2 倍时, 速度平均提升

20.8%; 在线程数超过核心数的 2 倍后, 速度变化幅度较小.

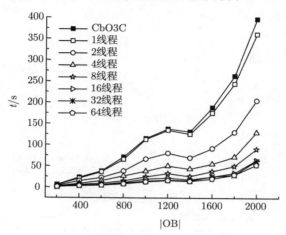

图 5.12 改变对象数量, $d = 30\%$, $|\mathrm{AT}| = 40$

2) 情形 2: 改变属性数量

固定形式背景的对象数量为 1000, 密度为 30%, 属性数量的变化范围是 30~70, 实验结果见图 5.13.

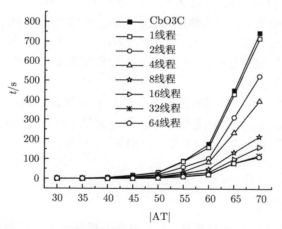

图 5.13 改变属性数量, $d = 30\%$, $|\mathrm{OB}| = 1000$

图 5.13 的实验结果表明, 在保持对象数量和密度不变的情况下, 算法 PCЬO3C 计算三支概念的时间随着属性数量的增加而增加. 同时验证 PCЬO3C 相比 CЬO3C 速度的提升明显, 在线程数达到 CPU 核心数 8 之前, 随着线程数量每增加 1 倍, 平均提速为 67.3%; 在线程数从 CPU 核心数增加到核心数的 2 倍时, 速度平均提升 21.2%; 在线程数多于核心数的 2 倍时速度趋于稳定.

3) 情形 3: 改变形式背景密度

固定形式背景的对象数量为 1000, 属性数量为 40, 密度的变化范围是 5% ～ 95%, 实验结果见图 5.14.

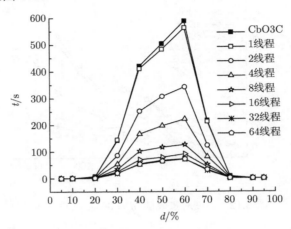

图 5.14　改变密度大小, $|OB| = 1000$, $|AT| = 40$

图 5.14 的实验结果表明, 保持对象数量和属性数量不变, 在形式背景的密度处于 60% 左右时, 计算时间较长, 在密度分别趋于 0% 和 100% 时, 计算时间较短. 再次验证 PCьO3C 相比 CьO3C 速度的提升明显, 在线程数达到 CPU 核心数 8 之前, 随着线程数量每增加 1 倍, 平均提速为 66.2%; 在线程数从 CPU 核心数增加到核心数的 2 倍时, 速度平均提升 20.2%; 在线程数多于核心数的 2 倍时速度变化较小.

总的来说, 多组 UCI 数据和随机数据的实验结果表明, 在 8 核 CPU 环境下, 并行构建算法 PCьO3C 性能明显优于串行构建算法 CьO3C, 当线程数不超过 8 时, 线程数每增加 1 倍, PCьO3C 的速度可以提升 67% 左右.

5.4　小　　结

作为形式概念分析的一种扩展, 三支概念分析能够结合原始数据背景 (形式背景) 与其补背景的特点, 同时反映"共同具有"和"共同不具有"这两种信息, 把原背景和补背景的研究建立在一个框架之下. 此时, 只需要一个格图就可以立体地、并且是同时刻画、展示两种背景的信息. 而作为三支决策的一种具体模型, 三支概念分析又体现了三支决策的思想及其应用价值.

本章借助三支决策的思想, 充分发掘形式概念分析理论中的形式概念所未能直接表述的另一种共性, 即"共同不具有", 给出了三支概念分析最基本的三支算子定义, 生成了两种不同的三支概念 (对象导出三支概念和属性导出三支概念), 并由此构建了两种三支概念格: 从外延角度出发的对象导出三支概念格, 以及从内涵角度出发的属性导出三支概念格. 进而详细研究了这两种三支概念格与经典的概念格之间的关系, 包括形式概念与三支概念之间的关系, 概念格与三支概念格的代数结构之间的关系等. 同时, 我们也设计了三支概念格的并行构建算法, 并有较好的执行结果, 说明了该方法的准确性和有效性.

三支概念分析的研究才刚刚起步, 上述基础工作还远远不够支撑它的进一步发展. 但是, 由于三支概念分析是对形式概念分析的一个细化与改进, 因此, 形式概念分析理论中的诸多研究方向与内容都可以在三支概念分析框架下进行考虑.

例如, 在形式概念分析框架下, 受粗糙集理论中的属性约简启发, 我们曾较为系统地研究了保持格结构不变的属性约简问题, 给出了一整套约简理论, 包括协调集与约简的定义设置、协调集与约简的判定理论、基于差别矩阵的属性约简求解方法、属性类型特征分析、约简的构造性方法等. 又如, 受粒计算思想的影响, 吴伟志首次提出了粒概念作为概念格结构中的一种基本粒子, 并研究了相应的属性约简问题. 非常成功的理论结合研究还包括: Bělohlávek 将模糊数学引入形式概念分析, 提出并深入研究了模糊概念格理论; 鉴于模糊概念格的复杂性, 一些学者进而提出了单边概念格, 并进行了研究. 受变精度粗糙集的启发, 马建敏等提出了变精度概念格, 亦可以归入单边概念格. 徐伟华与李金海等将认知科学的思想引入形式概念分析, 研究概念的认知与学习, 并与其他的概念学习理论进行了对比分析.

事实上, 上述研究工作在三支概念分析框架下也都是可以进行研究的. 虽然部分理论的研究可能是模仿性的 (这个我们必须承认), 但是, 因为三支概念格毕竟不同于经典概念格, 所以一定会有新的、解释更为全面的理论结果.

第 6 章将就两种三支概念格的属性约简理论与方法进行探讨.

第 6 章　三支概念格属性约简理论与方法

我们知道, 属性约简是形式概念分析中非常重要的一个研究分支, 我们在第 4 章中已经做了详细的研究, 不但给出了协调集的诸多判定定理, 对属性特征做了详尽的分析, 还研究了获取所有约简的差别矩阵方法和构造法. 事实上, 属性约简在三支概念分析中也同样重要. 受形式概念分析中诸多约简理论与方法的启发, 本章针对三支概念分析中的两种不同三支概念格, 对象导出三支概念格 OEL 与属性导出三支概念格 AEL, 研究其属性约简问题, 分别涉及格结构、格构造、粒计算等不同的研究领域, 主要包括保持概念格结构、保持交 (并) 不可约元概念、保持粒概念 (OEL 中的对象概念和 AEL 中的属性概念) 不变等约简角度, 给出计算相应约简的具体方法, 并分析诸多不同属性约简之间的关系.

首先给出并分析对象导出三支概念格的四种属性约简理论.

6.1　对象导出三支概念格的属性约简

在经典的形式概念分析中, 约简的定义与形式概念的外延有关. 所以, 我们先对对象导出三支概念格的外延进行分析, 为后面分析其属性约简打下基础. 首先给出一个对象集合成为一个 OE-概念外延的充分必要条件.

定理 6.1　设 $(\mathrm{OB}, \mathrm{AT}, I)$ 为一个形式背景, 则

$$\mathrm{OEL}_E(\mathrm{OB}, \mathrm{AT}, I) = \{X \subseteq \mathrm{OB} | X^{**} \cap X^{\overline{*}\,\overline{*}} = X\}.$$

其中, $\mathrm{OEL}_E(\mathrm{OB}, \mathrm{AT}, I) = \{X | (X, (A, B)) \in \mathrm{OEL}(\mathrm{OB}, \mathrm{AT}, I)\}$ 是背景 $(\mathrm{OB}, \mathrm{AT}, I)$ 上所有 OE-概念的外延形成的集合.

证明　假设 $(X, (A, B))$ 为 $(\mathrm{OB}, \mathrm{AT}, I)$ 上的一个 OE-概念. 由对象导出三支概念的定义可知 $X^< = (A, B)$, 即 $(X^*, X^{\overline{*}}) = (A, B)$, 于是, $X^* = A$, $X^{\overline{*}} = B$; 同时, $(A, B)^> = X$, 即 $A^* \cap B^{\overline{*}} = X$. 两式结合即得, $X^{**} \cap X^{\overline{*}\,\overline{*}} = X$. 即任何 OE-概念的外延 X 都可以表示为 $X^{**} \cap X^{\overline{*}\,\overline{*}}$ 的形式.

反之, 如果 $X^{**} \cap X^{\overline{*}\,\overline{*}} = X$, 显然 $(X, (X^*, X^{\overline{*}}))$ 为一个 OE-概念. 即任何一个能够表达为此式的对象子集 X 都是 OE-概念的外延.

结合以上两个结论, 即可证明该定理.　□

与概念格在形式概念分析中的地位一样, 三支概念格也是三支概念分析的核心数据结构, 因为所有三支概念及其层次结构知识全都反映在三支概念格中. 与形式

概念分析中的属性约简首先从概念格结构角度出发来考虑的思想类似, 对于三支概念格的属性约简, 我们也从三支概念格的结构角度来定义和理解. 所以, 我们首先给出保持 OE-概念格结构不变的对象导出三支概念格的属性约简定义, 然后再考虑其他意义的属性约简.

定义 6.1 设 (OB, AT, I) 为一形式背景. 如果存在属性子集 $D \subseteq AT$ 使得 $OEL_E(OB, AT, I) = OEL_E(OB, D, I_D)$ 成立, 则称 D 为背景 (OB, AT, I) 的一个对象导出三支概念格协调集, 简称 OEL 协调集. 其中, $I_D = I \cap (OB \times D)$. 进一步, 如果 $\forall d \in D$, 都有 $OEL_E(OB, D - \{d\}, I_{D-\{d\}}) \neq OEL_E(OB, AT, I)$, 则称属性子集 D 为背景 (OB, AT, I) 的对象导出三支概念格约简, 简称 OEL 约简.

我们知道, 在一个有限格中, 交不可约元的集合是交稠密的, 而并不可约元的集合是并稠密的. 所以交不可约元和并不可约元在格结构中有很重要的地位. 基于以上观点, 我们定义对象导出三支概念格保持交不可约元的约简如下.

定义 6.2 设 (OB, AT, I) 为一形式背景. 若存在属性子集 $D \subseteq AT$ 使得 $OEM_E(OB, AT, I) = OEM_E(OB, D, I_D)$ 成立, 则称其为背景 (OB, AT, I) 的对象导出三支概念格保持交不可约元的协调集, 简称 OEM 协调集. 其中, $OEM_E(OB, AT, I)$ 是对象导出三支概念格 $OEL(OB, AT, I)$ 中所有交不可约元的外延构成的集合. 进一步, 若属性集 D 的任一个真子集 E 都不是背景 (OB, AT, I) 的对象导出三支概念格保持交不可约元的协调集, 则称属性集 D 为背景 (OB, AT, I) 的对象导出三支概念格保持交不可约元的约简, 简称 OEM 约简.

类似地, 以下给出对象导出三支概念格保持并不可约元的协调集、约简两个概念.

定义 6.3 设 (OB, AT, I) 为一形式背景. 若存在属性子集 $D \subseteq AT$ 使得 $OEJ_E(OB, AT, I) = OEJ_E(OB, D, I_D)$ 成立, 则称其为背景 (OB, AT, I) 的对象导出三支概念格保持并不可约元的协调集, 简称 OEJ 协调集. 其中, $OEJ_E(OB, AT, I)$ 是对象导出三支概念格 $OEL(OB, AT, I)$ 中所有并不可约元的外延构成的集合. 进一步, 若属性集 D 的任一个真子集 E 都不是背景 (OB, AT, I) 的对象导出三支概念格保持并不可约元的协调集, 则称属性集 D 为背景 (OB, AT, I) 的对象导出三支概念格保持并不可约元的约简, 简称 OEJ 约简.

在经典形式概念分析中, 每一个形式概念都可以表示为一些对象概念的并, 因此, 对象概念可以看作形式概念分析中的一种基本粒子, 已有学者研究了保持粒概念的属性约简. 在三支概念分析中, 我们也给出一种粒子概念: OE-概念格的对象概念 $(x^{<AT>AT}, x^{<AT>})$, 我们称其为 OE-粒概念, 它在三支概念分析中也扮演着一种粒子的角色; 进而, 我们从粒计算的角度研究保持这些特殊三支概念的属性约简问题.

定义 6.4 设 (OB, AT, I) 为一个形式背景. 若存在属性子集 $D \subseteq AT$ 对所

有的 $x \in \mathrm{OB}$ 满足 $x^{<D>D} = x^{<\mathrm{AT}>\mathrm{AT}}$, 则称其为背景 $(\mathrm{OB}, \mathrm{AT}, I)$ 的对象导出三支概念格的粒协调集, 简称 OEG 协调集. 进一步, 若属性集 D 的任一个真子集 E 都不是背景 $(\mathrm{OB}, \mathrm{AT}, I)$ 的对象导出三支概念格的粒协调集, 则称属性集 D 为背景 $(\mathrm{OB}, \mathrm{AT}, I)$ 的对象导出三支概念格的粒约简, 简称 OEG 约简.

这里, $<D$ 和 $>D$ 是背景 (OB, D, I_D) 中的三支算子.

为分析方便, 我们仍沿用四种约简结果的符号来代表相应的约简思想. 例如, 保持对象导出三支概念格结构不变的约简结果用 OEL 约简表示, 而提到对象导出三支概念格结构不变的约简思想时, 我们仍然采用此符号. 这个可以从上下文进行判断, 不会混淆. 另外, 依据上述介绍顺序, 我们将含有上述四种不同协调集的集合依次记为 CS(OEL)、CS(OEM)、CS(OEJ) 和 CS(OEG); 含有对应约简的集合分别记为 Red(OEL)、Red(OEM)、Red(OEJ) 和 Red(OEG); 四种约简的核分别记为 Core(OEL)、Core(OEM)、Core(OEJ) 和 Core(OEG).

对象导出三支概念格这四种不同的属性约简从不同角度反映了同一个形式背景的不同特征.

对象导出三支概念格约简保持原始形式背景的对象导出三支概念格结构不变. 因为对象导出三支概念格能够反映背景的层次结构知识, 所以对象导出三支概念格约简也可保留这种层次结构知识. 但是由于其需要考虑所有的 OE-概念, 故计算量较大, 计算难度亦大.

对象导出三支概念格保持交 (并) 不可约元的约简则保持了 OE-概念格所有交 (并) 不可约元的外延不变. 因为每一个 OE-概念都可以表示成一些交 (并) 不可约元的交 (并), 所以交 (并) 不可约元是构造格的基本元素. 故虽然对象导出三支概念格保持交 (并) 不可约元的约简不能保持背景的所有层次知识, 但它在格构造中依然很重要. 同时, 因为对象导出三支概念格保持交 (并) 不可约元约简只考虑了不可约元, 故所需计算量较前者少, 易于计算.

对象导出三支概念格的粒约简保持 OE-粒概念的外延不变. 因为在粒计算中 OE-粒概念可以当作一种信息粒, 所以对象导出三支概念格的粒约简在粒计算中是很有意义的. 而它只考虑 OE-粒概念, 即仅从每个单一对象出发, 故与其他三种约简相比较, 其计算最为简单.

从定义 6.1~定义 6.4 可以看出, 不同的属性约简考虑了背景的不同方面与信息, 而且可以被用于不同的目的与场合. 如果我们想保持背景的所有知识, 就可以考虑对象导出三支概念格约简; 如果想保持格构造中的基本元素不变, 就需要考虑对象导出三支概念格保持交 (并) 不可约元的约简; 如果想保持信息粒不变, 就需要使用对象导出三支概念格的粒约简.

上述关于对象导出三支概念格的四种不同属性约简之间差别的讨论在表 6.1 中总结给出.

表 6.1 对象导出三支概念格四种属性约简之间的比较

约简类型	知识完整性	计算复杂度	应用场合
OEL 约简	无知识损失	复杂	无知识损失的简化
OEM 约简	无知识损失	简单	无知识损失的简化/格构造
OEJ 约简	有知识损失	简单	格构造
OEG 约简	有知识损失	简单	粒计算

以下将讨论对象导出三支概念格的这四种属性约简之间的关系. 首先给出我们需要用到的格论中的一个基本结论.

引理 6.1 设 L 为一有限格, 则其中每一个元素都可以表示为该有限格中并 (交) 不可约元的并 (交).

下面分析保持三支概念格结构与保持三支概念格交不可约元的协调集、约简与核的关系, 即 OEL 与 OEM 的协调集、约简与核的关系.

定理 6.2 设 (OB, AT, I) 为一形式背景, 则有 $CS(OEL) = CS(OEM)$, $Red(OEL) = Red(OEM)$, $Core(OEL) = Core(OEM)$.

证明 首先, 我们证明等式 $CS(OEL) = CS(OEM)$.

假设 $D \in CS(OEL)$, 由定义 6.1 知, $OEL_E(OB, AT, I) = OEL_E(OB, D, I_D)$ 成立. 对任何 $X \in OEM_E(OB, AT, I)$, 由交不可约元的定义可得, $X \neq Y \cap Z$ ($\forall Y, Z \in OEL_E(OB, AT, I)$, 且 $Y, Z \neq X$). 又因为 $OEL_E(OB, AT, I) = OEL_E(OB, D, I_D)$, 所以 $X \in OEL_E(OB, D, I_D)$, 因而 $X \neq Y \cap Z$ ($\forall Y, Z \in OEL_E(OB, D, I_D)$, 且 $Y, Z \neq X$). 进而, 根据交不可约元的定义可得, $X \in OEM_E(OB, D, I_D)$. 所以, $OEM_E(OB, AT, I) \subseteq OEM_E(OB, D, I_D)$. 反之亦然. 因此, $OEM_E(OB, AT, I) = OEM_E(OB, D, I_D)$, 即 $D \in CS(OEM)$. 故而 $CS(OEL) \subseteq CS(OEM)$.

假设 $D \in CS(OEM)$, 我们需证明 $OEL_E(OB, AT, I) = OEL_E(OB, D, I_D)$. 因为对任何 $D \subseteq AT$, $OEL_E(OB, D, I_D) \subseteq OEL_E(OB, AT, I)$ 都成立, 所以我们只需要证明 $OEL_E(OB, AT, I) \subseteq OEL_E(OB, D, I_D)$. 假设 $X \in OEL_E(OB, AT, I)$, 由引理 6.1 可知, 存在 $X_i \in OEM_E(OB, AT, I)$ $(i \in \tau)$, 使得 $X = \bigcap_{i \in \tau} X_i$. 因为 $OEM_E(OB, AT, I) = OEM_E(G, D, I_D)$, 且 $OEM_E(OB, D, I_D) \subseteq OEL_E(OB, D, I_D)$, 所以, $X = \bigcap_{i \in \tau} X_i \in OEL_E(OB, D, I_D)$. 进而, $OEL_E(OB, AT, I) \subseteq OEL_E(OB, D, I_D)$. 因此, $OEL_E(OB, AT, I) = OEL_E(OB, D, I_D)$, 即 $D \in CS(OEL)$. 故 $CS(OEM) \subseteq CS(OEL)$.

结合上述证明, 最终可得 $CS(OEL) = CS(OEM)$. 该等式表明, D 为一个对象导出三支概念格保持格结构的协调集当且仅当 D 是一个对象导出三支概念格保持交不可约元的协调集. 因此, 后续等式 $Red(OEL) = Red(OEM)$, $Core(OEL) = Core(OEM)$ 均自然成立. □

下面给出保持对象导出三支概念格结构与保持对象导出三支概念格粒概念的协调集、约简与核的关系, 即 OEL 与 OEG 的协调集、约简与核的关系.

引理 6.2　设 $(\mathrm{OB}, \mathrm{AT}, I)$ 为一形式背景, $D \subseteq \mathrm{AT}$, 且 $X \subseteq \mathrm{OB}$. 则 $X^{<D>D} \supseteq X^{<\mathrm{AT}>\mathrm{AT}}$; 且 $\forall x \in \mathrm{OB}$, $x^{<D>D} \supseteq x^{<\mathrm{AT}>\mathrm{AT}}$ 成立. 进一步, 若 D 是一个对象导出三支概念格协调集, 则上述两式中的等号成立.

证明　$\forall X \subseteq \mathrm{OB}$, 由 $D \subseteq \mathrm{AT}$ 可得, $X^{<D} \subseteq X^{<\mathrm{AT}}$. 故 $X^{<D>D} \supseteq X^{<\mathrm{AT}>\mathrm{AT}}$. 令 $X = \{x\}$, 则 $x^{<D>D} \supseteq x^{<\mathrm{AT}>\mathrm{AT}}$ 自然成立. 假设 D 是一个对象导出三支概念格协调集, 则 $\forall X \subseteq \mathrm{OB}$, 因为 $X^{<D>D} \in \mathrm{OEL}_E(\mathrm{OB}, D, I_D)$, $X^{<\mathrm{AT}>\mathrm{AT}} \in \mathrm{OEL}_E(\mathrm{OB}, \mathrm{AT}, I)$, 且 $\mathrm{OEL}_E(\mathrm{OB}, \mathrm{AT}, I) = \mathrm{OEL}_E(\mathrm{OB}, D, I_D)$, 必然有 $X^{<D>D} = X^{<\mathrm{AT}>\mathrm{AT}}$. 再令 $X = \{x\}$, 必有 $x^{<D>D} = x^{<\mathrm{AT}>\mathrm{AT}}$. 　□

引理 6.2 表明, 如果属性集 D 是一个对象导出三支概念格协调集, 则 $\forall x \in \mathrm{OB}$, 等式 $x^{<D>D} = x^{<\mathrm{AT}>\mathrm{AT}}$ 必然成立, 即属性集 D 亦为对象导出三支概念格的粒协调集. 因此, 我们可得到 OEG 约简与 OEL 约简之间的关系如下.

定理 6.3　设 $(\mathrm{OB}, \mathrm{AT}, I)$ 为一形式背景, 若 $D \subseteq \mathrm{AT}$ 是一个对象导出三支概念格协调集, 则 D 一定是一个对象导出三支概念格的粒协调集, 即 $\mathrm{CS}(\mathrm{OEL}) \subseteq \mathrm{CS}(\mathrm{OEG})$. 而且, $\mathrm{Red}(\mathrm{OEL}) \subseteq \mathrm{CS}(\mathrm{OEG})$, $\mathrm{Core}(\mathrm{OEG}) \subseteq \mathrm{Core}(\mathrm{OEL})$.

证明　由引理 6.2 易得 $\mathrm{CS}(\mathrm{OEL}) \subseteq \mathrm{CS}(\mathrm{OEG})$. 又因为 $\mathrm{Red}(\mathrm{OEL}) \subseteq \mathrm{CS}(\mathrm{OEL})$, 所以 $\mathrm{Red}(\mathrm{OEL}) \subseteq \mathrm{CS}(\mathrm{OEG})$, 即对象导出三支概念格的格约简必为对象导出三支概念格的粒协调集. 下面, 我们给出 $\mathrm{Core}(\mathrm{OEG}) \subseteq \mathrm{Core}(\mathrm{OEL})$ 的证明.

根据核的定义, 有 $\mathrm{Core}(\mathrm{OEG}) = \bigcap\limits_{D \in \mathrm{CS}(\mathrm{OEG})} D$, $\mathrm{Core}(\mathrm{OEL}) = \bigcap\limits_{D \in \mathrm{CS}(\mathrm{OEL})} D$, 再利用定理 6.3 的结论 $\mathrm{CS}(\mathrm{OEL}) \subseteq \mathrm{CS}(\mathrm{OEG})$ 可得, $\bigcap\limits_{D \in \mathrm{CS}(\mathrm{OEL})} D \supseteq \left(\bigcap\limits_{D \in \mathrm{CS}(\mathrm{OEL})} D \right) \cap \left(\bigcap\limits_{F \in (\mathrm{CS}(\mathrm{OEG}) - \mathrm{CS}(\mathrm{OEL}))} F \right) = \bigcap\limits_{E \in \mathrm{CS}(\mathrm{OEG})} E$. 故 $\mathrm{Core}(\mathrm{OEG}) \subseteq \mathrm{Core}(\mathrm{OEL})$. 　□

为了研究对象导出三支概念格的粒约简与对象导出三支概念格保持并不可约元约简间的关系, 即 OEG 与 OEJ 的协调集、约简与核的关系, 我们首先讨论对象导出三支概念格的粒概念与对象导出三支概念格中并不可约元之间的关系.

引理 6.3　设 $(\mathrm{OB}, \mathrm{AT}, I)$ 为一形式背景, $X \subseteq \mathrm{OB}$, $A, B \subseteq \mathrm{AT}$. 则 $(X, (A, B))$ 为对象导出三支概念格 $\mathrm{OEL}(\mathrm{OB}, \mathrm{AT}, I)$ 的并不可约元当且仅当 $(X, (A, B))$ 为对象导出三支概念格的粒概念.

证明　必要性. 设 $(X, (A, B)) \in \mathrm{OEL}(\mathrm{OB}, \mathrm{AT}, I)$, 则

$$\bigvee_{x_i \in X} (x_i^{<>}, x_i^{<}) = \bigvee_{x_i \in X} (x_i^{<>}, (x_i^*, x_i^{\overline{*}}))$$

$$= \left(\left(\bigcup_{x_i \in X} x_i^{<>} \right)^{<>}, \left(\bigcap_{x_i \in X} x_i^*, \bigcap_{x_i \in X} x_i^{\overline{*}} \right) \right).$$

由 $*$ 与 $\overline{*}$ 的性质可得

$$\bigcap_{x_i \in X} x_i^* = \left(\bigcup_{x_i \in X} x_i \right)^* = X^* = A,$$

$$\bigcap_{x_i \in X} x_i^{\overline{*}} = \left(\bigcup_{x_i \in X} x_i \right)^{\overline{*}} = X^{\overline{*}} = B,$$

因此

$$(X, (A, B)) = \bigvee_{x_i \in X} (x_i^{<>}, x_i^{<}).$$

又由引理 6.1 可知, 在一个有限格中, 每一个元素都可以表示为并不可约元的并, 所以对象导出三支概念格中的并不可约元一定为对象导出三支对象概念.

充分性. 假设 $(X, (x_i^*, x_i^{\overline{*}}))$ 为对象导出三支概念格中由 x_i 生成的粒概念. 由引理 6.1 可知, $(X, (x_i^*, x_i^{\overline{*}}))$ 为并不可约元的并. 且引理 6.3 的必要性表明, 对象导出三支概念格 OEL(OB, AT, I) 中的并不可约元一定为对象导出三支对象概念, 故可得

$$\begin{aligned}(X, (x_i^*, x_i^{\overline{*}})) &= (Y, (x_j^*, x_j^{\overline{*}})) \vee (Z, (x_k^*, x_k^{\overline{*}})) \\ &= ((Y \cup Z)^{<>}, (x_j^*, x_j^{\overline{*}}) \cap (x_k^*, x_k^{\overline{*}})) \\ &= ((Y \cup Z)^{<>}, (x_j^* \cap x_k^*, x_j^{\overline{*}} \cap x_k^{\overline{*}})), \quad x_i, x_j, x_k \in \text{OB}.\end{aligned}$$

其中, $(Y, (x_j^*, x_j^{\overline{*}}))$ 和 $(Z, (x_k^*, x_k^{\overline{*}}))$ 是对象导出三支概念格 OEL(OB, AT, I) 中的并不可约元. 所以, $x_i^* = x_j^* \cap x_k^*$, 且 $x_i^{\overline{*}} = x_j^{\overline{*}} \cap x_k^{\overline{*}}$, 进而, $x_i^* \subseteq x_j^*$, 且 $x_i^{\overline{*}} \subseteq x_j^{\overline{*}}$. 同时, 由于 $x_i^* \cup x_i^{\overline{*}} = \text{AT}$, 且 $x_j^* \cup x_j^{\overline{*}} = \text{AT}$, 则 $x_i^* = \text{AT} - x_i^{\overline{*}} \supseteq \text{AT} - x_j^{\overline{*}} = x_j^*$. 因此, $x_i^* = x_j^*$, 且 $x_i^{\overline{*}} = x_j^{\overline{*}}$, 即 $(X, (x_i^*, x_i^{\overline{*}})) = (Y, (x_j^*, x_j^{\overline{*}}))$. 于是, 根据并不可约元的定义可得, $(X, (x_i^*, x_i^{\overline{*}}))$ 为对象导出三支概念格 OEL(OB, AT, I) 中的并不可约元. □

引理 6.3 表明, 在对象导出三支概念格中, 并不可约元与粒概念相同. 因此, 如果属性集 $D \subseteq \text{AT}$ 能够保持对象导出三支对象概念的外延集不变, 则其一定也能保持并不可约元的外延集不变. 于是, 我们可以得到下面的结论.

定理 6.4 设 (OB, AT, I) 为一形式背景, 则有以下关系: CS(OEG) = CS(OEJ), Red(OEG) = Red(OEJ), Core(OEG) = Core(OEJ).

基于以上分析, 我们以图 6.1 直观地展示对象导出三支概念格四种属性约简的关系, 并且在图 6.2 中进一步给出图 6.1 的解释.

$$\begin{array}{ccc} \text{Red(OEL)} \subseteq & \text{CS(OEL)} \subseteq & \text{CS(OEG)=CS(OEJ)} \\ \| & \| & \\ \text{Red(OEM)} \subseteq & \text{CS(OEM)} & \\ \text{Core(OEJ)} = & \text{Core(OEG)} \subseteq & \text{Core(OEL)=Core(OEM)} \end{array}$$

图 6.1 对象导出三支概念格四种属性约简之间的关系

属性集 D 为对象导出三支概念格的格协调集

属性集 D 为对象导出三支概念格保持交不可约元的协调集

⇓

属性集 D 为对象导出三支概念格的粒协调集

属性集 D 为对象导出三支概念格保持并不可约元的协调集

图 6.2   对象导出三支概念格四种属性约简之间关系的解释

6.2   OEL 约简判定定理

由于 OEL 约简 D 满足: ① D 是 OEL 协调集; ② 对任意的 $d \in D$, $D - \{d\}$ 不是 OEL 协调集. 因此为了求 OEL 约简, 首先需要给出 OEL 协调集的充要条件, 即 OEL 协调集判定定理.

定理 6.5 (协调集判定定理 1)   设 $(\mathrm{OB}, \mathrm{AT}, I)$ 为一个形式背景, $D \subseteq \mathrm{AT}$, $D \neq \varnothing$, $E = \mathrm{AT} - D$, 则 D 是 OEL 协调集的充分必要条件是

$$\forall A, B \subseteq E, (A, B) \neq (\varnothing, \varnothing), ((A, B)^{><} - (E, E))^{>}$$
$$= ((A, B)^{><} \cap (D, D))^{>} = (A, B)^{>}.$$

证明   必要性. 由于 $\forall A, B \subseteq E, (A, B) \neq (\varnothing, \varnothing)$, 总有 $((A, B)^{>}, (A, B)^{><}) \in \mathrm{OEL}(\mathrm{OB}, \mathrm{AT}, I)$. 由 D 是 OEL 协调集可知, $\exists H, K \subseteq D$, 满足 $((A, B)^{>}, (H, K)) \in \mathrm{OEL}(\mathrm{OB}, D, I_D)$, 于是可得 $(H, K)^{>} = (A, B)^{>}$. 又有 $(H, K) = (A, B)^{><_D} = (A, B)^{><} \cap (D, D)$, 因此有 $((A, B)^{><} - (E, E))^{>} = ((A, B)^{><} \cap (D, D))^{>} = (H, K)^{>} = (A, B)^{>}$.

充分性. 若能证明 $\forall (X, (A, B)) \in \mathrm{OEL}(\mathrm{OB}, \mathrm{AT}, I)$, 有 $(X, (A \cap D, B \cap D)) \in \mathrm{OEL}(\mathrm{OB}, D, I_D)$, 则可知 D 是 OEL 协调集. 这样就需要证明 $X^{<_D} = (A \cap D, B \cap D)$ 且 $(A \cap D, B \cap D)^{>} = X$.

首先, $X^{<_D} = X^{<} \cap (D, D) = (A \cap D, B \cap D)$.

其次, 我们来证明 $(A \cap D, B \cap D)^{>} = X$. 显然 $(A, B) = (A \cap D, B \cap D) \cup (A \cap E, B \cap E)$.

若 $(A \cap E, B \cap E) = (\varnothing, \varnothing)$, 则 $X = (A, B)^{>} = (A \cap D, B \cap D)^{>}$.

若 $(A \cap E, B \cap E) \neq (\varnothing, \varnothing)$, 则由于 $A \cap E \subseteq E, B \cap E \subseteq E$, 根据已知有 $((A \cap E, B \cap E)^{><} \cap (D, D))^{>} = (A \cap E, B \cap E)^{>}$. 于是

$$(A \cap E, B \cap E) \subseteq (A, B) \Rightarrow (A \cap E, B \cap E)^{><} \subseteq (A, B)^{><} = X^< = (A, B)$$

$$\Rightarrow (A \cap E, B \cap E)^> = ((A \cap E, B \cap E)^{><} \cap (D, D))^> \supseteq (A \cap D, B \cap D)^>.$$

从而有

$$X = (A, B)^> = (A \cap D, B \cap D)^> \cap (A \cap E, B \cap E)^> = (A \cap D, B \cap D)^>.$$

综合 $(A \cap E, B \cap E) = (\varnothing, \varnothing)$ 与 $(A \cap E, B \cap E) \neq (\varnothing, \varnothing)$ 两种情况, 可知 $(A \cap D, B \cap D)^> = X.$ $\qquad\square$

推论 6.1 设 $(\mathrm{OB}, \mathrm{AT}, I)$ 为一个形式背景, $D \subseteq \mathrm{AT}$, $D \neq \varnothing$. 若 D 是 OEL 协调集, 则 $(D, D)^> \subseteq (\mathrm{AT} - D, \mathrm{AT} - D)^>.$

证明 若 D 是 OEL 协调集, 由定理 6.5 可知 $((\mathrm{AT} - D, \mathrm{AT} - D)^{><} \cap (D, D))^> = (\mathrm{AT} - D, \mathrm{AT} - D)^>.$ 又由于 $(\mathrm{AT} - D, \mathrm{AT} - D)^{><} \cap (D, D) \subseteq (D, D)$, 故可得 $(D, D)^> \subseteq ((\mathrm{AT} - D, \mathrm{AT} - D)^{><} \cap (D, D))^> = (\mathrm{AT} - D, \mathrm{AT} - D)^>.$ $\qquad\square$

定理 6.6 (协调集判定定理 2) 设 $(\mathrm{OB}, \mathrm{AT}, I)$ 为一个形式背景, $D \subseteq \mathrm{AT}$, $D \neq \varnothing$, $E = \mathrm{AT} - D$, 则 D 是 OEL 协调集的充分必要条件是

$$\forall A, B \subseteq E, (A, B) \neq (\varnothing, \varnothing), \exists H, K \subseteq D, (H, K) \neq (\varnothing, \varnothing), \ \ 使得 \ (H, K)^> = (A, B)^>.$$

证明 必要性. 由定理 6.5 即证.

充分性. 由 $(H, K)^> = (A, B)^>$ 可得 $(H, K) \subseteq (H, K)^{><} = (A, B)^{><}$, 且 $H, K \subseteq D$, 因此有 $(H, K) \subseteq (A, B)^{><} \cap (D, D)$, 故 $((A, B)^{><} \cap (D, D))^> \subseteq (H, K)^>.$ 又由 $((A, B)^{><} \cap (D, D))^> \supseteq (A, B)^> \cup (D, D)^> \supseteq (A, B)^>$, 从而可得 $((A, B)^{><} \cap (D, D))^> = (A, B)^>.$ 根据定理 6.5, 可得 D 是 OEL 协调集. $\qquad\square$

定理 6.7 (协调集判定定理 3) 设 $(\mathrm{OB}, \mathrm{AT}, I)$ 为一个形式背景, $D \subseteq \mathrm{AT}$, $D \neq \varnothing$, $E = \mathrm{AT} - D$, 则 D 是 OEL 协调集的充分必要条件是

$$\forall a, b \in E, \exists H, K \subseteq D, (H, K) \neq (\varnothing, \varnothing), \ \ 使得 \ (H, K)^> = (a, b)^>.$$

证明 必要性. 由定理 6.6 即证.

充分性. $\forall A, B \subseteq E, (A, B) \neq (\varnothing, \varnothing)$, 记 $A = \{a_t \mid t \in \tau\}$, $B = \{b_l \mid l \in \lambda\}$. 根据已知, $\forall (a, b) \in (A, B) \subseteq (E, E)$, $\exists (H_t, K_l) \subseteq (D, D)$, $(H_t, K_l) \neq (\varnothing, \varnothing)$, 满足 $(H_t, K_l)^> = (a_t, b_l)^>.$ 于是 $(A, B)^> = (\bigcup_{t \in \tau, l \in \lambda} (a_t, b_l))^> = (\bigcap_{t \in \tau, l \in \lambda} (a_t, b_l))^> = (\bigcap_{t \in \tau, l \in \lambda} (H_t, K_l))^> = (\bigcup_{t \in \tau, l \in \lambda} (H_t, K_l))^>.$ 记 $(H, K) = \bigcup_{t \in \tau, l \in \lambda} (H_t, K_l)$, 则 $(H, K) \subseteq (D, D)$, $(H, K) \neq (\varnothing, \varnothing)$, 满足 $(H, K)^> = (A, B)^>.$ 因此根据定理 6.6, 可得 D 是 OEL 协调集. $\qquad\square$

定理 6.8 (协调集判定定理 4)　设 (OB, AT, I) 为一个形式背景, $D \subseteq AT$, $D \neq \varnothing$, $E = AT - D$, 则 D 是 OEL 协调集的充分必要条件是

$$\forall a, b \in E, ((a,b)^{><} - (E, E))^{>} = ((a,b)^{><} \cap (D, D))^{>} = (a, b)^{>}.$$

证明　必要性. 由定理 6.5 即证.

充分性. 由已知可得 $\forall a, b \in E$, 有 $((a,b)^{><} \cap (D, D))^{>} = (a, b)^{>}$. 记 $(H, K) = (a,b)^{><} \cap (D, D)$, 则有 $(H, K) \subseteq (D, D)$, $(H, K) \neq (\varnothing, \varnothing)$, 且 $(H, K)^{>} = (a, b)^{>}$. 因此根据定理 6.7, 可得 D 是 OEL 协调集. □

前面给出了形式背景 (OB, AT, I) 的 OEL 协调集的 4 个判定定理. 这 4 个定理皆是考察属性子集 $D \times D$ 的补集中任意子集或元素的性质. 定理 6.6 给出了理论意义最普遍的一个结论, 即它考察了对于 $D \times D$ 的补集中任意非空子集 $(A, B) \subseteq E \times E$, 是否存在 $D \times D$ 中的非空子集 $(H, K) \subseteq D \times D$, 使得 $(H, K)^{>} = (A, B)^{>}$ 成立, 若存在, 则 D 为 OEL 协调集. 定理 6.5 则给出了集合 (H, K) 的具体形式为 $(A, B)^{><} \cap (D, D)$. 定理 6.7 和定理 6.8 的可操作性比定理 6.5 和定理 6.6 更强, 因为它们只考虑了 $E \times E$ 中的元素 (a, b). 因此, 这 4 个等价命题的理论性渐弱, 但可操作性渐强; 定理 6.6 适宜于理论分析, 而定理 6.8 则适宜于对具体形式背景的属性子集是否为 OEL 协调集进行判断.

与 4.3 节探讨形式概念分析中属性协调集获取与约简获取之间的关系类似, 上述每一个协调集的判定定理再加上本节开篇提到的约简与协调集的关系, 就可以获得 OEL 约简的相应的判定定理. 此处不再赘述.

6.3　属性导出三支概念格的属性约简

与 6.2 节内容对应, 我们提出属性导出三支概念格的四种不同属性约简, 并研究它们之间的联系. 因所有结论的证明过程与第 6.1 节中相应定理证明类似, 本节的证明省略.

首先给出本节采用的符号说明.

$AEL(OB, AT, I)$: 属性导出三支概念格.

$AEL_E(OB, AT, I)$: 所有属性导出三支概念的外延形成的集合.

$AEM_E(OB, AT, I)$: 属性导出三支概念格的所有交不可约元的外延形成的集合.

$AEJ_E(OB, AT, I)$: 属性导出三支概念格的所有并不可约元的外延形成的集合.

定义 6.5　设 (OB, AT, I) 为一形式背景, 若属性集 $D \subseteq AT$ 满足 $AEL_E(OB, AT, I) = AEL_E(OB, D, I_D)(AEM_E(OB, AT, I) = AEM_E(OB, D, I_D)$; $AEJ_E(OB, AT, I) = AEJ_E(OB, D, I_D))$, 则其被称为背景 (OB, AT, I) 的属性导出三支概念格的格协调集 (属性导出三支概念格保持交不可约元的协调集, 属性导出三支概念格

保持并不可约元的协调集), 简记为 AEL 协调集 (AEM 协调集, AEJ 协调集). 进一步, 若 D 的任何真子集 $E \subset D$ 都不是 $(\text{OB}, \text{AT}, I)$ 的属性导出三支概念格的格协调集 (属性导出三支概念格保持交不可约元的协调集, 属性导出三支概念格保持并不可约元的协调集), 则称属性集 D 为背景 $(\text{OB}, \text{AT}, I)$ 的属性导出三支概念格的约简 (属性导出三支概念格保持交不可约元的约简, 属性导出三支概念格保持并不可约元的约简), 简记为 AEL 约简 (AEM 约简, AEJ 约简).

关于属性导出三支概念格中的粒, 需要注意的是, 它不同于对象导出三支概念格中的粒. 对象导出三支概念格中的粒本质上是对象三支概念 $(x^{<>}, x^{<})$, 是从每一个对象 $x \in \text{OB}$ 出发获得的. 而属性导出三支概念格中的粒是属性三支概念 $(a^{<}, a^{<>})$, 是从每一个属性 $a \in \text{AT}$ 出发计算得到的, 因为任意的属性导出三支概念可以表示为属性导出三支属性概念的交, 所以在属性导出三支概念格中, 属性三支概念被当做粒概念. 下面给出属性导出三支概念格粒约简的定义.

定义 6.6 设 $(\text{OB}, \text{AT}, I)$ 为一形式背景. 若属性集 $D \subseteq \text{AT}$ 满足: 对任意 $a \in \text{AT}$, 有 $a^{<D} = a^{<\text{AT}}$, 则称其为属性导出三支概念格的粒协调集, 简记为 AEG 协调集. 进一步, 若 D 的任何真子集 $E \subset D$ 都不是背景 $(\text{OB}, \text{AT}, I)$ 的属性导出三支概念格的粒协调集, 则称属性集 D 为背景 $(\text{OB}, \text{AT}, I)$ 的属性导出三支概念格的粒约简, 简记为 AEG 约简.

由 AEG 约简的定义可以看出, 要使得对任意的 $a \in \text{AT}$, 有 $a^{<D} = a^{<\text{AT}}$, 必须使得约简后的属性集中含有属性集 AT 中的所有属性. 所以 AEG 约简只有一个, 即为背景 $(\text{OB}, \text{AT}, I)$ 的原属性集 AT.

我们将上述四种不同的约简思想分别简记为 AEL 约简、AEM 约简、AEJ 约简、AEG 约简; 将含有上述四种不同协调集的集合依次记为 CS(AEL)、CS(AEM)、CS(AEJ) 和 CS(AEG); 将含有对应约简的集合依次记为 Red(AEL)、Red(AEM)、Red(AEJ) 和 Red(AEG); 相应地, 将四种约简的核依次记为 Core(AEL)、Core (AEM)、Core(AEJ) 和 Core(AEG).

下面, 我们给出属性导出三支概念格的这四种属性约简之间的关系.

由引理 6.1 以及交不可约元的定义, 类似定理 6.2 的证明, 可得如下定理.

定理 6.9 设 $(\text{OB}, \text{AT}, I)$ 为一形式背景, 且 $D \subseteq \text{AT}$. 则有 CS(AEL) = CS (AEM), Red(AEL) = Red(AEM), Core(AEL) = Core(AEM).

引理 6.4 设 $(\text{OB}, \text{AT}, I)$ 为一形式背景, $X, Y \subseteq \text{OB}, A \subseteq \text{AT}$. 则 $((X, Y), A)$ 为属性导出三支概念格 AEL$(\text{OB}, \text{AT}, I)$ 的交不可约元当且仅当 $((X, Y), A)$ 为属性导出三支概念格中的属性三支概念.

引理 6.4 表明, 在属性导出三支概念格中, 交不可约元与属性三支概念相同; 因此, 如果属性集 $D \subseteq \text{AT}$ 能保持属性导出三支概念格中所有属性三支概念的外延集不变, 则其一定能保持交不可约元的外延集不变. 于是, 我们可以得到下述结论.

定理 6.10　设 (OB, AT, I) 为一形式背景, $D \subseteq AT$. 则 $CS(AEG) \subseteq CS(AEM)$, $Red(AEG) \subseteq CS(AEM)$, $Core(AEM) \subseteq Core(AEG)$.

进一步, 结合定理 6.9 和定理 6.10, 可得以下定理.

定理 6.11　令 (OB, AT, I) 为一形式背景, 则 $CS(AEG) \subseteq CS(AEM) = CS(AEL)$, $Red(AEG) \subseteq CS(AEM) = CS(AEL)$, $Core(AEL) = Core(AEM) \subseteq Core(AEG)$.

由引理 6.4 和 AEM 约简的定义易得, AEM 约简本质上就是删掉了形式背景中相同的列. 故我们可以得到如下推论.

推论 6.2　设 (OB, AT, I) 为一个净化的形式背景, 则 $CS(AEL) = CS(AEM) = CS(AEG) = \{AT\}$, $Red(AEL) = Red(AEM) = Red(AEG) = \{AT\}$, $Core(AEL) = Core(AEM) = Core(AEG) = \{AT\}$.

最后, 我们给出属性导出三支概念格的保持格结构的约简与保持并不可约元的约简之间的关系. 因为 $AEJ_E(OB, AT, I) \subseteq AEL_E(OB, AT, I)$, 所以, 如果属性集 $D \subseteq AT$ 能够保持所有属性导出三支概念的外延集, 则其一定能保持属性导出三支概念格 $AEL(OB, AT, I)$ 中的所有并不可约元的外延集不变, 从而可得下列定理.

定理 6.12　设 (OB, AT, I) 为一形式背景, 且 $D \subseteq AT$, 则有 $CS(AEL) \subseteq CS(AEJ)$, $Core(AEJ) \subseteq Core(AEL)$.

最后, 图 6.3 与图 6.4 给出属性导出三支概念格的四种约简之间的关系与解释.

$$
\begin{array}{ccccc}
Red(AEL) & \subseteq & CS(AEL) & \subseteq & CS(AEJ) \\
\| & & \| & & \\
Red(AEM) & \subseteq & CS(AEM) & & \\
& & \cup & & \\
Red(AEG) & = & CS(AEG) & & \\
& & & & \\
Core(AEJ) & \subseteq & Core(AEL) & = & Core(AEM) \subseteq Core(AEG)
\end{array}
$$

图 6.3　属性导出三支概念格四种属性约简之间的关系

属性集 D 为属性导出三支概念格的粒协调集

$\Downarrow$

属性集 D 为属性导出三支概念格保持交不可约元的协调集

$\Updownarrow$

属性集 D 为属性导出三支概念格的格协调集

$\Downarrow$

属性集 D 为属性导出三支概念格保持并不可约元的协调集

图 6.4　属性导出三支概念格四种属性约简之间关系的解释

6.4 属性约简的计算方法

正如第 4 章已经提到过的, 在形式概念分析中研究属性约简, 最常采用的计算办法是基于形式背景的差别矩阵. 通过研究形式概念内涵之间的差异, 来分析概念的特点, 获得所有约简结果. 此处, 我们也在三支概念分析框架下, 提出三支概念格的差别矩阵与差别函数, 用来计算三支概念格的四种不同属性约简.

首先, 给出对象导出三支概念格的四种属性约简的计算方法.

6.4.1 对象导出三支概念格属性约简的计算方法

构造差别矩阵的元素是三支概念的差别属性集, 因此, 先给出相关定义如下.

定义 6.7 设 $(\mathrm{OB}, \mathrm{AT}, I)$ 为一形式背景, $((X,(A,B)),(Y,(C,D))) \in \mathrm{OEL}(\mathrm{OB}, \mathrm{AT}, I)$, 则称

$$\mathrm{DIS}_{\mathrm{OEL}}((X,(A,B)),(Y,(C,D))) = \begin{cases} (A-C, B-D), & (X,(A,B)) \prec (Y,(C,D)) \\ \varnothing, & \text{其他} \end{cases}$$

是对象导出三支概念 $(X,(A,B))$ 与 $(Y,(C,D))$ 的**差别属性集**. 其中, $(X,(A,B)) \prec (Y,(C,D))$ 表示 $(X,(A,B))$ 是 $(Y,(C,D))$ 的子概念.

在此基础上, 称集合

$$\begin{aligned} &\Lambda_{\mathrm{OEL}} \\ =&(\mathrm{DIS}_{\mathrm{OEL}}((X,(A,B)),(Y,(C,D))), ((X,(A,B)),(Y,(C,D))) \in \mathrm{OEL}(\mathrm{OB}, \mathrm{AT}, I)) \end{aligned}$$

为背景 $(\mathrm{OB}, \mathrm{AT}, I)$ 的对象导出三支概念格 $\mathrm{OEL}(\mathrm{OB}, \mathrm{AT}, I)$ 的**差别矩阵**.

若限制 Λ_{OEL} 中的 $(X,(A,B))$ 为对象导出三支概念格中的交不可约元, 则记相应的差别属性集的集合为 Λ_{OEM}; 若限制 $(X,(A,B))$ 为对象导出三支概念格中的并不可约元, 则记相应的差别属性集的集合为 Λ_{OEJ}; 若限制 $(X,(A,B))$ 为对象导出三支概念格中的粒概念, 则记相应的差别属性集的集合为 Λ_{OEG}. 由引理 6.3 可知在对象导出三支概念格中并不可约元与粒概念是等价的, 故 $\Lambda_{\mathrm{OEJ}} = \Lambda_{\mathrm{OEG}}$.

只有差别矩阵中的非空元素对我们的研究有意义, 因此, 我们把非空元素的集合也用差别矩阵的记号进行标记, 二者不加区别.

定理 6.13 设 $(\mathrm{OB}, \mathrm{AT}, I)$ 为一形式背景, $B \subseteq \mathrm{AT}$, $X \in \mathrm{OEL}_E(\mathrm{OB}, \mathrm{AT}, I)$. 则, $X^{<B>B} = X$ 成立当且仅当, 对所有 $(Y,(C,D)) \in \mathrm{PC}(X, X^{<\mathrm{AT}})$, 都有

$$B \cap \mathrm{DIS}_{\mathrm{OEL}}((X, X^{<\mathrm{AT}}),(Y,(C,D))) \neq \varnothing.$$

其中, $\mathrm{PC}(X, X^{<\mathrm{AT}})$ 为 $(X, X^{<\mathrm{AT}})$ 的所有父概念构成的集合.

证明 为了便于叙述, 我们首先定义关系 $(A,B) \subset (C,D)$ 为 $A \subset C$ 且 $B \subseteq D$, 或者 $A \subseteq C$ 且 $B \subset D$. $B \cap (C,D) = (B \cap C, B \cap D)$ $(A, B, C, D \subseteq \mathrm{AT})$.

必要性. 假设 $X^{<B>B} = X$ 且 $(Y, (C, D)) \in \mathrm{PC}(X, X^{<\mathrm{AT}})$.

(1) 若 $(Y, (C \cap B, D \cap B)) \in \mathrm{OEL}(\mathrm{OB}, \mathrm{AT}, I)$, 则由 $X \subset Y$ 可得 $Y^{<B} \subset X^{<B}$, 即 $(C \cap B, D \cap B) \subset X^{<B} = (X^{*\mathrm{AT}} \cap B, X^{\overline{*\mathrm{AT}}} \cap B)$, 故 $B \cap ((X^{*\mathrm{AT}} - C) \cup (X^{\overline{*\mathrm{AT}}} - D)) \neq \varnothing$. 显然 $B \cap \mathrm{DIS}_{\mathrm{OEL}}((X, X^{<\mathrm{AT}}), (Y, (C, D))) \neq \varnothing$.

(2) 若 $(Y, (C \cap B, D \cap B)) \notin \mathrm{OEL}(\mathrm{OB}, \mathrm{AT}, I)$, 则有 $(C \cap B, D \cap B) \subset (C, D)$, 进一步可得 $X \subset Y = (C, D)^{>B} \subset (C \cap B, D \cap B)^{>B}$. 又因为 $((C \cap B, D \cap B)^{>B}, (C \cap B, D \cap B)^{>B<\mathrm{AT}}) \in \mathrm{OEL}(\mathrm{OB}, \mathrm{AT}, I)$, 可得 $(C \cap B, D \cap B) \subseteq (C \cap B, D \cap B)^{>B<\mathrm{AT}} \subset X^{<\mathrm{AT}}$. 其实, 我们还可以得到 $(C \cap B, D \cap B) \subset X^{<B}$. 用反证法证明. 假设 $X^{<B} = (X^{*\mathrm{AT}} \cap B, X^{\overline{*\mathrm{AT}}} \cap B) = (C \cap B, D \cap B)$, 则有 $X = X^{<B>B} = (X^{*\mathrm{AT}} \cap B, X^{\overline{*\mathrm{AT}}} \cap B)^{>B} = (C \cap B, D \cap B)^{>B}$, 与 $X \subset (C \cap B, D \cap B)^{>B}$ 矛盾. 故 $(C \cap B, D \cap B) \subset (X^{*\mathrm{AT}} \cap B, X^{\overline{*\mathrm{AT}}} \cap B)$, 即 $B \cap \mathrm{DIS}_{\mathrm{OEL}}((X, X^{<\mathrm{AT}}), (Y, (C, D))) \neq \varnothing$.

充分性. 用反证法证明. 假设, 对任意 $(Y, (C, D)) \in \mathrm{PC}(X, X^{<\mathrm{AT}})$, 都成立 $B \cap \mathrm{DIS}_{\mathrm{OEL}}((X, X^{<\mathrm{AT}}), (Y, (C, D))) \neq \varnothing$, 但是 $X^{<B>B} \neq X$. 则由 $X^{<B>B} \neq X$ 可得, $X \subset X^{<B>B} = X^{<B>\mathrm{AT}}$. 又因为 $(X^{<B>\mathrm{AT}}, X^{<B>\mathrm{AT}<\mathrm{AT}}) \in \mathrm{OEL}(\mathrm{OB}, \mathrm{AT}, I)$, 则有 $(X, X^{<\mathrm{AT}}) < (X^{<B>\mathrm{AT}}, X^{<B>\mathrm{AT}<\mathrm{AT}})$. 进一步, 我们可得 $(X, X^{<\mathrm{AT}}) \prec (X^{<B>\mathrm{AT}}, X^{<B>\mathrm{AT}<\mathrm{AT}})$. 事实上, 如果存在 $(Z, (E, F)) \in \mathrm{OEL}(\mathrm{OB}, \mathrm{AT}, I)$ 使得 $(X, X^{<\mathrm{AT}}) \prec (Z, (E, F)) < (X^{<B>\mathrm{AT}}, X^{<B>\mathrm{AT}<\mathrm{AT}})$, 则有 $X^{<B>\mathrm{AT}<\mathrm{AT}} \subset (E, F) \subset X^{<\mathrm{AT}}$, 令不等式中的每个元素都与属性集 B 做交运算, 可以得到 $(X^{<B>\mathrm{AT}*\mathrm{AT}} \cap B, X^{<B>\mathrm{AT}\overline{*\mathrm{AT}}} \cap B) \subseteq (E \cap B, F \cap B) \subseteq (X^{*\mathrm{AT}} \cap B, X^{\overline{*\mathrm{AT}}} \cap B)$. 又由假设可知 $B \cap \mathrm{DIS}_{\mathrm{OEL}}((X, X^{<\mathrm{AT}}), (Z, (E, F))) \neq \varnothing$, 即 $(E \cap B, F \cap B) \subset (X^{*\mathrm{AT}} \cap B, X^{\overline{*\mathrm{AT}}} \cap B)$, 并且因为 $X^{<B} \subseteq X^{<B>\mathrm{AT}<\mathrm{AT}} \Longrightarrow X^{<B} \subseteq (E \cap B, F \cap B) \subset (X^{*\mathrm{AT}} \cap B, X^{\overline{*\mathrm{AT}}} \cap B) = X^{<B}$, 即 $X^{<B} \subset X^{<B}$, 这显然与 $X^{<B} = X^{<B}$ 矛盾, 因此 $(X, X^{<\mathrm{AT}}) \prec (X^{<B>\mathrm{AT}}, X^{<B>\mathrm{AT}<\mathrm{AT}})$. 由假设, 可得 $B \cap \mathrm{DIS}_{\mathrm{OEL}}((X, X^{<\mathrm{AT}}), (X^{<B>\mathrm{AT}}, X^{<B>\mathrm{AT}<\mathrm{AT}})) \neq \varnothing$, 即 $(X^{<B>\mathrm{AT}<\mathrm{AT}} \cap B) \subset (X^{<\mathrm{AT}} \cap B) = X^{<B}$. 又因为 $X^{<B} \subseteq X^{<B>\mathrm{AT}<\mathrm{AT}} \Longrightarrow X^{<B} \cap B \subseteq X^{<B>\mathrm{AT}<\mathrm{AT}} \cap B$, 故可得 $X^{<B} \cap B \subseteq X^{<B>\mathrm{AT}<\mathrm{AT}} \cap B \subset X^{<B}$, 即 $X^{<B} = X^{<B} \cap B \subset X^{<B}$, 这显然与 $X^{<B} = X^{<B}$ 矛盾. 因此假设 $X^{<B>B} \neq X$ 错误, 最终可得 $X^{<B>B} = X$. □

定理 6.13 给出了对象导出三支概念保持外延不变的一个充分必要条件, 即判定 B 是否为协调集的充分必要条件就是: 协调集与差别矩阵的每一个元素相交都非空. 因此, 约简就是所有满足这些条件的协调集中的极小集合. 于是, 结合对象导出三支概念格四种不同的属性约简的定义, 以及它们之间的关系, 我们给出如下的计算这些约简的方法.

为了使得下述方法更加清晰易读, 在下面的定义中我们将差别矩阵中的元素稍作变换, 用差别属性集的并来代替原有的差别属性集. 例如, 若 $\mathrm{DIS}_{\mathrm{OEL}}((X, (A, B)), (Y, (C, D))) = (E, F)$, 则重新记 $\mathrm{DIS}_{\mathrm{OEL}}((X, (A, B)), (Y, (C, D)))$ 为 $H = E \cup F$. 我们依然用 Λ_{OEL} 来表示背景 $(\mathrm{OB}, \mathrm{AT}, I)$ 的对象导出三支概念格差别矩阵.

定义 6.8 设 $(\mathrm{OB}, \mathrm{AT}, I)$ 为一形式背景, 则对象导出三支概念格差别函数, 对象导出三支概念格保持交不可约元的差别函数, 对象导出三支概念格保持并不可约元的差别函数, 以及对象导出三支概念格保持粒三支概念的差别函数分别定义如下:

$$f(\Lambda_{\mathrm{OEL}}) = \bigwedge_{H \in \Lambda_{\mathrm{OEL}}} \left(\bigvee_{h \in H} h \right),$$

$$f(\Lambda_{\mathrm{OEM}}) = \bigwedge_{H \in \Lambda_{\mathrm{OEM}}} \left(\bigvee_{h \in H} h \right),$$

$$f(\Lambda_{\mathrm{OEJ}}) = \bigwedge_{H \in \Lambda_{\mathrm{OEJ}}} \left(\bigvee_{h \in H} h \right),$$

$$f(\Lambda_{\mathrm{OEG}}) = \bigwedge_{H \in \Lambda_{\mathrm{OEG}}} \left(\bigvee_{h \in H} h \right).$$

其中, 由于 $\Lambda_{\mathrm{OEJ}} = \Lambda_{\mathrm{OEG}}$, 我们有 $f(\Lambda_{\mathrm{OEJ}}) = f(\Lambda_{\mathrm{OEG}})$.

根据吸收律与分配律, 上述四种差别函数 f 可以变换为最小析取范式, 这个最小析取范式的所有组成成分 (所有合取式) 就是背景 $(\mathrm{OB}, \mathrm{AT}, I)$ 的对象导出三支概念格相应的四种属性约简的全部.

例 6.1 表 6.2 给出了一个形式背景 $(\mathrm{OB}, \mathrm{AT}, I)$. 其中, 对象集为 $\mathrm{OB} = \{1, 2, 3, 4\}$, 属性集为 $\mathrm{AT} = \{a, b, c, d, e\}$. 图 6.5 给出了该背景的对象导出三支概念格.

表 6.2 形式背景 $(\mathrm{OB}, \mathrm{AT}, I)$

OB	a	b	c	d	e
1	+	+	−	+	+
2	+	+	+	−	−
3	−	−	−	+	−
4	+	+	+	−	+

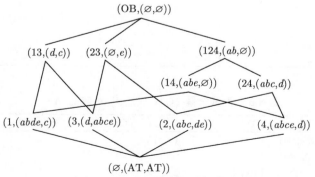

图 6.5 $(\mathrm{OB}, \mathrm{AT}, I)$ 的对象导出三支概念格

该形式背景共有 11 个对象导出三支概念: $(OB, (\varnothing, \varnothing))$, $(13, (d, c))$, $(23, (\varnothing, e))$, $(124, (ab, \varnothing))$, $(14, (abe, \varnothing))$, $(24, (abc, d))$, $(1, (abde, c))$, $(3, (d, abce))$, $(2, (abc, de))$, $(4, (abce, d))$, $(\varnothing, (AT, AT))$, 分别依次标记为 $TC_i (i = 1, 2, \cdots, 11)$. 根据定义 6.7, 表 6.3 给出了背景 (OB, AT, I) 的对象导出三支概念格的差别矩阵 Λ_{OEL}. 其中, 矩阵第 i 行第 j 列代表的是对象导出三支概念 TC_i 与 TC_j 的差别属性集 $(DIS_{OEL}(TC_i, TC_j))$, TC_i 是 TC_j 的子概念.

表 6.3　形式背景 (OB, AT, I) 的对象导出三支概念格的差别矩阵 Λ_{OEL}

	TC_1	TC_2	TC_3	TC_4	TC_5	TC_6	TC_7	TC_8	TC_9	TC_{10}	TC_{11}
TC_1											
TC_2	(d, c)										
TC_3	$(\varnothing, e)$										
TC_4	$(ab, \varnothing)$										
TC_5				$(e, \varnothing)$							
TC_6				(c, d)							
TC_7		$(abe, \varnothing)$			(d, c)						
TC_8		$(\varnothing, abe)$	(d, abc)								
TC_9			(abc, d)			$(\varnothing, e)$					
TC_{10}					(c, d)	$(e, \varnothing)$					
TC_{11}							$(c, abde)$	$(abce, d)$	(de, abc)	$(d, abce)$	

由图 6.5 知, 背景 (OB, AT, I) 的对象导出三支概念格中的交不可约元为 $(13, (d, c))$, $(23, (\varnothing, e))$, $(124, (ab, \varnothing))$, $(14, (abe, \varnothing))$, $(24, (abc, d))$, 并不可约元 (粒概念) 为 $(1, (abde, c))$, $(3, (d, abce))$, $(2, (abc, de))$, $(4, (abce, d))$. 故基于表 6.3 可得 Λ_{OEM} 与 Λ_{OEJ}, 分别如表 6.4 和表 6.5 所示.

表 6.4　形式背景 (OB, AT, I) 对应的 Λ_{OEM}

	TC_1	TC_2	TC_3	TC_4	TC_5	TC_6	TC_7	TC_8	TC_9	TC_{10}	TC_{11}
TC_2	(d, c)										
TC_3	$(\varnothing, e)$										
TC_4	$(ab, \varnothing)$										
TC_5				$(e, \varnothing)$							
TC_6				(c, d)							

表 6.5　形式背景 (OB, AT, I) 对应的 Λ_{OEJ}

	TC_1	TC_2	TC_3	TC_4	TC_5	TC_6	TC_7	TC_8	TC_9	TC_{10}	TC_{11}
TC_7		$(abe, \varnothing)$			(d, c)						
TC_8		$(\varnothing, abe)$	(d, abc)								
TC_9			(abc, d)			$(\varnothing, e)$					
TC_{10}					(c, d)	$(e, \varnothing)$					

现在我们计算差别函数.

$$f(\Lambda_{\mathrm{OEL}}) = \bigwedge_{H \in \Lambda_{\mathrm{OEL}}} \left(\bigvee_{h \in H} h \right)$$
$$= (d \vee c) \wedge e \wedge (a \vee b) \wedge (a \vee b \vee e)$$
$$\wedge (a \vee b \vee c \vee d) \wedge (a \vee b \vee c \vee d \vee e)$$
$$= (d \vee c) \wedge e \wedge (a \vee b)$$
$$= (a \wedge c \wedge e) \vee (b \wedge c \wedge e) \vee (a \wedge d \wedge e) \vee (b \wedge d \wedge e),$$

$$f(\Lambda_{\mathrm{OEM}}) = \bigwedge_{H \in \Lambda_{\mathrm{OEM}}} \left(\bigvee_{h \in H} h \right)$$
$$= (d \vee c) \wedge e \wedge (a \vee b)$$
$$= (a \wedge c \wedge e) \vee (b \wedge c \wedge e) \vee (a \wedge d \wedge e) \vee (b \wedge d \wedge e),$$

$$f(\Lambda_{\mathrm{OEJ}}) = f(\Lambda_{\mathrm{OEG}})$$
$$= \bigwedge_{H \in \Lambda_{\mathrm{OEJ}}} \left(\bigvee_{h \in H} h \right)$$
$$= (d \vee c) \wedge e \wedge (a \vee b \vee e) \wedge (a \vee b \vee c \vee d)$$
$$= (c \wedge e) \vee (d \wedge e).$$

所以对象导出三支概念格的格约简以及对象导出三支概念格保持交不可约元的约简有四个, 均为 $\{a,c,e\}$, $\{b,c,e\}$, $\{a,d,e\}$, $\{b,d,e\}$; 对象导出三支概念格保持并不可约元的约简以及对象导出三支概念格的粒约简有两个, 均为 $\{c,e\}$ 与 $\{d,e\}$.

假设 $D_1 = \{a,c,e\}$, 即对象导出三支概念格的一个格约简和保持交不可约元的约简, 图 6.6 是 $(\mathrm{OB}, D_1, I_{D_1})$ 的 OE-概念格. 设 $D_2 = \{c,e\}$, 即对象导出三支概念格的一个保持并不可约元的约简和粒约简, 图 6.7 是 $(\mathrm{OB}, D_2, I_{D_2})$ 的 OE-概念格.

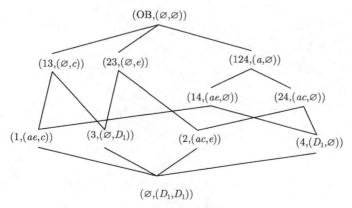

图 6.6　$(\mathrm{OB}, D_1, I_{D_1})$ 的对象导出三支概念格

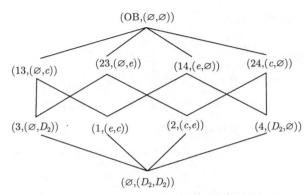

图 6.7　(OB, D_2, I_{D_2}) 的对象导出三支概念格

由图 6.5~图 6.7 可以看出, 对象导出三支概念格的格约简 (对象导出三支概念格保持交不可约元的约简) 一定是对象导出三支概念格保持并不可约元的约简 (对象导出三支概念格的粒约简). 但是反之, 却不一定.

6.4.2　属性导出三支概念格属性约简的计算方法

由定义 6.6 可知 AEG 约简为全体属性集, 依据推论 6.2 可知 AEL 约简与 AEM 约简就是删除被相同对象拥有的属性后得到的属性集.

例 6.2 (续例 6.1)　表 6.2 给出的形式背景 (OB, AT, I) 共有 11 个属性导出三支概念: $((OB, OB), \varnothing)$, $((24, 13), c)$, $((124, 3), ab)$, $((14, 23), e)$, $((13, 24), d)$, $((24, 3), abc))$, $((14, 3), abe)$, $((1, 2), de)$, $((4, 3), abce)$, $((1, \varnothing), abde)$, $((\varnothing, \varnothing), AT)$. 图 6.8 给出了该背景的属性导出三支概念格.

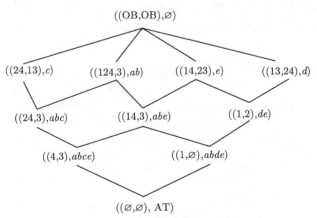

图 6.8　(OB, AT, I) 的属性导出三支概念格

由于属性 a 与 b 被相同的对象所具有, 由推论 6.2 可知, 就此例而言, 属性导

出三支概念格约简、属性导出三支保持交不可约元的约简与属性导出三支粒约简
均为 $\{a, c, d, e\}$ 与 $\{b, c, d, e\}$.

设 $D_3 = \{a, c, d, e\}$, 即属性导出三支概念格的一个格约简, 也是保持交不可约
元, 保持粒概念的约简, 图 6.9 中给出了背景 (OB, D_3, I_{D_3}) 的属性导出三支概念格.

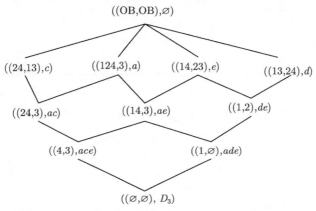

图 6.9 (OB, D_3, I_{D_3}) 的属性导出三支概念格

6.5 具体事例分析

本节将分析实际生活中的一个例子来说明本章所提的属性约简方法在实际中
的应用. 我们所选择的数据集是关于患有重症急性呼吸综合征 (SARS) 的患者和他
们的症状. 由于对象导出概念格与属性导出概念格的约简理论和方法类似, 本节仅
给出对象导出三支概念格的四种约简.

6.5.1 事例及基本信息

我们先给出一个 SARS 患者的事例信息表, 并给出用于分析的基本的概念格
与对象导出三支概念格.

例 6.3 *表 6.6 给出的形式背景 (OB, AT, I) 描述了 4 个 SARS 患者的数据信
息. 其中, OB $= \{1, 2, 3, 4\}$ 为 4 个患者构成的集合, AT $= \{a, b, c, d, e\}$ 为 5 个症状
构成的集合, 属性 a, b, c, d, e 分别是发烧、咳嗽、头痛、呼吸困难和腹泻.*

该形式背景共有 7 个形式概念, 分别为 $(OB, \varnothing)$, $(14, ce)$, $(12, a)$, $(1, ace)$, $(2, ad)$,
$(3, b)$, $(\varnothing, AT)$. 其相应的经典概念格由图 6.10 给出.

而该形式背景的对象导出三支概念共有 12 个, 分别为 $(OB, (\varnothing, \varnothing))$, $(134, (\varnothing, d))$,
$(124, (\varnothing, b))$, $(34, (\varnothing, ad))$, $(14, (ce, bd))$, $(12, (a, b))$, $(23, (\varnothing, ce))$, $(4, (ce, abd))$,
$(1, (ace, bd))$, $(2, (ad, bce))$, $(3, (b, acde))$, $(\varnothing, (AT, AT))$. 相应的对象导出三支概念格

由图 6.11 给出. 我们将这 12 个对象导出三支概念分别记为 TC_i $(i = 1, 2, \cdots, 12)$, 方便后面计算差别矩阵.

表 6.6　　一个重症急性呼吸综合征的数据集 $(\mathrm{OB}, \mathrm{AT}, I)$

患者	发烧	咳嗽	头痛	呼吸困难	腹泻
1	+	−	+	−	+
2	+	−	−	+	−
3	−	+	−	−	−
4	−	−	+	−	+

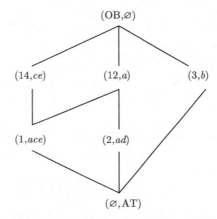

图 6.10　例 6.3 中 $(\mathrm{OB}, \mathrm{AT}, I)$ 的形式概念格

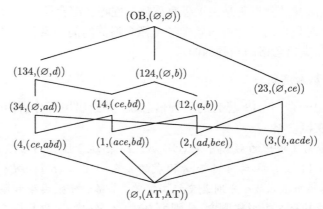

图 6.11　例 6.3 中 $(\mathrm{OB}, \mathrm{AT}, I)$ 的对象导出三支概念格

对比概念格与对象导出概念格, 可以看出, 从经典的形式概念中我们能得到的信息是: 外延中的对象一定共同具有内涵中的属性, 而共同具有内涵中属性的也一定恰为其外延中的对象. 但是从对象导出三支概念中, 我们不但可以得到上述信息,

还可以知道: 外延中的对象一定共同不具有哪些属性 (对象导出三支概念内涵第二项中的属性), 并且, 共同不具有这些属性的也恰好就是其外延中的对象. 在此例中, 形式概念 $(14, ce)$ 能告诉我们的信息是: 患者 1 和 4 都有头痛和腹泻的症状, 而同时都有头痛和腹泻症状的恰为他们俩. 但是对象导出三支概念 $(14, (ce, bd))$ 则告诉我们: 患者 1 和 4 属于同一类不但因为他们都有头痛和腹泻的症状, 而且因为他们都没有咳嗽和呼吸困难的症状. 所以三支概念能够比经典的形式概念反映更多的知识.

三支概念反映信息全面的优势在前面已经有过分析, 此例的解释使得其意义更清晰. 但是, 我们也知道, 形式概念的获取与经典概念格的构造是形式概念分析的一个瓶颈问题. 一旦属性个数很多, 概念个数会呈指数上升, 而构造概念格几乎是不可能的. 而含有全面信息的对象导出三支概念的获取与建格更为复杂. 在此例中, 虽然形式背景中只有 5 个属性, 经典概念格有 7 个形式概念, 但是对象导出概念却有 12 个. 图 6.11 给出的对象导出三支概念格还是比较复杂的. 而事实上, 在我们的真实生活中, 会遇到更为复杂的数据. 因此, 针对三支概念格的属性约简就是一个非常值得去研究的问题.

6.5.2 对象导出三支概念格的格约简

根据前面分析, 我们首先针对本例给出对象导出三支概念格约简.

根据定义 6.7, 背景 $(\mathrm{OB}, \mathrm{AT}, I)$ 的差别矩阵 Λ_{OEL} 如表 6.7 所示.

表 6.7 例 6.3 对应的 Λ_{OEL}

	TC_1	TC_2	TC_3	TC_4	TC_5	TC_6	TC_7	TC_8	TC_9	TC_{10}	TC_{11}	TC_{12}
TC_1												
TC_2	$(\varnothing, d)$											
TC_3	$(\varnothing, b)$											
TC_4		$(\varnothing, a)$										
TC_5		(ce, b)	(ce, d)									
TC_6			$(a, \varnothing)$									
TC_7	$(\varnothing, ce)$											
TC_8				(ce, b)	$(\varnothing, a)$							
TC_9					$(a, \varnothing)$	(ce, d)						
TC_{10}						(d, ce)	(ad, b)					
TC_{11}				(b, ce)			(b, ad)					
TC_{12}								(abd, ce)	(db, ace)	(bce, ad)	$(acde, b)$	

差别函数计算如下:

$$f(\Lambda_{\mathrm{OEL}}) = \bigwedge_{H \in \Lambda_{\mathrm{OEL}}} \left(\bigvee_{h \in H} h \right)$$

$$= d \wedge b \wedge a \wedge (b \vee c \vee e) \wedge (c \vee e \vee d)$$
$$\wedge (c \vee e) \wedge (a \vee d \vee b) \wedge (a \vee b \vee c \vee d \vee e)$$
$$= (a \vee b \vee c \vee d) \wedge (a \vee b \vee d \vee e).$$

由此可知, 对象导出三支概念格保持格结构的约简有两个, 分别为 $\{a, b, c, d\}$ 和 $\{a, b, d, e\}$. 设 $D_1 = \{a, b, c, d\}$, 即对象导出三支概念格的一个格约简, 图 6.12 中给出相应子背景 $(\mathrm{OB}, D_1, I_{D_1})$ 的对象导出三支概念格.

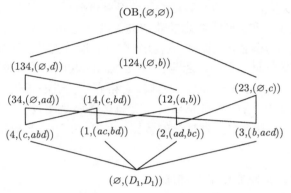

图 6.12　例 6.3 中 $(\mathrm{OB}, D_1, I_{D_1})$ 的对象导出三支概念格

对比图 6.12 与图 6.11, 我们不难看出, 背景 $(\mathrm{OB}, D_1, I_{D_1})$ 的对象导出三支概念格同构于背景 $(\mathrm{OB}, \mathrm{AT}, I)$ 的对象导出三支概念格. 因此在保证患者的分类不变且三支概念的层次结构不变的情况下, 我们只需要考虑少量的属性. 例如, 我们不需要考虑患者是否腹泻, 仅基于发烧、咳嗽、头痛、呼吸困难这 4 个症状, 对患者进行的分类结果与利用全部 5 个属性的分类结果相同. 因此, 在进行了对象导出三支概念格约简之后, 知识没有发生变化, 却可以被更为简单地表示出来.

6.5.3　对象导出三支概念格保持交不可约元的约简

基于表 6.7, 可得背景 $(\mathrm{OB}, \mathrm{AT}, I)$ 对应的 Λ_{OEM} 如表 6.8 所示.

表 6.8　例 6.3 对应的 Λ_{OEM}

	TC$_1$	TC$_2$	TC$_3$	TC$_4$	TC$_5$	TC$_6$	TC$_7$	TC$_8$	TC$_9$	TC$_{10}$	TC$_{11}$	TC$_{12}$
TC$_2$	$(\varnothing, d)$											
TC$_3$	$(\varnothing, b)$											
TC$_4$		$(\varnothing, a)$										
TC$_6$				$(a, \varnothing)$								
TC$_7$	$(\varnothing, ce)$											

差别函数如下:

$$f(\Lambda_{\mathrm{OEM}}) = \bigwedge_{H \in \Lambda_{\mathrm{OEM}}} \left(\bigvee_{h \in H} h \right)$$
$$= d \wedge b \wedge a \wedge (c \vee e)$$
$$= (a \vee b \vee c \vee d) \wedge (a \vee b \vee d \vee e).$$

由此可知, 对象导出三支概念格保持交不可约元的约简有两个, 分别为 $\{a,b,c,d\}$ 和 $\{a,b,d,e\}$. 此例中, 与 6.5.2 节求出的对象导出三支概念格保持格结构的约简一样.

从图 6.11 可以看出, 原始对象导出三支概念格的交不可约元共有 5 个, 分别是 $(134, (\varnothing, d))$, $(124, (\varnothing, b))$, $(34, (\varnothing, ad))$, $(12, (a, b))$, $(23, (\varnothing, ce))$. 从保持交不可约元的角度来说, 约简后 (因其约简与对象导出三支概念格保持格结构的约简一样, 故约简后的格图可以参考图 6.12), 这些概念依然保留, 只是其中的部分属性被删除.

6.5.4 对象导出三支概念格保持并不可约元的约简

本节将计算对象导出三支概念格保持并不可约元的约简, 这也是对象导出三支概念格的粒约简.

首先在表 6.9 中给出背景 $(\mathrm{OB}, \mathrm{AT}, I)$ 对应的 Λ_{OEG}.

表 6.9　例 6.3 对应的 Λ_{OEG}

	TC_1	TC_2	TC_3	TC_4	TC_5	TC_6	TC_7	TC_8	TC_9	TC_{10}	TC_{11}	TC_{12}
TC_8				(ce, b)	$(\varnothing, a)$							
TC_9					$(a, \varnothing)$	(ce, d)						
TC_{10}						(d, ce)	(ad, b)					
TC_{11}				(b, ce)			(b, ad)					

差别函数如下:

$$f(\Lambda_{\mathrm{OEJ}}) = f(\Lambda_{\mathrm{OEG}})$$
$$= \bigwedge_{H \in \Lambda_{\mathrm{OEG}}} \left(\bigvee_{h \in H} h \right)$$
$$= a \wedge (b \vee c \vee e) \wedge (c \vee e \vee d) \wedge (a \vee d \vee b)$$
$$= (a \vee c) \wedge (a \vee e) \wedge (a \vee b \vee d).$$

由此可知, 对象导出三支概念格保持并不可约元的约简 (对象导出三支概念格的粒约简) 有 3 个, 分别是 $\{a,c\}$, $\{a,e\}$ 与 $\{a,b,d\}$.

从图 6.11 可以看出, 原始对象导出三支概念格的所有并不可约元有 4 个, 分别是 $(4, (ce, abd))$, $(1, (ace, bd))$, $(2, (ad, bce))$, $(3, (b, acde))$, 原始对象导出三支概念格的对象概念 (粒概念) 共有 4 个, 分别是 $(4, (ce, abd))$, $(1, (ace, bd))$, $(2, (ad, bce))$,

$(3, (b, acde))$. 假设 $D_2 = \{a, c\}$，我们在子背景 (OB, D_2, I_{D_2}) 基础上做一简单验证. (OB, D_2, I_{D_2}) 的对象导出三支概念格如图 6.13 所示.

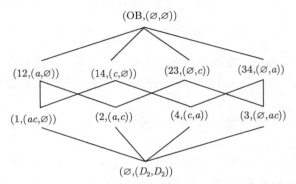

图 6.13　例 6.3 中 (OB, D_2, I_{D_2}) 的对象导出三支概念格

从图 6.13 中可以看出，对象导出三支粒约简不能保持对象导出三支概念格不变，也就是说，在这种约简后有些知识会相应丢失. 例如，因为属性"呼吸困难"在约简后被移除了，所以患者 1、2 和 4 不能被分为一类了. 但是，经过约简后，其中的对象概念 (即粒概念) 及并不可约元的外延与图 6.11 中原始对象导出三支概念格中相应概念的外延相比，并没有改变，只是其中的部分属性被删除.

6.6　小　　结

本章较为系统地研究了三支概念格的属性约简问题. 针对对象导出三支概念格与属性导出三支概念格，我们分别提出了四种类型的属性约简问题，并讨论了它们的优缺点；进而研究了它们之间的关系，包括对应的协调集之间的关系、约简之间的关系以及核之间的关系；同时，我们还给出了计算这些约简的差别矩阵方法与差别函数方法；最后，我们给了一个实例来说明完整的分析过程与各种属性约简的结果.

我们已经多次强调，三支概念分析不仅可以看作形式概念分析与三支决策理论结合的产物，也可以看作经典形式概念分析的一个拓展. 那么，属性约简作为这两种紧密联系的理论中的热点问题，其结果又有什么区别和联系呢？

我们知道，在经典的形式概念分析框架下，属性约简的研究主要有以下两大内容.

(1) 基于形式背景研究保持某种特定信息不变的属性约简，并寻求约简的判定定理与具体的获取方法.

(2) 属性根据其在保持某种特定信息不变的约简过程及结果中所起的作用不

同, 往往被分为三类, 即绝对必要属性 (核心属性)、相对必要属性以及绝对不必要属性. 那么这三类属性特征的性质规律如何, 与约简的关系如何, 怎样利用这种关系构造约简等都是最基本的问题.

针对第一个研究内容, 到目前为止, 在经典的形式概念分析框架下, 研究较为完善的有: 保持概念格结构不变, 保持概念格的交 (并) 不可约元不变, 保持粒概念不变等三种属性约简. 而在三支概念分析框架下, 此问题正是本章所探讨的问题, 也已经有了比较完整的研究结果.

针对第二个研究内容, 我们知道, 在经典的形式概念分析框架下也都有了很多很好的结论. 而在三支概念分析框架下, 我们尚未对此问题进行更多细致的分析. 也就是说, 对于本章所提出的三支概念分析框架下的任意一种属性约简, 属性也都可以根据它们在约简中的作用而被分为三种类型 (与形式概念分析中是一样的), 但是, 不同类型的属性与约简之间的关系, 不同类型的属性性质, 以及如何进一步利用属性特点构造约简等问题尚未进行深入研究.

第 7 章　三支概念格的规则提取

从三支概念分析是形式概念分析的扩展这一角度来看, 我们不难发现, 形式概念分析中所研究的问题在三支概念分析中同样值得研究. 本章就针对决策形式背景的规则获取问题, 从三支概念分析中最直观的三支概念格的角度来进行规则获取.

三支概念分析中有两种三支概念格, 分别是对象导出概念格和属性导出概念格. 我们分别从这两种不同三支概念格获取规则. 由于三支概念格比经典的概念格蕴含的信息更多, 不仅反映了对象共同具有的属性, 也能反映对象共同不具有的属性. 因此, 我们得到的规则知识也将更加丰富.

决策规则都是在决策形式背景满足一定协调意义下获得的, 因为只有在某种协调意义下, 即原始数据满足一定意义的合理性, 获取的规则才是可解释的, 具有利用价值的. 因此, 在每一种三支概念格下, 我们都首先给出一定的协调性要求, 然后再在此基础上进行决策规则获取. 最后, 我们不但对三支概念分析框架下定义的协调性与形式概念分析框架下定义的协调性进行对比, 还将得到的决策规则进行对比.

7.1　决策形式背景基于 OE-协调性的规则提取

本节将在对象导出三支概念格的基础上, 提出 OE-协调性的概念, 并讨论由此获取的决策形式背景的决策规则.

7.1.1　OE-协调性

决策形式背景的 OE-协调性不同于形式概念分析中决策形式背景的强协调性, 但其理解类似于两个 OE-概念格之间的强协调性.

定义 7.1　设 $(\mathrm{OB}, \mathrm{CA}, I, \mathrm{DA}, J)$ 是一个决策形式背景, 其两个 OE-概念格分别为 $\mathrm{OEL}(\mathrm{OB}, \mathrm{CA}, I)$ 与 $\mathrm{OEL}(\mathrm{OB}, \mathrm{DA}, J)$. 若 $\forall\,(Y, (C, D)) \in \mathrm{OEL}(\mathrm{OB}, \mathrm{DA}, J)$, 总有 $\exists\,(X, (A, B)) \in \mathrm{OEL}(\mathrm{OB}, \mathrm{CA}, I)$, 使得 $X = Y$, 则称 $\mathrm{OEL}(\mathrm{OB}, \mathrm{CA}, I)$ 细于 $\mathrm{OEL}(\mathrm{OB}, \mathrm{DA}, J)$, 记为 $\mathrm{OEL}(\mathrm{OB}, \mathrm{CA}, I) \leqslant \mathrm{OEL}(\mathrm{OB}, \mathrm{DA}, J)$; 此时称决策形式背景 $(\mathrm{OB}, \mathrm{CA}, I, \mathrm{DA}, J)$ 是对象导出三支协调的, 简称为 OE-协调的.

例 7.1　表 7.1 为决策形式背景 $(\mathrm{OB}, \mathrm{CA}_1, I_1, \mathrm{DA}, J_1)$. 图 7.1 和图 7.2 分别是其两个 OE-概念格 $\mathrm{OEL}(\mathrm{OB}, \mathrm{CA}_1, I_1)$ 与 $\mathrm{OEL}(\mathrm{OB}, \mathrm{DA}, J_1)$. 容易判断出 $\mathrm{OEL}(\mathrm{OB}, \mathrm{CA}_1, I_1) \leqslant \mathrm{OEL}(\mathrm{OB}, \mathrm{DA}, J_1)$, 故背景是 OE-协调的.

表 7.1　　决策形式背景 (OB, CA_1, I_1, DA, J_1)

G	a	b	c	d	e	f	g	h	k
1	$-$	$-$	$+$	$-$	$-$	$+$	$-$	$-$	$+$
2	$-$	$-$	$-$	$+$	$+$	$+$	$+$	$-$	$+$
3	$+$	$+$	$+$	$-$	$+$	$+$	$-$	$+$	$+$
4	$-$	$-$	$-$	$+$	$+$	$-$	$+$	$-$	$-$

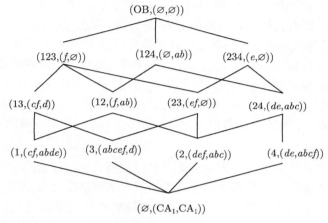

图 7.1　$OEL(OB, CA_1, I_1)$

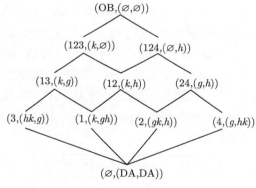

图 7.2　$OEL(OB, DA, J_1)$

7.1.2　决策规则提取

本节具体讨论决策形式背景基于 OE-协调性的规则获取.

定义 7.2　设决策形式背景 (OB, CA, I, DA, J) 是OE-协调的. 若对于 $(X, (A, B)) \in OEL(OB, CA, I)$, 存在 $(Y, (C, D)) \in OEL(OB, DA, J)$ $(Y \neq \varnothing, OB)$, 满足

$X \subseteq Y$, 则称 $A \to C(C \neq \varnothing)$ 为对象导出的三支正决策规则(OE-P规则), 记为 if A, then C, 所有的OE-P规则的集合记为 $\mathcal{OE} - \mathcal{PR}$; 同时, 称 not $B \to$ not $D(D \neq \varnothing)$ 为对象导出的三支负决策规则(OE-N 规则), 记为 if not B, then not D, 所有的OE-N规则的集合记为 $\mathcal{OE} - \mathcal{NR}$. OE-P 规则和OE-N规则统称为对象导出的三支规则, 其全体用符号 $\mathcal{OER}$ 来表示.

　　一般来说, 我们获取的规则都表现为 if A, then C 的形式, 类似于上述定义中的 OE-P 规则 (或者定义 4.10 中的规则). 该规则表示: 如果外延中的对象共同具有 A 中的属性, 那么它们也共同具有 C 中的属性. 现在, 我们可以知道, 针对一个 OE-协调的决策形式背景, 我们不仅可以得到常规意义的决策规则, 还可以得到另外一些有意义的具有 if not B, then not D 这种形式的规则. 这种规则的意义在于, 如果外延中的对象共同不具有 B 中的属性, 那么它们也共同不具有 D 中的属性. 相较于一般规则, 这种规则从一个负面的角度对规则进行获取和解释, 提供了更多丰富的信息和细节, 从语义的角度补充、完善了正规则, 使得获取的决策规则更加完备.

　　相应于决策形式背景在强协调意义下进行规则获取可能会产生冗余规则, OE-P 规则与 OE-N 规则中也有冗余规则. OE-P 冗余规则的定义与定义 4.11 给出的强协调意义下的冗余规则类似, 而 OE-N 冗余规则的定义则由定义 7.3 给出.

　　定义 7.3　设决策形式背景 (OB, CA, I, DA, J) 是OE-协调的. 若两个OE-N规则 not $A \to$ not B 和 not $A' \to$ not B' 满足 $A \subseteq A'$ 且 $B \supseteq B'$, 则称规则 not $A \to$ not B 蕴含规则 not $A' \to$ not B', 且规则 not $A' \to$ not B' 是OE-N冗余规则.

　　OE-N 冗余规则可以如此来理解: 设 not $A \to$ not B 和 not $A' \to$ not B' 是两个 OE-N 规则. 假设一组对象共同不具有 A' 中的每个属性, 那么当 $A \subseteq A'$ 时, 该组对象也共同不具有 A 中的属性, 继而共同不具有 B 中的属性; 那么当 $B \supseteq B'$ 时, 这组对象也共同不具有 B' 中的属性. 因此, 当这两个 OE-N 规则满足条件 $A \subseteq A'$ 和 $B \supseteq B'$ 时, 前继大而后继小的规则 not $A' \to$ not B' 就是多余的. 这个判定方法与解释可由图 7.3 直观描述.

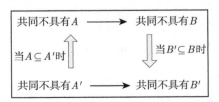

图 7.3　OE-N 冗余规则 not $A' \to$ not B' 释义图

　　例 7.2(续例 7.1)　针对表 7.1 所示的 OE-协调决策形式背景 (OB, CA_1, I_1, DA, J_1), 结合图 7.1、图 7.2 和定义 7.2, 可得到所有的 OE-规则集 $\mathcal{OER}$, 在表 7.2 中给

出, 其中的非冗余 OE-规则在表 7.3 中给出.

表 7.2 例 7.2 的 OE-规则集 $\mathcal{OER}$

$f \to k$	not $ab \to$ not h
$cf \to k$	not $abc \to$ not h
$ef \to k$	not $abde \to$ not h
$def \to k$	not $abcf \to$ not h
$abcef \to k$	not $d \to$ not g
$de \to g$	not $abde \to$ not g
$def \to g$	not $abde \to$ not gh
$abcef \to hk$	not $abcf \to$ not hk
$def \to gk$	

表 7.3 $\mathcal{OER}$ 中的非冗余 OE-规则

$f \to k$	not $ab \to$ not h
$de \to g$	not $d \to$ not g
$def \to gk$	not $abde \to$ not gh
$abcef \to hk$	not $abcf \to$ not hk

7.1.3 强协调与 OE-协调下决策形式背景的规则比较

第 5 章从序与逻辑结构的角度讨论给出了 OE-概念格与经典概念格之间的关系 (见定理 5.4 和定理 5.5), 这为本节研究决策形式背景在基于 OE-协调与强协调意义下获取的规则之间的关系奠定了理论基础. 这两种规则的关系如下.

定理 7.1 设 (OB, CA, I, DA, J) 是一个决策形式背景, $L(OB, CA, I) \leqslant L(OB, DA, J)$ 且 $OEL(OB, CA, I) \leqslant OEL(OB, DA, J)$. 设 $\mathcal{R}$ 表示该决策形式背景在强协调意义下生成的所有规则的集合, $\mathcal{OE} - \mathcal{PR}$ 表示在 OE-协调意义获取的所有 OE-P 规则的集合, 则 $\mathcal{R} \subseteq \mathcal{OE} - \mathcal{PR}$.

证明 由强协调意义下获取规则的定义 4.10 知, $\forall A \to B \in \mathcal{R}$, 存在 $(X, A) \in L(OB, CA, I)$ 和 $(Y, B) \in L(OB, DA, J)$ 满足 $X \subseteq Y$. 根据定理 5.4, 存在保交序嵌入 φ_1: $L(OB, CA, I) \to OEL(OB, CA, I)$ 和 φ_2: $L(OB, DA, J) \to OEL(OB, DA, J)$, 使得 $\varphi_1(X, A) = (X, (A, X^{*I}))$, $\varphi_2(Y, B) = (Y, (B, Y^{*J}))$. 因此, $A \to B \in \mathcal{OER}$, not $X^{*I} \to$ not $Y^{*J} \in \mathcal{OER}$. 事实上, $A \to B \in \mathcal{OE} - \mathcal{PR}$. 因此, $\mathcal{R} \subseteq \mathcal{OE} - \mathcal{PR}$. □

由定理 7.1 可知, 基于 OE-协调意义下获取的 OE-P 规则包含了所有基于强协调意义获取的规则. 因此, OE-P 规则较普通意义的规则更加完备.

例 7.3 (续例 7.2) 针对表 7.1 所示的 OE-协调决策形式背景 (OB, CA_1, I_1, DA, J_1), 图 7.4 和图 7.5 分别是其概念格 $L(OB, CA_1, I_1)$ 和 $L(OB, DA, J_1)$. 容易判断出, $L(OB, CA_1, I_1) \leqslant L(OB, DA, J_1)$, 故该决策形式背景也是强协调的. 在强协调意义下的决策规则如表 7.4 所示, 而表 7.2 已给出 $\mathcal{OER}$, 不难看出, $\mathcal{R} \subseteq \mathcal{OER}$, 且 $\mathcal{R} \subseteq \mathcal{OE} - \mathcal{PR}$.

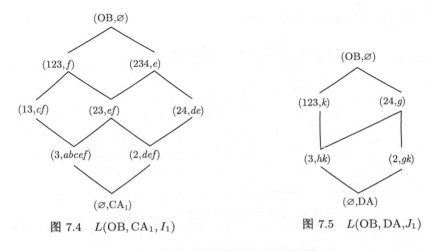

图 7.4　$L(\mathrm{OB}, \mathrm{CA}_1, I_1)$　　　　　　　图 7.5　$L(\mathrm{OB}, \mathrm{DA}, J_1)$

表 7.4　在强协调意义下的规则集 $\mathcal{R}$

$f \rightarrow k$	$de \rightarrow g$
$cf \rightarrow k$	$def \rightarrow g$
$ef \rightarrow k$	$def \rightarrow gk$
$def \rightarrow k$	$abcef \rightarrow hk$
$abcef \rightarrow k$	

7.2　决策形式背景基于 AE-协调性的规则提取

7.1 节给出了决策形式背景的一种新的协调性, 即 OE-协调性, 以此为基础获取规则, 并讨论了其与决策形式背景在强协调下所获取规则之间的关系. 类似地, 本节将在 AE-概念格下, 给出规则获取的方法.

7.2.1　AE-协调性

本节首先定义决策形式背景的 AE-协调性, 并给出其与强协调性之间的关系.

定义 7.4　设 $(\mathrm{OB}, \mathrm{CA}, I, \mathrm{DA}, J)$ 是一个决策形式背景. 其两个 AE-概念格分别是 $\mathrm{AEL}(\mathrm{OB}, \mathrm{CA}, I)$ 与 $\mathrm{AEL}(\mathrm{OB}, \mathrm{DA}, J)$. 若 $\forall\,((Z, W), B) \in \mathrm{AEL}(\mathrm{OB}, \mathrm{DA}, J)$, $\exists\,((X, Y), A) \in \mathrm{AEL}(\mathrm{OB}, \mathrm{CA}, I)$, 使得 $(X, Y) = (Z, W)$, 即 $X = Z$ 且 $Y = W$, 则称 $\mathrm{AEL}(\mathrm{OB}, \mathrm{CA}, I)$ 细于 $\mathrm{AEL}(\mathrm{OB}, \mathrm{DA}, J)$, 记为 $\mathrm{AEL}(\mathrm{OB}, \mathrm{CA}, I) \leqslant \mathrm{AEL}(\mathrm{OB}, \mathrm{DA}, J)$, 并称决策形式背景 $(\mathrm{OB}, \mathrm{CA}, I, \mathrm{DA}, J)$ 是属性导出三支协调的 (AE-协调).

例 7.4 (续例 7.1)　针对表 7.1 表示的决策形式背景 $(\mathrm{OB}, \mathrm{CA}_1, I_1, \mathrm{DA}, J_1)$, 图 7.6 和图 7.7 分别是其两个 AE-概念格 $\mathrm{AEL}(\mathrm{OB}, \mathrm{CA}_1, I_1)$ 和 $\mathrm{AEL}(\mathrm{OB}, \mathrm{DA}, J_1)$. 不难看出, $\mathrm{AEL}(\mathrm{OB}, \mathrm{CA}_1, I_1) \leqslant \mathrm{AEL}(\mathrm{OB}, \mathrm{DA}, J_1)$, 因此 $(\mathrm{OB}, \mathrm{CA}_1, I_1, \mathrm{DA}, J_1)$ 是 AE-协调的.

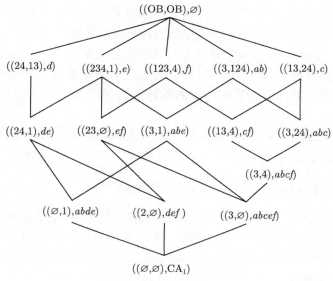

图 7.6 AEL(OB, CA$_1$, I$_1$)

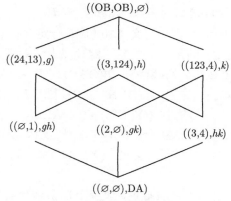

图 7.7 AEL(OB, DA, J$_1$)

7.2.2 决策规则提取

定义 7.5 设决策形式背景 (OB, CA, I, DA, J) 是 AE-协调的. 若两个 AE-概念 $((X, Y), A) \in AEL(OB, CA, I)$, $((Z, W), B) \in AEL(OB, DA, J)$ $((X, Y), (Z, W) \neq (\varnothing, \varnothing), (OB, OB))$ 满足 $(X, Y) \subseteq (Z, W)$, 即 $X \subseteq Z$ 且 $Y \subseteq W$, 则称 $A \rightarrow B$ 是属性导出的三支决策规则 (AE-规则), 记为 if A, then B, $\mathcal{AER}$ 表示所有的 AE-规则的集合.

AE-冗余规则的定义与定义 4.11 给出的强协调意义下的冗余规则类似.

属性导出三支概念的外延由原背景概念的外延与补背景概念的外延共同构成. 定义 7.5 表明, 规则 $A \to B$ 是在这两个背景中同时成立的. 它既表示, 如果一个对象集共同拥有属性集 A 中的所有属性, 则其也共同拥有 B 中的所有属性; 又表示, 若该对象集共同不拥有属性子集 A 中的所有属性, 则其也共同不拥有 B 中的所有属性.

例 7.5(续例 7.4)　由例 7.4 可知 $((24,1), de) \in \mathrm{AEL}(\mathrm{OB}, \mathrm{CA}_1, I_1)$, $((24,13), g) \in \mathrm{AEL}(\mathrm{OB}, \mathrm{DA}, J_1)$, 且 $(24,1) \subseteq (24,13)$, 根据定义 7.5 可得 AE-规则 $de \to g$.

7.2.3　强协调与 AE-协调下决策形式背景的规则比较

本小节将基于 AE-协调的决策形式背景提取的规则, 与基于强协调意义下的决策形式背景获取的规则进行比较. 而第 5 章中从序与逻辑结构的角度讨论给出的 AE-概念格和经典概念格之间的关系 (见定理 5.12 和定理 5.13) 为此处的规则对比研究奠定了理论基础.

定理 7.2　设 $(\mathrm{OB}, \mathrm{CA}, I, \mathrm{DA}, J)$ 是一个满足 AE-协调性及强协调性的决策形式背景. $\mathcal{R}$ 表示该决策背景基于强协调性获取的所有规则的集合, $\mathcal{AER}$ 表示基于 AE-协调性获取的所有 AE-规则的集合, 则 $\mathcal{R} \subseteq \mathcal{AER}$.

证明　假设 $A \to B \in \mathcal{R}$, 则由定义 4.10 可知, 一定存在 $(X, A) \in L(\mathrm{OB}, \mathrm{CA}, I)$ 和 $(Y, B) \in L(\mathrm{OB}, \mathrm{DA}, J)$ 满足 $X \subseteq Y$. 定理 5.12 表明, 存在保并序嵌入 ψ_1: $L(\mathrm{OB}, \mathrm{CA}, I) \to \mathrm{AEL}(\mathrm{OB}, \mathrm{CA}, I)$ 和 ψ_2: $L(\mathrm{OB}, \mathrm{DA}, J) \to \mathrm{AEL}(\mathrm{OB}, \mathrm{DA}, J)$, 使得 $\psi_1(X, A) = ((X, A^{*I}), A)$, $\psi_2(Y, B) = ((Y, B^{*J}), B)$. 因 $\mathrm{AEL}(\mathrm{OB}, \mathrm{CA}, I) \leqslant \mathrm{AEL}(\mathrm{OB}, \mathrm{DA}, J)$, 故对于 $((Y, B^{*J}), B)$, 存在 $((Y, B^{*J}), C) \in \mathrm{AEL}(\mathrm{OB}, \mathrm{CA}, I)$. 由属性导出三支概念的定义 5.5 知, $C = Y^{*I} \cap B^{*J*I}$, 故 $C \subseteq Y^{*I}$. 又因 $X \subseteq Y$, 故 $C \subseteq X^{*I} = A$. 所以, $C^{*I} \supseteq A^{*I}$, 即 $B^{*J} \supseteq A^{*I}$. 因此, $(X, A^{*I}) \subseteq (Y, B^{*J})$. 由定义 7.5 知 $A \to B \in \mathcal{AER}$. 　□

例 7.6(续例 7.4)　针对既是强协调的又是 AE-协调的决策形式背景 $(\mathrm{OB}, \mathrm{CA}_1, I_1, \mathrm{DA}, J_1)$, 根据定义 4.10 得到的所有基于强协调性的决策规则集合 $\mathcal{R}$, 已由表 7.4 给出; 根据定义 7.5, 我们又可得到决策形式背景所有 AE-规则的集合 $\mathcal{AER}$, 如表 7.5 所示. 不难看出, $\mathcal{R} \subseteq \mathcal{AER}$. 更进一步可得, 所有非冗余 AE-规则的集合如表 7.6 所示.

根据定理 7.2, 决策背景的 AE-规则包含强协调下的所有规则. 而且, 事实上, 对于强协调意义下获取的规则, 总可以在 AE-规则中找到一个比其前件更小而结论相同的规则. 即同样结论的规则中, AE-规则的前件总是可以更小一些, 至多与强协调意义下的规则前件相同. 这个结论可以由以下定理说明.

表 7.5　例 7.6 的 AE-规则集 $\mathcal{AER}$

$d \to g$	$ab \to h$	$f \to k$	$abde \to gh$
$de \to g$	$abe \to h$	$ef \to k$	$def \to gk$
$abde \to g$	$abc \to h$	$cf \to k$	$abcf \to hk$
$def \to g$	$abde \to h$	$abcf \to k$	$abcef \to hk$
	$abcf \to h$	$def \to k$	
	$abcef \to h$	$abcef \to k$	

表 7.6　非冗余 AE-规则

$d \to g$	$def \to gk$
$f \to k$	$abde \to gh$
$ab \to h$	$abcf \to hk$

定理 7.3　设 (OB, CA, I, DA, J) 是一个满足强协调性及 AE-协调性的决策形式背景, $\mathcal{R}$ 表示该决策背景基于强协调性获取的所有规则的集合, $\mathcal{AER}$ 表示基于 AE-协调性获取的所有AE决策规则的集合. 则对于任意 $A \to B \in \mathcal{R}$, 总存在 $C \to B \in \mathcal{AER}$, 且 $C \subseteq A$.

证明　$\forall A \to B \in \mathcal{R}$, 由定义 4.10 知, 存在 $(X, A) \in L(OB, CA, I)$, $(Y, B) \in L(OB, DA, J)$, 使 $X \subseteq Y$. 由定理 5.12 知, 存在保并序嵌入 $\psi: L(OB, DA, J) \to \mathrm{AEL}(OB, DA, J)$, 使得 $\psi(Y, B) = ((Y, B^{*J}), B)$. 由于 $\mathrm{AEL}(OB, CA, I) \leqslant \mathrm{AEL}(OB, DA, J)$, 故对于 $((Y, B^{*J}), B)$, 存在 $((Y, B^{*J}), C) \in \mathrm{AEL}(OB, CA, I)$, 使得 $C \to B \in \mathcal{AER}$. 由定义 5.5 知, $C = Y^{*I} \cap B^{*J*I}$, 故 $C \subseteq Y^{*I}$. 又由于 $X \subseteq Y$, 故有 $Y^{*I} \subseteq X^{*I} = A$, 即 $C \subseteq A$.　□

例 7.7(续例 7.4)　对于既是强协调的又是 AE-协调的决策形式背景 (OB, CA_1, I_1, DA, J_1), 表 7.6 和表 7.7 分别给出了 $\mathcal{AER}$ 和 $\mathcal{R}$ 的非冗余规则. 对于表 7.7 中的规则 $de \to g$, 在表 7.6 中存在规则 $d \to g$ 满足 $\{d\} \subset \{de\}$; 对于表 7.7 中的规则 $abcef \to hk$, 在表 7.6 中存在规则 $abcf \to hk$ 使得 $\{abcf\} \subset \{abcef\}$.

表 7.7　非冗余 $\mathcal{R}$ 规则

$f \to k$	$de \to g$
$def \to gk$	$abcef \to hk$

7.3　强协调性与 OE(AE)-协调性的关系研究

对于决策形式背景的协调性问题, 我们一共提到了三种协调性, 分别是强协调性、OE-协调性和 AE-协调性. 那么这三者之间是什么关系? 在研究规则获取时, 这些不同的协调性会对规则获取产生什么影响呢? 本节主要讨论这些问题.

7.3.1　强协调性与 OE-协调性

事实上, 决策形式背景的强协调性和 OE-协调性之间并没有明显的关系. 我们用以下的描述来展示, 并给出相应的例子加以说明.

性质 7.1　假设一个决策形式背景是 OE-协调的, 则该决策形式背景不一定是强协调的.

例 7.8　表 7.8 给出的是一个决策形式背景 $(\mathrm{OB}, \mathrm{CA}_1, I_1, \mathrm{DA}, J_2)$, 其 OE-概念格 $\mathrm{OEL}(\mathrm{OB}, \mathrm{CA}_1, I_1)$ 和 $\mathrm{OEL}(\mathrm{OB}, \mathrm{DA}, J_2)$ 分别如图 7.1 和图 7.8 所示, 其概念格 $L(\mathrm{OB}, \mathrm{CA}_1, I_1)$ 和 $L(\mathrm{OB}, \mathrm{DA}, J_2)$ 分别如图 7.4 和图 7.9 所示. 可以看出, $\mathrm{OEL}(\mathrm{OB}, \mathrm{CA}_1, I_1) \leqslant \mathrm{OEL}(\mathrm{OB}, \mathrm{DA}, J_2)$, 故由定义 7.1 可知该决策形式背景是 OE-协调的. 然而, $L(\mathrm{OB}, \mathrm{CA}_1, I_1) \leqslant L(\mathrm{OB}, \mathrm{DA}, J_2)$ 不成立, 故该决策背景不是强协调的.

表 7.8　OE-协调但非强协调的决策形式背景 $(\mathrm{OB}, \mathrm{CA}_1, I_1, \mathrm{DA}, J_2)$

G	a	b	c	d	e	f	g	h	k
1	−	−	+	−	−	+	+	+	−
2	−	−	−	+	+	+	−	+	−
3	+	+	+	−	+	+	+	−	−
4	−	−	−	+	+	−	−	+	+

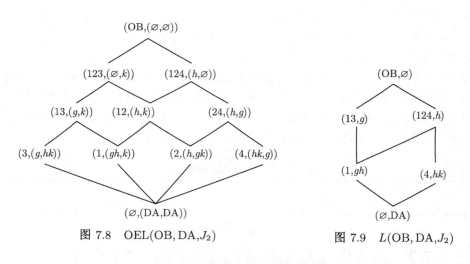

図 7.8　$\mathrm{OEL}(\mathrm{OB}, \mathrm{DA}, J_2)$　　　　　図 7.9　$L(\mathrm{OB}, \mathrm{DA}, J_2)$

事实上, 性质 7.1 的反向描述也不成立. 我们以性质 7.2 给出, 并有相应的例子进行说明.

性质 7.2　假设一个决策形式背景是强协调的, 则它不一定是 OE-协调的.

例 7.9　考虑表 7.9 所示的决策形式背景 $(\mathrm{OB}, \mathrm{CA}_2, I_2, \mathrm{DA}, J_2)$. 图 7.10 和

图 7.9 分别表示概念格 $L(\mathrm{OB}, \mathrm{CA}_2, I_2)$ 和 $L(\mathrm{OB}, \mathrm{DA}, J_2)$, 与之相对应的两个 OE-概念格 $\mathrm{OEL}(\mathrm{OB}, \mathrm{CA}_2, I_2)$ 和 $\mathrm{OEL}(\mathrm{OB}, \mathrm{DA}, J_2)$ 则分别如图 7.11 和图 7.8 所示. 容易看出 $L(\mathrm{OB}, \mathrm{CA}_2, I_2) \leqslant L(\mathrm{OB}, \mathrm{DA}, J_2)$, 即决策形式背景是强协调的. 然而, 对于 OE-概念 $(123, (\varnothing, k)) \in \mathrm{OEL}(\mathrm{OB}, \mathrm{DA}, J_2)$, 在 $\mathrm{OEL}(\mathrm{OB}, \mathrm{CA}_2, I_2)$ 中并无与之外延相同的 OE-概念, 即决策形式背景不是 OE-协调的.

表 7.9　强协调但非 OE-协调的决策形式背景 $(\mathrm{OB}, \mathrm{CA}_2, I_2, \mathrm{DA}, J_2)$

G	a	b	c	d	e	f	g	h	k
1	−	−	+	−	−	+	+	+	−
2	−	−	−	+	+	+	−	+	−
3	+	+	+	−	+	+	+	−	−
4	−	−	−	+	+	+	−	+	+

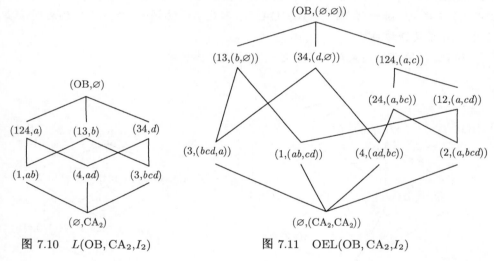

图 7.10　$L(\mathrm{OB}, \mathrm{CA}_2, I_2)$　　　　图 7.11　$\mathrm{OEL}(\mathrm{OB}, \mathrm{CA}_2, I_2)$

7.3.2　强协调性与 AE-协调性

决策背景的强协调性与 AE-协调性之间的关系是比较明确的, 具体关系由以下结论给出.

定理 7.4　若决策形式背景 $(\mathrm{OB}, \mathrm{CA}, I, \mathrm{DA}, J)$ 是 AE-协调的, 则它一定是强协调的.

证明　由定理 5.12 知, $\forall\, (Y, B) \in L(\mathrm{OB}, \mathrm{DA}, J)$, 存在保并序嵌入 $\psi : L(\mathrm{OB}, \mathrm{DA}, J) \to \mathrm{AEL}(\mathrm{OB}, \mathrm{DA}, J)$, 使 $\psi(Y, B) = ((Y, B^{*J}), B)$. 又由于 $\mathrm{AEL}(\mathrm{OB}, \mathrm{CA}, I) \leqslant \mathrm{AEL}(\mathrm{OB}, \mathrm{DA}, J)$, 故对于 $((Y, B^{*J}), B)$, 存在 $((Y, B^{*J}), A) \in \mathrm{AEL}(\mathrm{OB}, \mathrm{CA}, I)$. 从而 $(Y, Y^{*I}) \in L(\mathrm{OB}, \mathrm{CA}, I)$. 由定义 4.9 知, $L(\mathrm{OB}, \mathrm{CA}, I) \leqslant L(\mathrm{OB}, \mathrm{DA}, J)$.　　　□

我们以决策形式背景 (OB, CA_1, I_1, DA, J_1) 为例简单说明. 例 7.4 说明该决策背景是 AE-协调的, 而从例 7.3 中的图 7.4 和图 7.5 又可知它也是强协调的.

由此注意到, 虽然 OE-协调性与强协调性之间并无必然的关系, 但是 AE-协调性却有着比强协调性更 "强" 的意义.

例 7.10 表明, 定理 7.4 的逆命题是不成立的, 即如果一个决策形式背景是强协调的, 它不一定是 AE-协调的.

例 7.10　我们分别考察表 7.1 所示的决策形式背景 (OB, CA_1, I_1, DA, J_1) 和表 7.9 所示的决策形式背景 (OB, CA_2, I_2, DA, J_2).

例 7.3 与例 7.4 表明, 决策形式背景表 7.1 既是强协调的, 又是 AE-协调的.

表 7.9 对应的两个 AE-格 $AEL(OB, CA_2, I_2)$ 和 $AEL(OB, DA, J_2)$ 分别如图 7.12 和图 7.13 所示. 我们可以看出, 对于 $((4, 123), k) \in AEL(OB, DA, J_2)$, 在 $AEL(OB, CA_2, I_2)$ 中不存在同样外延的 AE-概念, 即 $AEL(OB, CA_2, I_2) \leqslant AEL(OB, DA, J_2)$ 不成立. 因此, (OB, CA_2, I_2, DA, J_2) 不是 AE-协调的. 但例 7.9 已表明该决策形式背景是强协调的.

因此, 强协调的决策形式背景不一定是 AE-协调的.

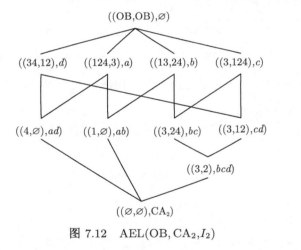

图 7.12　$AEL(OB, CA_2, I_2)$

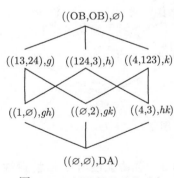

图 7.13　$AEL(OB, DA, J_2)$

7.3.3　OE-协调性与 AE-协调性

类似于 7.3.1 节的结论, 我们可以发现 OE-协调性和 AE-协调性之间并无必然联系. 以下两个例子给出说明.

例 7.11　考察表 7.10 所示的决策形式背景 (OB, CA_3, I_3, DA, J_2). 其两个 AE-概念格 $AEL(OB, CA_3, I_3)$ 和 $AEL(OB, DA, J_2)$ 分别如图 7.14 和图 7.13 所示, 易知 $AEL(OB, CA_3, I_3) \leqslant AEL(OB, DA, J_2)$, 即该决策形式背景是 AE-协调的. 两个

OE-概念格 OEL(OB, CA$_3$, I$_3$) 和 OEL(OB, DA, J$_2$) 分别如图 7.15 和图 7.8 所示. 对于 OE-概念 $(123, (\varnothing, k)) \in$ OEL(OB, DA, J$_2$), 在 OEL(OB, CA$_3$, I$_3$) 中并无与之外延相同的 OE-概念, 故该决策形式背景不是 OE-协调的.

表 7.10   AE-协调但非 OE-协调的决策形式背景 (OB, CA$_3$, I$_3$, DA, J$_2$)

G	a	b	c	d	g	h	k
1	+	+	−	+	+	+	−
2	−	+	−	−	−	+	−
3	+	−	−	−	+	−	−
4	−	+	+	−	−	+	+

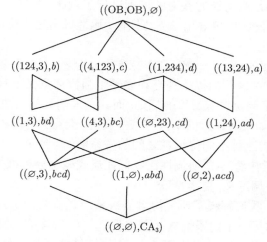

图 7.14   AEL(OB, CA$_3$, I$_3$)

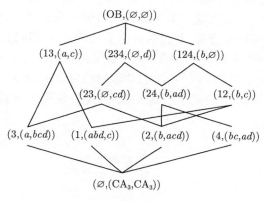

图 7.15   OEL(OB, CA$_3$, I$_3$)

例 7.12 (续例 7.8) 考察表 7.8 所示的决策形式背景 (OB, CA_1, I_1, DA, J_2). 由例 7.8 知该决策形式背景是 OE-协调的, 即 $OEL(OB, CA_1, I_1) \leqslant OEL(OB, DA, J_2)$. 两个 AE-概念格 $AEL(OB, CA_1, I_1)$ 和 $AEL(OB, DA, J_2)$ 分别如图 7.6 和图 7.13 所示. 对于 AE-概念 $((124, 3), h) \in AEL(OB, DA, J_2)$, 在 $AEL(OB, CA_1, I_1)$ 中并无与之外延相同的 AE-概念, 因此该决策形式背景不是 AE-协调的.

7.4 小 结

本章首先基于一个决策形式背景定义了对象导出三支协调性 (OE-协调性) 与属性导出三支协调性 (AE-协调性), 然后, 得到了基于这两种不同协调性的决策规则, 并且将它们与满足强协调时获取的规则进行了对比. 最后, 还将决策形式背景现有的三种不同协调性: 对象导出三支协调性、属性导出三支协调性与强协调性之间的关系进行了分析.

本章有两个重要的结论. 一是, 利用三支概念分析的知识, 在 OE-协调性下获得了负决策规则. 这种规则的提出补充和完善了强协调意义下获取的规则. OE-规则中的正规则涵盖了强协调意义下的规则, 而其负规则又从负面角度 (对象共同不具有属性) 揭示出, 如果对象共同不具有某些属性, 会得到什么结果. 二是, 在研究决策形式背景现有的三种不同协调性之间的关系时, 得到了一个结论: AE-协调一定是强协调的. 这意味着, AE-协调性比我们在形式概念分析框架下定义的强协调性具有更 "强" 的协调意义, 更为特殊.

在本章的开篇, 我们解释了研究协调的决策形式背景规则提取的原因和意义. 然而, 与之相对应的另一个问题依然存在, 尚未研究. 那就是, 如果一个决策形式背景并非协调的, 即它并不满足强协调性、AE-协调性或者 OE-协调性, 那么这样的决策形式背景应该如何去获取其中有意义的规则? 这一类的形式背景在实际问题中出现的比例是很高的, 解决这一类决策背景的规则获取更具有实际应用价值. 那么, 针对此类非协调的决策背景, 是设法寻找另外意义的协调进而获取相应的规则, 还是就在这个不协调的决策背景基础上定义其他形式的却也具有一定语义的规则, 这些都是可以去尝试研究的. 例如, 我们尝试利用包含度理论, 定义具有一定置信度的对象 (属性) 三支规则, 并研究了规则获取方法, 获得了一些有意义的结果.

第8章 不完备背景下的三支概念分析

完备的形式背景提供了原始数据的完整信息, 因此只要处理方式得当, 就不会丢失信息或者产生错误. 而针对此类完整数据, 一般也有良好的数学理论和计算机工具基础做支撑, 可以进行后续的数据分析与挖掘工作. 正如我们在第 4 章中所述, 基于形式背景的概念格不仅容易建立, 格结构也很清晰, 而且具有完备格良好的数学性质. 在这个可视化的概念格基础上, 可以进一步研究基于格结构的知识获取问题, 如约简、规则提取等.

但是, 如果数据不完整, 有损失或者未知信息, 那么依然想通过概念格的形式来获取更多的知识就不太容易了.

在不完备形式背景中, 就一个对象而言, 有些属性是我们明确知道是该对象具有的, 有些属性也明确知道不被该对象具有, 但是还有部分属性, 我们不知道它们的状态. 一个对象的三支描述可以很自然地给出一种部分已知的概念, 其实际的内涵与外延不能被精确确定. 关于不完备形式背景上的概念分析已经有一些研究成果 [281−289].

Burmeister 和 Holzer 引入了不完备形式背景的概念 [281], 并将标准的导出算子推广到模态导出算子. 新的算子可以生成概念的一对确定与可能的外延、一对确定与可能的内涵, 这种方式在描述部分已知概念时非常有用.

Obiedkov 在不完备形式背景中考虑了模态逻辑 [282], 在这些研究中有个很重要的概念就是不完备形式背景的完备化, 这项工作其实早些时候 Lipski 模拟不完备数据库时已经做了一些研究. 不完备形式背景的完备化是一个与原始的不完备背景相一致的完备形式背景.

Djouadi 等研究了不完备形式背景的最小完备化和最大完备化来表征所有可能的完备化. 针对一对形式概念, 一个从最小完备化出发, 另一个从最大完备化出发, 可以构造出一个 ill-known 形式概念 [283].

李金海等引入了以一对属性集合作为内涵、一个对象集合作为外延的近似概念, 提出了三支概念学习的框架, 考虑了从不完备背景进行认知概念学习 [284]. 李美争和王国胤以一种简单直接的方式将三支概念应用于不完备背景 [285], 他们也对属性约简问题进行了研究.

区间集是由一对下界和上界定义的闭区间, 是这一对界内的子集族 [290−293]. 描述部分已知概念的外延时, 可以用对象区间集. 下界中的对象是概念的已知实体,上界补集中的对象是概念的已知非实体, 这一对界内的对象是状态未知的实体. 当信息或者知识完备化时, 区间集内的任何对象集可能是概念实体的实际集. 对于部分已知概念的内涵, 也可以给出一个类似的解释.

以同样的方式, 一个不完备形式背景可以解释为一族完备的形式背景, 其中任何一个背景都可能是信息与知识完备化以后的实际上的形式背景. 一个完备形式背景由二元关系产生, 而一个不完备形式背景由一族二元关系产生.

本章针对不完备的形式背景, 设置对其进行完备化的方法, 把未知信息涵盖在区间集内, 进而利用区间集理论构造新的概念格, 并探讨其与基于完备背景获取的概念格的关系.

8.1　区　间　集

首先, 我们给出区间集的相关概念.

我们知道, 单一元素反映的是精确与确定, 而一个区间则由于其涉及元素众多, 往往可以表示不精确与不确定. 区间数与区间集就是不确定知识表示、推理与计算中常用的两个例子.

8.1.1　区间集与区间二元关系

一个实数区间是一个由上界和下界限定的一些数字的集合. 在区间分析中, 基于把区间当作一个数字集合的解释, Moore 通过把对数字的运算提升到对区间数 (数字的集合) 的运算, 从而引入区间上的运算 [290]. 而且, 这种提升运算可以仅通过对区间的上界和下界的简单计算获得, 不需要使用区间中的所有数字. 所以, 实数区间可以看作由其下界和上界表示的一个区间数. 遵循 Moore 的这种表示方式, 姚一豫在知识表示与推理中引入并研究了区间集这一概念及其相关代数.

定义 8.1　设 U 是一个有限集, 称为论域或参照集, 2^U 是其幂集. 给定一对满足条件 $\underline{A} \subseteq \overline{A}$ 的集合 $(\underline{A}, \overline{A})$, 2^U 的子集

$$[\underline{A}, \overline{A}] = \{A \subseteq U \mid \underline{A} \subseteq A \subseteq \overline{A}\}$$
$$= \{A \in 2^U \mid \underline{A} \subseteq A \subseteq \overline{A}\}, \tag{8.1}$$

被称为闭区间集, $\underline{A}$ 与 $\overline{A}$ 分别称为该区间集的下界与上界. U 上所有区间集组成的集族记为

$$I(2^U) = \{[\underline{A}, \overline{A}] \mid \underline{A}, \overline{A} \subseteq U \text{ 且 } \underline{A} \subseteq \overline{A}\}. \tag{8.2}$$

根据定义 8.1 可知, 区间集是一族由一对集合界定的集合形成的. 在标准的集合运算和集合包含关系下, 区间集 $[\underline{A}, \overline{A}]$ 是一个布尔代数, 其最小元是 $\underline{A}$, 最大元

是 $\overline{A}$. 子集 $A \subseteq U$ 可以被解释为退化的区间集 $[A, \overline{A}]$. 图 8.1 给出了一个区间集的例子.

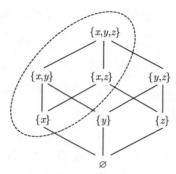

图 8.1　区间集 $[\{x\}, \{x, y, z\}] = \{\{x\}, \{x, y\}, \{x, z\}, \{x, y, z\}\}$

我们用下面的例子来解释区间集. 假定 U 是患者集合, $A \subseteq U$ 是具有某种特定疾病的患者子集. 通常, 我们可能无法根据症状、化验结果以及现有的医疗知识来确定这个集合 A. 但是, 我们可以从相反的角度来考虑问题. 假设集合 $\underline{A}$ 包含了肯定患有这种疾病的患者, 集合 $\overline{A}^c = U - \overline{A}$ 包括肯定没有这种疾病的患者, 而集合 $\overline{A} - \underline{A}$ 就包括了那些可能有也可能没有这种疾病、我们也暂时无法确定他们到底情形如何的那些患者. 因此, 我们可以用一对界限来刻画 A, 而这个界限内的某个集合有可能是真正的 A.

从这个例子可以看出, 区间集提供了一种表示部分已知概念的方法. 虽然概念的外延实际上是 U 的子集, 但是由于信息或者知识的缺乏, 我们不能准确地确定这个集合. 事实上, 能获得的信息只能为我们提供一个下界 $\underline{A}$ 和一个上界 $\overline{A}$. 任何在 $\underline{A}$ 与 $\overline{A}$ 之间的集合 A, 即 $\underline{A} \subseteq A \subseteq \overline{A}$, 都有可能是某个概念的真正外延.

如果我们只关注个体对象, 那么一个区间集可以被表示为三个两两互斥的区域.

定义 8.2　给定一个区间集 $[\underline{A}, \overline{A}]$, 以下集合

$$\mathrm{POS}([\underline{A}, \overline{A}]) = \underline{A},$$
$$\mathrm{BND}([\underline{A}, \overline{A}]) = \overline{A} - \underline{A},$$
$$\mathrm{NEG}([\underline{A}, \overline{A}]) = \overline{A}^c, \tag{8.3}$$

分别称为该区间集的正域、边界域和负域; 而三元组 $(\mathrm{POS}([\underline{A}, \overline{A}]), \mathrm{BND}([\underline{A}, \overline{A}]),$ $\mathrm{NEG}([\underline{A}, \overline{A}]))$ 称为 U 的三分集或者三划分.

正域中包括了确定的属于已知概念的实体, 负域中则是那些确定的不属于已知概念的实体. 而边界域中的实体, 我们对于其到底属于正域还是负域的状态是未知的. 从这三个区域, 我们可以通过简单的并集运算重新获得整个区间集.

我们知道, 从一个集合 U 到另一个集合 W 的二元关系 R 是一些有序对的集合, 即 $R \subseteq U \times W$, 其中, $U \times W$ 是 U 和 W 的笛卡儿积. 此处, 相应于区间集的定义, 我们给出如下区间二元关系 $[\underline{R}, \overline{R}]$ 的定义. 区间二元关系不是一个简单的二元关系, 而是一族二元关系:

$$[\underline{R}, \overline{R}] = \{R \subseteq U \times W \mid \underline{R} \subseteq R \subseteq \overline{R}\}. \tag{8.4}$$

其中, $\underline{R}, \overline{R} \subseteq U \times W$, 且 $\underline{R} \subseteq \overline{R}$.

我们给一个例子加以说明.

例 8.1　　假设两个集合分别为 $U = \{1, 2, 3\}$, $W = \{a, b\}$, 则二者的笛卡儿积为 $U \times W = \{(1, a), (1, b), (2, a), (2, b), (3, a), (3, b)\}$. 如果设定 $\underline{R} = \{(1, a), (2, b)\}$, $\overline{R} = \{(1, a), (1, b), (2, b), (3, b)\}$, 那么由这两个二元关系设定的区间二元关系 $[\underline{R}, \overline{R}]$ 为

$$[\underline{R}, \overline{R}] = \{\underline{R}, \{(1, a), (2, b), (1, b)\}, \{(1, a), (2, b), (3, b)\}, \overline{R}\}.$$

8.1.2　区间集上的标准集合运算与关系

区间集是论域 U 的子集形成的集合. 从普通集合论的角度来说, 符号 $\in \subseteq =^c \cap$ 和 $\cup$ 被用来表示 2^U 的元素与区间集的关系, 区间集之间的关系, 以及区间集上的运算. 因此, $A \in [\underline{A}, \overline{A}]$ 意味着 A 是 U 的子集, 满足 $\underline{A} \subseteq A \subseteq \overline{A}$. 作为集合的集合, 若区间集 $[\underline{A}, \overline{A}]$ 含在 $[\underline{B}, \overline{B}]$ 内部, 我们记为 $[\underline{A}, \overline{A}] \subseteq [\underline{B}, \overline{B}]$. 换句话说, $[\underline{A}, \overline{A}] \subseteq [\underline{B}, \overline{B}]$ 当且仅当 $\underline{B} \subseteq \underline{A} \subseteq \overline{A} \subseteq \overline{B}$. 类似地, 如果两个区间集在集合论意义上是相等的, 即 $\underline{A} = \underline{B}$, 且 $\overline{A} = \overline{B}$, 则称两个区间集相等, 记为 $[\underline{A}, \overline{A}] = [\underline{B}, \overline{B}]$.

区间集 $[\underline{A}, \overline{A}]$ 的补集以下列方式给出:

$$([\underline{A}, \overline{A}])^c = \{A \subseteq U \mid A \subset \underline{A}\} \cup \{B \subseteq U \mid \overline{A} \subset B\}. \tag{8.5}$$

值得注意的是, 这不一定是一个区间集.

由区间集的定义可知一个区间集其实就是集合的集合, 所以集合的交、并也可以作用在区间集上. 两个区间集 $[\underline{A}, \overline{A}]$ 与 $[\underline{B}, \overline{B}]$ 的交是一个区间集或者空集, 具体为

$$
[\underline{A}, \overline{A}] \cap [\underline{B}, \overline{B}] = \{A \subseteq U \mid (\underline{A} \subseteq A \subseteq \overline{A}) \wedge (\underline{B} \subseteq A \subseteq \overline{B})\}
$$
$$
= \begin{cases} [\underline{A} \cup \underline{B}, \overline{A} \cap \overline{B}], & \underline{A} \cup \underline{B} \subseteq \overline{A} \cap \overline{B}, \\ \varnothing, & \text{其他}. \end{cases} \tag{8.6}
$$

这表明, 有限个区间集的交仍是个区间集或者空集 (事实上, 空集 $\varnothing$ 也是区间集 $[\varnothing, \varnothing]$).

一般地, 两个区间集 $[\underline{A}, \overline{A}]$ 与 $[\underline{B}, \overline{B}]$ 的并集:

$$[\underline{A}, \overline{A}] \cup [\underline{B}, \overline{B}] = \{A \subseteq U \mid \underline{A} \subseteq A \subseteq \overline{A}\} \cup \{B \subseteq U \mid \underline{B} \subseteq B \subseteq \overline{B}\}, \tag{8.7}$$

可能不是区间集.

例 8.2   设集合 $U = \{x, y, z\}$, 给定四个区间集分别为

$$\mathrm{IS}1 = [\{x\}, \{x, y, z\}] = \{\{x\}, \{x, y\}, \{x, z\}, \{x, y, z\}\},$$

$$\mathrm{IS}2 = [\{z\}, \{x, y, z\}] = \{\{z\}, \{x, z\}, \{y, z\}, \{x, y, z\}\},$$

$$\mathrm{IS}3 = [\{y\}, \{y, z\}] = \{\{y\}, \{y, z\}\},$$

$$\mathrm{IS}4 = [\{z\}, \{x, z\}] = \{\{z\}, \{x, z\}\}.$$

我们给出对上述区间集进行标准运算的例子.

$\mathrm{IS}1^c = \mathrm{IS}2^c = \varnothing \cup \varnothing = \varnothing = [\varnothing, \varnothing]$, $\mathrm{IS}3^c = \mathrm{IS}4^c = \varnothing \cup \{\{x, y, z\}\} = \{\{x, y, z\}\} = [\{x, y, z\}, \{x, y, z\}]$, 它们都是区间集.

$\mathrm{IS}1 \cap \mathrm{IS}2 = \{\{x, z\}, \{x, y, z\}\} = [\{x, z\}, \{x, y, z\}]$, $\mathrm{IS}3 \cap \mathrm{IS}4 = \varnothing = [\varnothing, \varnothing]$, 它们都是区间集.

$\mathrm{IS}1 \cup \mathrm{IS}2 = [\{x\}, \{z\}, \{x, z\}, \{y, z\}, \{x, y\}, \{x, y, z\}]$, 这是集族但不是区间集, 而 $\mathrm{IS}2 \cup \mathrm{IS}4 = \{\{z\}, \{x, z\}, \{y, z\}, \{x, y, z\}\} = [\{z\}, \{x, y, z\}] = \mathrm{IS}4$, 是区间集.

设区间集 $[\underline{A}, \overline{A}], [\underline{B}, \overline{B}], [\underline{C}, \overline{C}], [\underline{D}, \overline{D}] \in I(2^U)$, 利用集合运算、集合包含以及集合等价关系的性质, 我们可以得到以下结论:

(1) $[\underline{A}, \overline{A}] \subseteq [\underline{B}, \overline{B}] \Longleftrightarrow [\underline{A}, \overline{A}] \cap [\underline{B}, \overline{B}] = [\underline{A}, \overline{A}]$,

$\quad [\underline{A}, \overline{A}] \subseteq [\underline{B}, \overline{B}] \Longleftrightarrow [\underline{A}, \overline{A}] \cup [\underline{B}, \overline{B}] = [\underline{B}, \overline{B}]$;

(2) $([\underline{A}, \overline{A}] \subseteq [\underline{B}, \overline{B}]) \wedge ([\underline{C}, \overline{C}] \subseteq [\underline{D}, \overline{D}]) \Rightarrow [\underline{A}, \overline{A}] \cap [\underline{C}, \overline{C}] \subseteq [\underline{B}, \overline{B}] \cap [\underline{D}, \overline{D}]$,

$\quad ([\underline{A}, \overline{A}] \subseteq [\underline{B}, \overline{B}]) \wedge ([\underline{C}, \overline{C}] \subseteq [\underline{D}, \overline{D}]) \Rightarrow [\underline{A}, \overline{A}] \cup [\underline{C}, \overline{C}] \subseteq [\underline{B}, \overline{B}] \cup [\underline{D}, \overline{D}]$;

(3) $[\underline{A}, \overline{A}] \cap [\underline{B}, \overline{B}] \subseteq [\underline{A}, \overline{A}]$,

$\quad [\underline{A}, \overline{A}] \cap [\underline{B}, \overline{B}] \subseteq [\underline{B}, \overline{B}]$;

(4) $[\underline{A}, \overline{A}] \subseteq [\underline{A}, \overline{A}] \cup [\underline{B}, \overline{B}]$,

$\quad [\underline{B}, \overline{B}] \subseteq [\underline{A}, \overline{A}] \cup [\underline{B}, \overline{B}]$.

这些结论在研究区间集上的运算和下面给出的区间–集合上的运算之间的相似性与差异方面是非常有用的.

8.1.3   区间–集合运算

区间集是集合的集合, 我们可以将集合上的运算提升, 以定义集合族上的区间–集合运算.

定义 8.3　设 ^{c}、$\cap$、$\cup$ 与 $-$ 是 2^U 上的补、交、并与差运算. 通过提升集合运算, 我们定义如下的区间-集合运算: 对两个区间集 $[\underline{A}, \overline{A}]$ 和 $[\underline{B}, \overline{B}]$, 有

$$[\underline{A}, \overline{A}]^C = \{A^c \mid A \in [\underline{A}, \overline{A}]\},$$
$$[\underline{A}, \overline{A}] \sqcap [\underline{B}, \overline{B}] = \{A \cap B \mid A \in [\underline{A}, \overline{A}], B \in [\underline{B}, \overline{B}]\},$$
$$[\underline{A}, \overline{A}] \sqcup [\underline{B}, \overline{B}] = \{A \cup B \mid A \in [\underline{A}, \overline{A}], B \in [\underline{B}, \overline{B}]\},$$
$$[\underline{A}, \overline{A}] \setminus [\underline{B}, \overline{B}] = \{A - B \mid A \in [\underline{A}, \overline{A}], B \in [\underline{B}, \overline{B}]\}. \tag{8.8}$$

即区间集上的提升运算能够产生一族集合.

例 8.3　我们针对例 8.2 中的四个区间集进行区间-集合运算, 并与例 8.2 的结果进行对比, 理解区间-集合运算的意义.

$\mathrm{IS1}^C = [\{x\}, \{x,y,z\}]^C = \{\{x\}^c, \{x,y\}^c, \{x,z\}^c, \{x,y,z\}^c\} = \{\varnothing, \{y\}, \{z\}, \{y,z\}\}$
$\quad = [\varnothing, \{y,z\}],$

$\mathrm{IS2}^C = [\{z\}, \{x,y,z\}]^C = \{\{z\}^c, \{x,z\}^c, \{y,z\}^c, \{x,y,z\}^c\} = \{\varnothing, \{x\}, \{y\}, \{x,y\}\}$
$\quad = [\varnothing, \{x,y\}],$

$\mathrm{IS3}^C = [\{y\}, \{y,z\}]^C = \{\{y\}^c, \{y,z\}^c\} = \{\{x\}, \{x,z\}\} = [\{x\}, \{x,z\}],$

$\mathrm{IS4}^C = [\{z\}, \{x,z\}]^C = \{\{z\}^c, \{x,z\}^c\} = \{\{y\}, \{x,y\}\} = [\{y\}, \{x,y\}],$

$\mathrm{IS1} \sqcap \mathrm{IS2} = [\{x\}, \{x,y,z\}] \sqcap [\{z\}, \{x,y,z\}] = \{\varnothing, \{x\}, \{y\}, \{z\}, \{x,y\}, \{x,z\}, \{y,z\},$
$\quad \{x,y,z\}\} = [\varnothing, \{x,y,z\}] = 2^U,$

$\mathrm{IS3} \sqcap \mathrm{IS4} = [\{y\}, \{y,z\}] \sqcap [\{z\}, \{x,z\}] = \{\varnothing, \{z\}\} = [\varnothing, \{z\}],$

$\mathrm{IS1} \sqcup \mathrm{IS2} = [\{x\}, \{x,y,z\}] \sqcup [\{z\}, \{x,y,z\}] = \{\{x,z\}, \{x,y,z\}\} = [\{x,z\}, \{x,y,z\}],$

$\mathrm{IS3} \sqcup \mathrm{IS4} = [\{y\}, \{y,z\}] \sqcup [\{z\}, \{x,z\}] = \{\{y,z\}, \{x,y,z\}\} = [\{y,z\}, \{x,y,z\}],$

$\mathrm{IS1} \setminus \mathrm{IS2} = [\{x\}, \{x,y,z\}] \setminus [\{z\}, \{x,y,z\}] = \{\varnothing, \{x\}, \{y\}, \{x,y\}\} = [\varnothing, \{x,y\}],$

$\mathrm{IS3} \setminus \mathrm{IS4} = [\{y\}, \{y,z\}] \setminus [\{z\}, \{x,z\}] = \{\{y\}\} = [\{y\}, \{y\}].$

很显然, 这些结果都是区间集, 而且与例 8.2 差异很大.

事实上, 由定义 8.3 给出的区间-集合运算更强调来自两个不同区间集的元素之间的运算结果, 试图运用并体现两个不同区间集的内在关联.

区间-集合运算的结果是一族集合, 这与把区间集当作一族集合的解释相一致.

定理 8.1　四个区间-集合运算在区间集族 $I(2^U)$ 上是封闭的. 事实上, 这些区间集可以由以下公式明确计算出来:

$$[\underline{A}, \overline{A}]^C = [\overline{A}^c, \underline{A}^c],$$
$$[\underline{A}, \overline{A}] \sqcap [\underline{B}, \overline{B}] = [\underline{A} \cap \underline{B}, \overline{A} \cap \overline{B}],$$
$$[\underline{A}, \overline{A}] \sqcup [\underline{B}, \overline{B}] = [\underline{A} \cup \underline{B}, \overline{A} \cup \overline{B}],$$
$$[\underline{A}, \overline{A}] \setminus [\underline{B}, \overline{B}] = [\underline{A} - \overline{B}, \overline{A} - \underline{B}]. \tag{8.9}$$

也就是说, 区间–集合运算可以通过两个区间集的上、下界之间的普通集合运算来轻易获得; 而且, 其计算结果仍然是区间集, 这一点已经在例 8.3 中得到印证. 但是, 和前面利用定义 8.3 的复杂计算过程相比, 利用该定理的结果进行计算, 则要简单很多.

例 8.4 我们针对例 8.3 采用定理 8.1 重新计算, 并理解该公式.

$\text{IS1}^C = [\{x\}, \{x, y, z\}]^C = [\{x, y, z\}^c, \{x\}^c] = [\varnothing, \{y, z\}],$

$\text{IS2}^C = [\{z\}, \{x, y, z\}]^C = [\{x, y, z\}^c, \{z\}^c] = [\varnothing, \{x, y\}],$

$\text{IS3}^C = [\{y\}, \{y, z\}]^C = [\{y, z\}^c, \{y\}^c] = [\{x\}, \{x, z\}],$

$\text{IS4}^C = [\{z\}, \{x, z\}]^C = [\{x, z\}^c, \{z\}^c] = [\{y\}, \{x, y\}],$

$\text{IS1} \sqcap \text{IS2} = [\{x\}, \{x, y, z\}] \sqcap [\{z\}, \{x, y, z\}] = [\{x\} \cap \{z\}, \{x, y, z\} \cap \{x, y, z\}]$
$\qquad\qquad = [\varnothing, \{x, y, z\}] = 2^U,$

$\text{IS3} \sqcap \text{IS4} = [\{y\}, \{y, z\}] \sqcap [\{z\}, \{x, z\}] = [\{y\} \cap \{z\}, \{y, z\} \cap \{x, z\}] = [\varnothing, \{z\}],$

$\text{IS1} \sqcup \text{IS2} = [\{x\}, \{x, y, z\}] \sqcup [\{z\}, \{x, y, z\}] = [\{x\} \cup \{z\}, \{x, y, z\} \cup \{x, y, z\}]$
$\qquad\qquad = [\{x, z\}, \{x, y, z\}],$

$\text{IS3} \sqcup \text{IS4} = [\{y, z\}, \{x, y, z\}] = [\{y, z\}, \{x, y, z\}],$

$\text{IS1} \backslash \text{IS2} = [\{x\}, \{x, y, z\}] \backslash [\{z\}, \{x, y, z\}] = [\{x\} - \{x, y, z\}, \{x, y, z\} - \{z\}]$
$\qquad\qquad = [\varnothing, \{x, y\}],$

$\text{IS3} \backslash \text{IS4} = [\{y\}, \{y, z\}] \backslash [\{z\}, \{x, z\}] = [\{y\} - \{x, z\}, \{y, z\} - \{z\}] = [\{y\}, \{y\}].$

按照定理 8.1 中的方法计算显然比用定义 8.3 简单, 因为只需要对两个原始区间集的上、下界进行普通的集合运算即可; 而定义 8.3 则需要对两个原始区间集内部的元素分别逐对计算, 计算量明显更大.

基于此定理, 我们称这四种提升的运算为区间–集合补、区间–集合交、区间–集合并、区间–集合差.

定义 8.3 与定理 8.1 给出了区间–集合运算这个概念的两种重要的公式, 它们分别是概念性公式与计算性公式. 定义 8.3 给出的是概念性公式, 说明了区间–集合运算是一种提升了的集合运算, 即描述的是这些运算定义的意义. 但是, 直接基于此定义获得区间–集合运算的结果显然不方便, 有一定的计算复杂性和难度. 而定理 8.1 则提供了一个可以较快进行计算的公式. 不过, 该定理却不能明确反映定义 8.3 所描述的区间–集合运算的意义. 所以, 对于利用区间集进行的概念分析, 我们要同时考虑概念性公式和计算性公式, 两者的结合, 更便于我们理解与应用区间–集合运算.

如果我们要把一个区间集描述成原始集合的一个三分集或者三划分, 那么区间–集合运算可以用以下等价方式描述.

区间–集合补的三分集为

$$\mathrm{POS}([\underline{A}, \overline{A}]^C) = \mathrm{NEG}([\underline{A}, \overline{A}]),$$
$$\mathrm{BND}([\underline{A}, \overline{A}]^C) = \mathrm{BND}([\underline{A}, \overline{A}]),$$
$$\mathrm{NEG}([\underline{A}, \overline{A}]^C) = \mathrm{POS}([\underline{A}, \overline{A}]). \tag{8.10}$$

区间–集合交的三分集为

$$\mathrm{POS}([\underline{A}, \overline{A}] \sqcap [\underline{B}, \overline{B}]) = \mathrm{POS}([\underline{A}, \overline{A}]) \cap \mathrm{POS}([\underline{B}, \overline{B}]),$$
$$\mathrm{BND}([\underline{A}, \overline{A}] \sqcap [\underline{B}, \overline{B}]) = (\mathrm{BND}([\underline{A}, \overline{A}]) \cap \mathrm{BND}([\underline{B}, \overline{B}]))$$
$$\cup (\mathrm{POS}([\underline{A}, \overline{A}]) \cap \mathrm{BND}([\underline{B}, \overline{B}]))$$
$$\cup (\mathrm{BND}([\underline{A}, \overline{A}]) \cap \mathrm{POS}([\underline{B}, \overline{B}])),$$
$$\mathrm{NEG}([\underline{A}, \overline{A}] \sqcap [\underline{B}, \overline{B}]) = \mathrm{NEG}([\underline{A}, \overline{A}]) \cup \mathrm{NEG}([\underline{B}, \overline{B}]). \tag{8.11}$$

区间–集合并的三分集为

$$\mathrm{POS}([\underline{A}, \overline{A}] \sqcup [\underline{B}, \overline{B}]) = \mathrm{POS}([\underline{A}, \overline{A}]) \cup \mathrm{POS}([\underline{B}, \overline{B}]),$$
$$\mathrm{BND}([\underline{A}, \overline{A}] \sqcup [\underline{B}, \overline{B}]) = (\mathrm{BND}([\underline{A}, \overline{A}]) \cap \mathrm{BND}([\underline{B}, \overline{B}]))$$
$$\cup (\mathrm{NEG}([\underline{A}, \overline{A}]) \cap \mathrm{BND}([\underline{B}, \overline{B}]))$$
$$\cup (\mathrm{BND}([\underline{A}, \overline{A}]) \cap \mathrm{NEG}([\underline{B}, \overline{B}])),$$
$$\mathrm{NEG}([\underline{A}, \overline{A}] \sqcup [\underline{B}, \overline{B}]) = \mathrm{NEG}([\underline{A}, \overline{A}]) \cap \mathrm{NEG}([\underline{B}, \overline{B}]). \tag{8.12}$$

从上述公式可以看出, 对于区间–集合交与区间–集合并运算, 其正域与负域皆可轻易地由原来两个区间集的正域与负域构造. 而边界域的构造就没有这么直接, 涉及正域、负域、边界域之间的交、并运算, 较为复杂.

对于任意的 $[\underline{A}, \overline{A}]$, $[\underline{B}, \overline{B}]$, $[\underline{C}, \overline{C}] \in I(2^U)$, 基于区间–集合运算的定义, 我们可以轻易地证明以下性质.

(1) 幂等律:

$$[\underline{A}, \overline{A}] \sqcap [\underline{A}, \overline{A}] = [\underline{A}, \overline{A}],$$
$$[\underline{A}, \overline{A}] \sqcup [\underline{A}, \overline{A}] = [\underline{A}, \overline{A}].$$

(2) 交换律:

$$[\underline{A}, \overline{A}] \sqcap [\underline{B}, \overline{B}] = [\underline{B}, \overline{B}] \sqcap [\underline{A}, \overline{A}],$$
$$[\underline{A}, \overline{A}] \sqcup [\underline{B}, \overline{B}] = [\underline{B}, \overline{B}] \sqcup [\underline{A}, \overline{A}].$$

(3) 结合律:

$$([\underline{A}, \overline{A}] \sqcap [\underline{B}, \overline{B}]) \sqcap [\underline{C}, \overline{C}] = [\underline{A}, \overline{A}] \sqcap ([\underline{B}, \overline{B}] \sqcap [\underline{C}, \overline{C}]),$$

$$([\underline{A}, \overline{A}] \sqcup [\underline{B}, \overline{B}]) \sqcup [\underline{C}, \overline{C}] = [\underline{A}, \overline{A}] \sqcup ([\underline{B}, \overline{B}] \sqcup [\underline{C}, \overline{C}]).$$

(4) 分配律:

$$[\underline{A}, \overline{A}] \sqcap ([\underline{B}, \overline{B}] \sqcup [\underline{C}, \overline{C}]) = ([\underline{A}, \overline{A}] \sqcap [\underline{B}, \overline{B}]) \sqcup ([\underline{A}, \overline{A}] \sqcap [\underline{C}, \overline{C}]),$$

$$[\underline{A}, \overline{A}] \sqcup ([\underline{B}, \overline{B}] \sqcap [\underline{C}, \overline{C}]) = ([\underline{A}, \overline{A}] \sqcup [\underline{B}, \overline{B}]) \sqcap ([\underline{A}, \overline{A}] \sqcup [\underline{C}, \overline{C}]).$$

(5) 吸收律:

$$[\underline{A}, \overline{A}] \sqcap ([\underline{A}, \overline{A}] \sqcup [\underline{B}, \overline{B}]) = [\underline{A}, \overline{A}],$$

$$[\underline{A}, \overline{A}] \sqcup ([\underline{A}, \overline{A}] \sqcap [\underline{B}, \overline{B}]) = [\underline{A}, \overline{A}].$$

(6) 德·摩根律:

$$([\underline{A}, \overline{A}] \sqcap [\underline{B}, \overline{B}])^C = [\underline{A}, \overline{A}]^C \sqcup [\underline{B}, \overline{B}]^C,$$

$$([\underline{A}, \overline{A}] \sqcup [\underline{B}, \overline{B}])^C = [\underline{A}, \overline{A}]^C \sqcap [\underline{B}, \overline{B}]^C.$$

(7) 双重否定律:

$$(([\underline{A}, \overline{A}]^C)^C = [\underline{A}, \overline{A}].$$

(8) $[\underline{U}, U]$ 和 $[\varnothing, \varnothing]$ 分别关于区间-集合运算的交、并唯一, 即对于任意的 $[\underline{A}, \overline{A}] \in I(2^U)$, 下式都成立:

$$[\underline{A}, \overline{A}] = [\underline{X}, \overline{X}] \sqcap [\underline{A}, \overline{A}] = [\underline{A}, \overline{A}] \sqcap [\underline{X}, \overline{X}] \Longleftrightarrow [\underline{X}, \overline{X}] = [U, U],$$

$$[\underline{A}, \overline{A}] = [\underline{Y}, \overline{Y}] \sqcup [\underline{A}, \overline{A}] = [\underline{A}, \overline{A}] \sqcup [\underline{Y}, \overline{Y}] \Longleftrightarrow [\underline{Y}, \overline{Y}] = [\varnothing, \varnothing].$$

这些性质可以看作与集合论中相应运算的性质对应.

但是, 对于一个给定的区间集 $[\underline{A}, \overline{A}]$, $[\underline{A}, \overline{A}] \sqcap [\underline{A}, \overline{A}]^C$ 不一定等于 $[\varnothing, \varnothing]$, $[\underline{A}, \overline{A}] \sqcup [\underline{A}, \overline{A}]^C$ 不一定等于 $[U, U]$, $[\underline{A}, \overline{A}] \setminus [\underline{A}, \overline{A}]$ 也不一定等于 $[\varnothing, \varnothing]$. 以例 8.2 中的区间集 IS1 $= [\{x\}, \{x, y, z\}]$ 为例, 我们有 IS1$^C = [\varnothing, \{y, z\}]$, 于是 IS1 $\sqcap$ IS1$^C = [\varnothing, \{y, z\}] \neq [\varnothing, \varnothing]$, IS1 $\sqcup$ IS1$^C = [\{x\}, \{x, y, z\}] \neq [U, U]$, IS1\IS1 $= [\varnothing, \{y, z\}] \neq [\varnothing, \varnothing]$.

然而, 以下的性质却是成立的.

(9)
$$\varnothing \in [\underline{A}, \overline{A}] \sqcap [\underline{A}, \overline{A}]^C,$$
$$U \in [\underline{A}, \overline{A}] \sqcup [\underline{A}, \overline{A}]^C,$$

$$\varnothing \in [\underline{A}, \overline{A}] \setminus [\underline{A}, \overline{A}].$$

上面的例子也恰恰说明了这个性质. 所以, $I(2^U)$ 是个完全分配格, 却不是一个布尔代数.

我们提出的这些运算: ⊓、⊔、\ 以及 ^{C} 与标准集合运算不同. 其中, 标准集合的交运算与区间–集合交运算满足以下关系:

$$[\underline{A}, \overline{A}] \cap [\underline{B}, \overline{B}] \subseteq [\underline{A}, \overline{A}] \sqcap [\underline{B}, \overline{B}]. \tag{8.13}$$

而其他的标准集合运算与区间–集合运算之间却没有类似的关系. 只有在用退化的区间集时, 区间–集合运算 ⊓、⊔ 与 \ 才会退化为普通集合上的交、并与差运算.

8.1.4 区间–集合包含

与区间–集合运算的定义类似, 我们可以通过提升普通的集合包含关系到区间集, 从而定义区间–集合包含关系. 首先, 我们定义四个基本的包含关系.

定义 8.4 **四个基本的区间–集合包含关系定义如下**: 假设 $[\underline{A}, \overline{A}], [\underline{B}, \overline{B}] \in I(2^U)$, 有

$$[\underline{A}, \overline{A}] \,_\forall\subseteq_\forall [\underline{B}, \overline{B}] \Longleftrightarrow \forall A \in [\underline{A}, \overline{A}], \ \forall B \in [\underline{B}, \overline{B}], \textit{都满足} A \subseteq B,$$
$$\Longleftrightarrow \overline{A} \subseteq \underline{B}.$$
$$[\underline{A}, \overline{A}] \,_\forall\subseteq_\exists [\underline{B}, \overline{B}] \Longleftrightarrow \forall A \in [\underline{A}, \overline{A}], \ \exists B \in [\underline{B}, \overline{B}], \textit{使得} A \subseteq B,$$
$$\Longleftrightarrow \overline{A} \subseteq \overline{B}.$$
$$[\underline{A}, \overline{A}] \,_\exists\subseteq_\forall [\underline{B}, \overline{B}] \Longleftrightarrow \exists A \in [\underline{A}, \overline{A}], \ \forall B \in [\underline{B}, \overline{B}], \textit{都满足} A \subseteq B,$$
$$\Longleftrightarrow \underline{A} \subseteq \underline{B}.$$
$$[\underline{A}, \overline{A}] \,_\exists\subseteq_\exists [\underline{B}, \overline{B}] \Longleftrightarrow \exists A \in [\underline{A}, \overline{A}], \ \exists B \in [\underline{B}, \overline{B}], \textit{使得} A \subseteq B,$$
$$\Longleftrightarrow \underline{A} \subseteq \overline{B}. \tag{8.14}$$

定义每一种关系时, 第一个表达式给出的是概念性定义, 用以解释这种关系的意义; 第二个表达式给出的是计算性定义, 表明从计算角度如何理解这种关系. 在计算性定义中, 这些包含关系是从区间集上、下界的包含关系的角度来定义的, 直观理解更为简单.

为了体现这种解释, $_\forall\subseteq_\forall$、$_\forall\subseteq_\exists$、$_\exists\subseteq_\forall$ 以及 $_\exists\subseteq_\exists$ 分别被称为上–下包含关系、上–上包含关系、下–下包含关系、下–上包含关系. 把集合论上的运算用于这四种关系, 可以引入以下两种新的包含关系:

$$[\underline{A}, \overline{A}] \,(_\exists\subseteq_\forall \cap _\forall\subseteq_\exists)\, [\underline{B}, \overline{B}] \Longleftrightarrow \underline{A} \subseteq \underline{B} \wedge \overline{A} \subseteq \overline{B},$$
$$[\underline{A}, \overline{A}] \,(_\exists\subseteq_\forall \cup _\forall\subseteq_\exists)\, [\underline{B}, \overline{B}] \Longleftrightarrow \underline{A} \subseteq \underline{B} \vee \overline{A} \subseteq \overline{B}. \tag{8.15}$$

相对于集合包含关系, 这六个区间–集合包含关系形成一个格, 如图 8.2 所示.

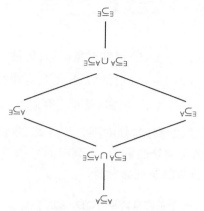

图 8.2   区间–集合包含关系形成的格

标准的集合包含关系 $\subseteq$ 与这六种区间–集合包含关系为区间集提供了可能的序关系, 本章在 $I(2^U)$ 上定义序关系 $\preccurlyeq$ 如下.

令 $[\underline{A}, \overline{A}]$ 和 $[\underline{B}, \overline{B}]$ 为 U 上的两个区间集, 则

$$[\underline{A}, \overline{A}] \preccurlyeq [\underline{B}, \overline{B}] \Longleftrightarrow \underline{A} \subseteq \underline{B} \wedge (\overline{A} - \underline{A}) \subseteq \overline{B}$$
$$\Longleftrightarrow \underline{A} \subseteq \underline{B} \wedge \overline{A} \subseteq \overline{B}$$
$$\Longleftrightarrow [\underline{A}, \overline{A}]\, (_\exists\subseteq_\forall \cap\, _\forall\subseteq_\exists)[\underline{B}, \overline{B}]. \tag{8.16}$$

也就是说, 区间集的序关系 $\preccurlyeq$ 实际上可以通过区间–集合包含 $_\exists\subseteq_\forall \cap\, _\forall\subseteq_\exists$ 来获得.

8.1.5   区间–集合代数

区间–集合包含关系的存在使得我们能够研究区间集的集合 $I(2^U)$ 的结构问题, 这些结构在利用区间集进行概念分析时非常有用.

由式 (8.16) 给出的区间集的序关系 $\preccurlyeq$ 的定义可知, 序关系 $\preccurlyeq$ 满足自反性、传递性和反对称性, 也就是说, $\preccurlyeq$ 是一个偏序关系. 由区间–集合运算的性质, 我们可以推出 $\preccurlyeq$ 实际上是定义具有 $\sqcap$ 和 $\sqcup$ 两种运算的格上的序关系. 这种情况下, 我们可以获得完全分配格 $(I(2^U), \sqcap, \sqcup)$ 或$(I(2^U), \preccurlyeq)$.

8.2   不完备背景的完备化

我们在平日的生活与科研中经常会遇到由各种原因导致的不完整或者不明确数据, 而不完备背景就是指具有不确定信息的形式背景.

Burmeister 和 Holzer 将不完备形式背景定义为一个四元组 $\mathbb{IK} = (\text{OB}, \text{AT},$ $\{+, ?, -\}, J)$, 其中 J 是一个三元关系, $J \subseteq \text{OB} \times \text{AT} \times \{+, ?, -\}$, 具体解释如下:

$$(o, a, +) \in J : 已知对象o具有属性a,$$

$$(o, a, -) \in J : 已知对象o不具有属性a,$$

$$(o, a, ?) \in J : 对象o是否具有属性a未知.$$

一个普通的完备背景可以看作特殊的不完备背景, 即表示完备背景的表格中不含有 ?. 表 8.1 是一个不完备背景的例子, 若其中的 ? 换成 + 或者 −, 即对象与属性间的关系是明确的, 则背景就是完备背景.

表 8.1　一个不完备背景 $(\text{OB}, \text{AT}, \{+, ?, -\}, J)$

$\mathbb{IK}$	a	b	c	d	e
1	+	+	?	−	−
2	+	−	?	+	+
3	+	+	+	?	−
4	?	+	+	+	−
5	+	+	−	−	−
6	+	+	+	+	?

面对不完备的信息, 我们仅仅能获得一个概念的部分知识, 而这也驱使我们引入一种新的概念: 部分已知概念. 这种部分已知概念由三部分组成: 一组已知实体, 一组已知的非实体, 以及一组未知状态的实体.

为了建立部分已知概念的一个概念性的框架, 我们在不完备形式背景基础上引入区间集进行分析. 一个区间集就是一族集合, 其中的每个集合都可能是信息完整后某个概念的真实实体; 而一个不完备的形式背景也可以看作一族完备的形式背景, 其中每一个背景都可能是信息完备化以后的真实形式背景. 相对于完备形式背景上的二元关系, 我们在不完备的形式背景建立区间二元关系.

在不完备背景中, 对于一个对象集, 无法用形式概念分析中的常规导出算子获得这些对象共有的属性; 对于一个属性集合, 也不能用该导出算子来获得共有这些属性的对象. 根据三元关系的解释, Burmeister 等将形式概念分析中常规的导出算子扩展为模态形式的导出算子, 其定义如下.

定义 8.5　*在不完备背景 $\mathbb{IK} = (\text{OB}, \text{AT}, \{+, ?, -\}, J)$ 中, 把对象集 $O \subseteq \text{OB}$ 映射为一对属性集的下、上导出算子定义如下:*

$$\underline{\sigma}(O) = \{a \in \text{AT} \mid \forall o \in O((o, a, +) \in J)\},$$

$$\overline{\sigma}(O) = \{a \in \text{AT} \mid \forall o \in O((o, a, +) \in J \vee (o, a, ?) \in J)\}. \tag{8.17}$$

与之类似, 把属性集 $A \subseteq \mathrm{AT}$ 映射为一对对象集的下、上导出算子定义如下:

$$\underline{\tau}(A) = \{o \in \mathrm{OB} \mid \forall a \in A((o, a, +) \in \boldsymbol{J})\},$$

$$\overline{\tau}(A) = \{o \in \mathrm{OB} \mid \forall a \in A((o, a, +) \in \boldsymbol{J} \vee (o, a, ?) \in \boldsymbol{J})\}. \tag{8.18}$$

根据前面设定的 $\boldsymbol{J}$ 的意义可以推断出, $\underline{\sigma}(O)$ 是被 O 中全体对象共同具有的最大属性集, $\overline{\sigma}(O)$ 是被 O 中全体对象可能共有的属性的最大集. 根据定义 8.5, 我们有 $\underline{\sigma}(O) \subseteq \overline{\sigma}(O)$, 从中可以构造一个属性区间集 $[\underline{\sigma}(O), \overline{\sigma}(O)]$ 来刻画 O. 类似地, $\underline{\tau}(A)$ 是共同具有 A 中所有属性的最大对象集, $\overline{\tau}(A)$ 是可能共有 A 中所有属性的最大对象集. 因此, 我们有 $\underline{\tau}(A) \subseteq \overline{\tau}(A)$, 从中可以构造一个对象区间集 $[\underline{\tau}(A), \overline{\tau}(A)]$ 来刻画 A. 这种理解与形式可以使我们分别构造出关于对象集和属性集的区间–集合特征描述.

我们知道, 区间集是一族集合, 区间–集合特征描述一定要遵循这种语义解释才有意义. 为了建立一个合理的语义基础, 我们把一个不完备形式背景可能的语义当作一族完备形式背景来考虑. 这种语义解释是由 Lipski 在研究不完备数据库时引入的, 被 Burmeister 和 Holzer 等用于研究不完备形式背景.

定义 8.6 如果一个完备形式背景 $\mathbb{K} = (\mathrm{OB}, \mathrm{AT}, \boldsymbol{I})$ 的二元关系 $\boldsymbol{I}$ 满足条件:

$$(x, y, +) \in \boldsymbol{J} \Longrightarrow x\boldsymbol{I}y,$$

$$(x, y, -) \in \boldsymbol{J} \Longrightarrow \neg(x\boldsymbol{I}y). \tag{8.19}$$

则它被称为不完备背景 $\mathbb{IK} = (\mathrm{OB}, \mathrm{AT}, \{+, ?, -\}, \boldsymbol{J})$ 的一种完备化. 即 $\boldsymbol{I}$ 可以通过将每个 ? 替换为 + 或 − 来得到.

因为每个 ? 都可以被 + 或者 − 替换, 所以一共有 2^n 种可能的完备化, 其中 n 是不完备背景中 ? 的个数. 例如, 对表 8.1 而言, 一共有 $2^5 = 32$ 种完备化. 表 8.2 只是表 8.1 的一种完备化: 其中 $(1, c)$ 的关系 ? 被 + 替换, $(2, c)$ 的关系 ? 被 − 替换, 其他类似.

表 8.2 表 8.1 的一种完备化

$\mathbb{IK}$	a	b	c	d	e
1	+	+	+	−	−
2	+	−	−	+	+
3	+	+	+	−	−
4	−	+	+	+	
5		+	+	+	
6	+	+	+	+	−

不完备背景的每一个完备化结果都是一个完备形式背景. 令 COMP($\mathbb{IK}$) 表示

不完备背景 $\mathbb{IK}$ 的所有完备形式背景的集合, 我们可以通过这族完备背景COMP($\mathbb{IK}$)给出不完备背景 $\mathbb{IK}$ 的解释.

二元关系是一族二元对的集合, 所以可以用集合–包含关系产生二元关系上的偏序; 而不完备背景的每一种完备化都唯一地由一个二元关系决定, 所以我们可以利用关系的偏序构造所有完备化集合 COMP($\mathbb{IK}$) 上的偏序. 利用这个结果, Djouadi等从两个特殊的完备化提出了不完备背景的另一个解释.

定义 8.7　在不完备背景 $\mathbb{IK} = (\text{OB}, \text{AT}, \{+, ?, -\}, \boldsymbol{J})$ 中, 关于二元关系的集合–包含序的最小完备化和最大完备化分别定义如下:

$$\mathbb{K}_* = (\text{OB}, \text{AT}, \boldsymbol{I}_*), \quad \boldsymbol{I}_* = \{(o,a) \mid (o,a,+) \in \boldsymbol{J}\},$$

$$\mathbb{K}^* = (\text{OB}, \text{AT}, \boldsymbol{I}^*), \quad \boldsymbol{I}^* = \{(o,a) \mid (o,a,+) \in \boldsymbol{J}\} \cup \{(o,a) \mid (o,a,?) \in \boldsymbol{J}\}. \quad (8.20)$$

事实上, 二元关系 $\boldsymbol{I}_*$ 是将所有 ? 换成 − 得到的, 而 $\boldsymbol{I}^*$ 是将所有 ? 换成 + 得到的.

表 8.3 与表 8.4 分别给出了表 8.1 的最小完备化 $\mathbb{K}_*$ 和最大完备化 $\mathbb{K}^*$.

表 8.3　表 8.1 的最小完备化 $\mathbb{K}_*$

$\mathbb{K}_*$	a	b	c	d	e
1	+	+	−	−	−
2	+	−	−	+	+
3	+	+	+	−	−
4	−	+	+	+	−
5	+	+	−	−	−
6	+	+	+	+	−

表 8.4　表 8.1 的最大完备化 $\mathbb{K}^*$

$\mathbb{K}^*$	a	b	c	d	e
1	+	+	+	−	−
2	+	−	+	+	+
3	+	+	+	+	−
4	+	+	+	+	−
5	+	+	−	−	+
6	+	+	+	+	+

令

$$\text{UP} = \{(o,a) \mid (o,a,?) \in \boldsymbol{J}\}, \quad (8.21)$$

表示不完备背景中所有具有 ? 的对象–属性对的集合. 任何一种完备化都是将 UP的一个子集中的 ? 换成 + 而将其补集中的 ? 换成 − 得到的. 例如, $\mathbb{K}_*$ 和 $\mathbb{K}^*$ 分别是从空集 $\varnothing$ 和全集 UP 得到的.

任何完备化 $\mathbb{K} = (\text{OB}, \text{AT}, I)$ 的二元关系可以写成以下形式:

$$I = I_* \cup I^\triangle. \tag{8.22}$$

其中, $I^\triangle \subseteq \text{UP}$. 这立刻可以导出以下刻画所有可能完备化集族的定理.

定理 8.2 在不完备背景 $\mathbb{IK}$ 中, 有

$$[I_*, I^*] = \{I \mid I_* \subseteq I \subseteq I^*\}$$
$$= \{I \mid (\text{OB}, \text{AT}, I) \in \text{COMP}(\mathbb{IK})\}. \tag{8.23}$$

即这对关系 I_* 和 I^* 定义了一个关系区间集 $[I_*, I^*]$. 而且, $[I_*, I^*]$ 恰恰包含了 $\mathbb{IK}$ 的所有完备化的二元关系的集合.

这一定理的结论立即为所有完备化的集族提供了一种有趣的解释:

$$\text{COMP}(\mathbb{IK}) = \{(\text{OB}, \text{AT}, I) \mid I_* \subseteq I \subseteq I^*\}$$
$$= \{(\text{OB}, \text{AT}, I) \mid I \in [I_*, I^*]\}. \tag{8.24}$$

这意味着, 我们可以等价地将一个不完备背景解释为一个区间背景 $(\text{OB}, \text{AT}, [I_*, I^*])$.

类似于区间集的情形, 基于区间集的形式化描述的优点之一就是: 我们可以把对一族完备化的研究简化为仅研究两个完备化.

下面的定理 8.3 表明, 最小完备化与最大完备化的导出算子分别是下界导出算子和上界导出算子.

定理 8.3 在不完备背景中, 有

$$\underline{\sigma} = \sigma_{\mathbb{K}_*}, \quad \underline{\tau} = \tau_{\mathbb{K}_*},$$
$$\overline{\sigma} = \sigma_{\mathbb{K}^*}, \quad \overline{\tau} = \tau_{\mathbb{K}^*}. \tag{8.25}$$

其中, $(\sigma_{\mathbb{K}_*}, \tau_{\mathbb{K}_*})$ 是最小完备化 $\mathbb{K}_* = (\text{OB}, \text{AT}, I_*)$ 的导出算子对; $(\sigma_{\mathbb{K}^*}, \tau_{\mathbb{K}^*})$ 是最大完备化 $\mathbb{K}^* = (\text{OB}, \text{AT}, I^*)$ 的导出算子对.

根据这个定理, 我们可以用最小完备化 $\mathbb{K}_* = (\text{OB}, \text{AT}, I_*)$ 和最大完备化 $\mathbb{K}^* = (\text{OB}, \text{AT}, I^*)$ 等价地构造下界导出算子和上界导出算子. 除了为上、下界导出算子提供支撑, 该定理的另一个含义在于, 当涉及上、下界导出算子时, 我们可以仅使用导出算子的所有性质和结论.

对于完备化 $\mathbb{K} = (\text{OB}, \text{AT}, I)$, 我们有 $I_* \subseteq I \subseteq I^*$. 因此, 对于对象集 $O \subseteq \text{OB}$, 有

$$\underline{\sigma}(O) = \sigma_{\mathbb{K}_*}(O) \subseteq \sigma_{\mathbb{K}}(O) \subseteq \sigma_{\mathbb{K}^*}(O) = \overline{\sigma}(O). \tag{8.26}$$

即 $\sigma_{\mathbb{K}}(O) \in [\underline{\sigma}(O), \overline{\sigma}(O)]$.

相反地, 假设给定一个属性集 $A \in [\underline{\sigma}(O), \overline{\sigma}(O)]$, 我们也可以证明, 存在一个完备化 $\mathbb{K}' = (\mathrm{OB}, \mathrm{AT}, \boldsymbol{I}')$, 使得 $\sigma_{\mathbb{K}'}(O) = A$.

根据 $\underline{\sigma}(O), \overline{\sigma}(O)$ 以及 $\underline{\sigma}(O) \subseteq A \subseteq \overline{\sigma}(O)$ 的定义, 我们知道, 一方面, 对 $O \times A$ 中的任何对象–属性对, 它的值只能是 + 或者 ?, 另一方面, 对任何属性 $a \in (\mathrm{AT} - A)$, 都存在至少一个对象 $o \in O$ 使得 (o, a) 的值是 ?.

我们可以通过以下方式构造完备化:

$$\boldsymbol{I}' = \boldsymbol{I}_* \cup ((O \times A) \cap \mathrm{UP}) = \boldsymbol{I}_* \cup (O \times A). \tag{8.27}$$

也就是说, 我们对于 $O \times A$ 中所有的对象–属性对将 ? 变为 + , 对于 $(\mathrm{OB} \times \mathrm{AT}) - (O \times A)$ 中所有的对象–属性对将 ? 变为 − .

可以证明, $\sigma_{\mathbb{K}'}(O) = A$. 对于属性集的下界和上界导出算子 $(\underline{\tau}, \overline{\tau})$, 可以有类似讨论.

总结这些结论可以得到以下重要定理.

定理 8.4　属性区间集 $[\underline{\sigma}(O), \overline{\sigma}(O)]$ 恰为不完备背景 $\mathbb{IK}$ 的所有完备化的属性导出集, 即

$$[\underline{\sigma}(O), \overline{\sigma}(O)] = \{\sigma_{\mathbb{K}}(O) \mid \mathbb{K} \in \mathrm{COMP}(\mathbb{IK})\}. \tag{8.28}$$

其中, $\sigma_{\mathbb{K}}$ 是完备背景 $\mathbb{K}$ 的导出算子. 对象区间集 $[\underline{\tau}(A), \overline{\tau}(A)]$ 恰为 $\mathbb{IK}$ 的所有完备化的对象导出集, 即

$$[\underline{\tau}(A), \overline{\tau}(A)] = \{\tau_{\mathbb{K}}(A) \mid \mathbb{K} \in \mathrm{COMP}(\mathbb{IK})\}. \tag{8.29}$$

其中, $\tau_{\mathbb{K}}$ 是完备背景 $\mathbb{K}$ 的导出算子.

利用定理 8.4 的结果, 我们可以得到对象和属性区间集, 而且可以方便地将两对上、下界算子结合起来得到两个算子. 一个是从对象幂集到所有属性区间集形成的集族的算子, $[\underline{\sigma}, \overline{\sigma}] : 2^{\mathrm{OB}} \to I(2^{\mathrm{AT}})$, 另一个是从属性幂集到所有对象区间集形成的集族的算子, $[\underline{\tau}, \overline{\tau}] : 2^{\mathrm{AT}} \to I(2^{\mathrm{OB}})$. 两个算子的具体运算如下:

$$[\underline{\sigma}, \overline{\sigma}](O) = [\underline{\sigma}(O), \overline{\sigma}(O)],$$
$$[\underline{\tau}, \overline{\tau}](A) = [\underline{\tau}(A), \overline{\tau}(A)]. \tag{8.30}$$

这一新的符号明确表示出了区间集用于不完备背景的概念分析的作用.

8.3　不完备背景中的部分已知概念

在不完备背景中, 利用下界和上界导出算子可给出部分已知概念的外延和内涵的区间–集合表示. 下面给出几种基于区间–集合表示的部分已知概念.

8.3.1 形式概念的四种形式

完备背景是不完备背景的特殊情况, 对于完备背景的形式概念, 我们可以将其拓展到不完备背景的广义形式概念. 所以, 我们首先来考虑不完备背景中形式概念可能的形式.

在完备的形式背景中, 导出算子把一个属性集关联到一个对象集, 把一个对象集关联到一个属性集. 在不完备的背景中, 上、下界导出算子把一个属性区间集关联到一个对象集, 把一个对象区间集关联到一个属性集. 这表明, 分别有两种可能来表示形式概念的外延和内涵: 一种是集合, 另一种是区间集. 它们可以组合出形式概念的四种可能的形式, 如表 8.5 所示. 这四种形式对于不完备背景中的形式概念给出了不同的定义和解释.

表 8.5 形式概念的四种类型

外延＼内涵	集合	区间集
集合	SE-SI	SE-ISI
区间集	ISE-SI	ISE-ISI

完备背景中的形式概念就是 SE-SI 形式 (即外延是集合, 内涵也是集合) 的一个例子. 如果把不完备背景转换为一个完备背景, 就可以定义在不完备背景中 SE-SI 形式的概念. Djouadi 等给出了两种转化方式: 一种是把所有的？变成 −, 另一种是把所有的？变成 +. 这两种转化方式引入了两种不同类型的 SE-SI 形式的概念. 李金海等在不完备背景中引入了近似概念. 我们可以将这种近似概念当作 SE-ISI 形式的概念的一个例子, 其中外延是对象集, 内涵是属性区间集. 我们也可以很容易利用 SE-ISI 形式的镜像来构造 ISE-SI 形式的概念. Djouadi 等用一对 SE-SI 形式的概念引入 ill-known 概念, 我们可以将其理解为 ISE-ISI 形式的例子.

回顾前面的知识, 我们知道一个集合可以看作一个退化的区间集. 所以, 如图 8.3 所示, SE-ISI 形式与 ISE-SI 形式的概念皆可看作 ISE-ISI 形式的特殊情况, SE-SI 形式则是 SE-ISI 形式与 ISE-SI 形式的特殊情况, 继而也是 ISE-ISI 形式的特殊情况.

本节关注这四种形式概念的例子基于区间集的解释, 我们也会考察如何基于一种特殊形式来产生和解释更为一般的形式, 例如, 从 SE-SI 形式的概念构造具有 ISE-ISI 形式的概念.

从认知角度来讲, ill-known 概念是一种普通认知, 是一种不精确的、对事物大概了解的认知, 其中含有很多不精确的成分. 而其他三种概念则对事物的把握有一半或者完全精确的认知. SE-ISI 概念是从外延出发, 对概念涵盖的对象有精确的认知, 对内涵却只了解大概; 或者说对于概念的认识是从对象为出发点来考虑的, 所以强调了外延的精确. 而 ISE-SI 概念则与之相反, 强调的是从内涵的角度去认知, 对内涵的把握是精确的, 得到的外延只是大概的了解. 最精确的概念莫过于 SE-SI 概念, 无论外延还是内涵, 都是精确的, 二者之间有强烈的依赖关系, 相互反映相关信息.

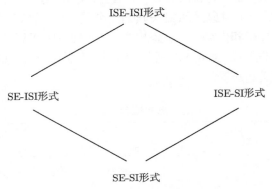

图 8.3　形式概念的四种形式

我们将对例 8.5 的不完备形式背景逐一给出上述四种不同形式的形式概念.

例 8.5　表 8.6 给出了一个不完备形式背景 $(OB, AT, \{+, ?, -\}, J)$.

表 8.6　一个不完备形式背景 $(OB, AT, \{+, ?, -\}, J)$

OB	a	b	c	d	e
1	+	−	?	+	−
2	−	+	−	?	−
3	+	−	+	−	+
4	+	+	−	−	+

此处, 我们先给出该形式背景的最小完备化和最大完备化, 分别如表 8.7 与表 8.8 所示, 并给出形式为 (SE,SI) 的形式概念所形成的格, 分别如图 8.4 与图 8.5 所示.

表 8.7　不完备形式背景 $(OB, AT, \{+, ?, -\}, J)$ 的最小完备化

OB	a	b	c	d	e
1	+	−	−	+	−
2	−	+	−	−	−
3	+	−	+	−	+
4	+	+	−	−	+

表 8.8 不完备形式背景 (OB, AT,{+, ?, −}, J) 的最大完备化

OB	a	b	c	d	e
1	+	−	+	+	−
2	−	+	−	+	−
3	+	−	+	−	+
4	+	+	−	−	+

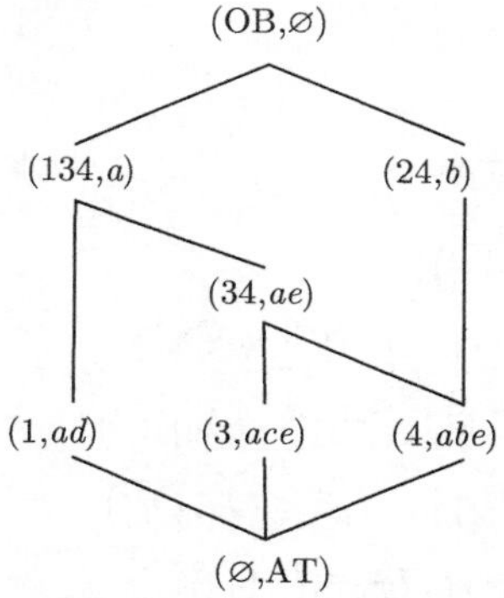

图 8.4 最小完备化的 SE-SI 概念格

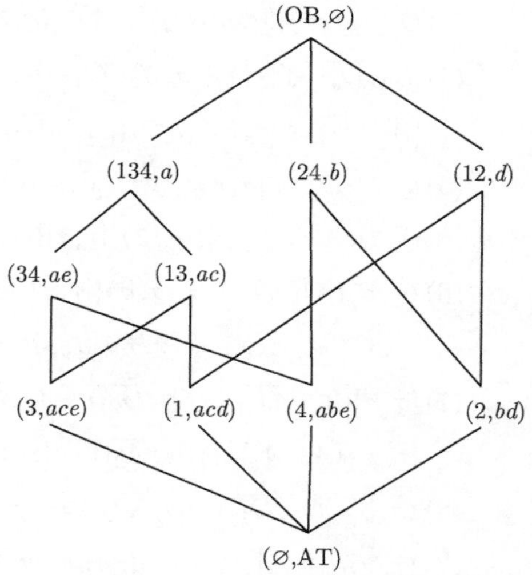

图 8.5 最大完备化的 SE-SI 概念格

8.3.2 SE-ISI 形式与 ISE-SI 形式的近似概念

首先, 我们给出不完备形式背景上基于算子 $[\underline{\sigma},\overline{\sigma}]$ 与 $[\underline{\tau},\overline{\tau}]$ 拓展的导出算子. 需要说明的是, 李金海等把属性区间集作为内涵引入了近似概念. 他们使用算子 $[\underline{\sigma},\overline{\sigma}]$ 以及另一个可以将一对属性集映射为一个对象集的新算子. 本节将用我们的符号系统从区间集的角度重新描述、解释和拓展他们的研究结果.

定义 8.8 在不完备背景中, 对于 $[\underline{O},\overline{O}]\in I(2^{\mathrm{OB}})$ 与 $[\underline{A},\overline{A}]\in I(2^{\mathrm{AT}})$, 两个拓展的导出算子 $\langle\underline{\sigma},\overline{\sigma}\rangle: I(2^{\mathrm{OB}})\longrightarrow 2^{\mathrm{AT}}$ 与 $\langle\underline{\tau},\overline{\tau}\rangle: I(2^{\mathrm{AT}})\longrightarrow 2^{\mathrm{OB}}$ 定义为

$$
\begin{aligned}
\langle\underline{\sigma},\overline{\sigma}\rangle([\underline{O},\overline{O}])&=\underline{\sigma}(\underline{O})\cap\overline{\sigma}(\overline{O}),\\
\langle\underline{\tau},\overline{\tau}\rangle([\underline{A},\overline{A}])&=\underline{\tau}(\underline{A})\cap\overline{\tau}(\overline{A}).
\end{aligned}
\tag{8.31}
$$

下面的定理给出不完备形式背景上导出算子的性质.

定理 8.5 设 $\mathbb{IK}=(\mathrm{OB},\mathrm{AT},\{+,?,-\},J)$ 为一个不完备形式背景. 对任意的对象区间集 $[\underline{O_1},\overline{O_1}]$, $[\underline{O_2},\overline{O_2}]\in I(2^{\mathrm{OB}})$, 属性区间集 $[\underline{A_1},\overline{A_1}]$, $[\underline{A_2},\overline{A_2}]\in I(2^{\mathrm{AT}})$, 对

象集 $O \subseteq \mathrm{OB}$ 以及属性集 $A \subseteq \mathrm{AT}$, 下列性质成立:

(1) $[\underline{O_1}, \overline{O_1}] \preccurlyeq [\underline{O_2}, \overline{O_2}] \Rightarrow [\underline{\sigma}, \overline{\sigma}]([\underline{O_2}, \overline{O_2}]) \preccurlyeq [\underline{\sigma}, \overline{\sigma}]([\underline{O_1}, \overline{O_1}])$,

$\quad [\underline{A_1}, \overline{A_1}] \preccurlyeq [\underline{A_2}, \overline{A_2}] \Rightarrow [\underline{\tau}, \overline{\tau}]([\underline{A_2}, \overline{A_2}]) \preccurlyeq [\underline{\tau}, \overline{\tau}]([\underline{A_1}, \overline{A_1}])$;

(2) $[\underline{O_1}, \overline{O_1}] \preccurlyeq [\underline{O_2}, \overline{O_2}] \Rightarrow \langle \underline{\sigma}, \overline{\sigma} \rangle([\underline{O_2}, \overline{O_2}]) \subseteq \langle \underline{\sigma}, \overline{\sigma} \rangle([\underline{O_1}, \overline{O_1}])$,

$\quad [\underline{A_1}, \overline{A_1}] \preccurlyeq [\underline{A_2}, \overline{A_2}] \Rightarrow \langle \underline{\tau}, \overline{\tau} \rangle([\underline{A_2}, \overline{A_2}]) \subseteq \langle \underline{\tau}, \overline{\tau} \rangle([\underline{A_1}, \overline{A_1}])$;

(3) $O \subseteq \langle \underline{\tau}, \overline{\tau} \rangle([\underline{\sigma}, \overline{\sigma}](O)), \quad A \subseteq \langle \underline{\sigma}, \overline{\sigma} \rangle([\underline{\tau}, \overline{\tau}](A))$;

(4) $[\underline{O_1}, \overline{O_1}] \preccurlyeq [\underline{\tau}, \overline{\tau}](\langle \underline{\sigma}, \overline{\sigma} \rangle([\underline{O_1}, \overline{O_1}]))$,

$\quad [\underline{A_1}, \overline{A_1}] \preccurlyeq [\underline{\sigma}, \overline{\sigma}](\langle \underline{\tau}, \overline{\tau} \rangle([\underline{A_1}, \overline{A_1}]))$;

(5) $[\underline{\sigma}, \overline{\sigma}](O) = [\underline{\sigma}, \overline{\sigma}](\langle \underline{\tau}, \overline{\tau} \rangle([\underline{\sigma}, \overline{\sigma}](O)))$,

$\quad [\underline{\tau}, \overline{\tau}](A) = [\underline{\tau}, \overline{\tau}](\langle \underline{\sigma}, \overline{\sigma} \rangle([\underline{\tau}, \overline{\tau}](A)))$;

(6) $\langle \underline{\sigma}, \overline{\sigma} \rangle([\underline{O_1}, \overline{O_1}]) = \langle \underline{\sigma}, \overline{\sigma} \rangle([\underline{\tau}, \overline{\tau}](\langle \underline{\sigma}, \overline{\sigma} \rangle([\underline{O_1}, \overline{O_1}])))$,

$\quad \langle \underline{\tau}, \overline{\tau} \rangle([\underline{A_1}, \overline{A_1}]) = \langle \underline{\tau}, \overline{\tau} \rangle([\underline{\sigma}, \overline{\sigma}](\langle \underline{\tau}, \overline{\tau} \rangle([\underline{A_1}, \overline{A_1}])))$;

(7) $[\underline{\sigma}, \overline{\sigma}]([\underline{O_1}, \overline{O_1}] \sqcup [\underline{O_2}, \overline{O_2}]) = [\underline{\sigma}, \overline{\sigma}]([\underline{O_1}, \overline{O_1}]) \sqcap [\underline{\sigma}, \overline{\sigma}]([\underline{O_2}, \overline{O_2}])$,

$\quad [\underline{\tau}, \overline{\tau}]([\underline{A_1}, \overline{A_1}] \sqcup [\underline{A_2}, \overline{A_2}]) = [\underline{\tau}, \overline{\tau}]([\underline{A_1}, \overline{A_1}]) \sqcap [\underline{\tau}, \overline{\tau}]([\underline{A_2}, \overline{A_2}])$;

(8) $\langle \underline{\sigma}, \overline{\sigma} \rangle([\underline{O_1}, \overline{O_1}] \sqcup [\underline{O_2}, \overline{O_2}]) = \langle \underline{\sigma}, \overline{\sigma} \rangle([\underline{O_1}, \overline{O_1}]) \cap \langle \underline{\sigma}, \overline{\sigma} \rangle([\underline{O_2}, \overline{O_2}])$,

$\quad \langle \underline{\tau}, \overline{\tau} \rangle([\underline{A_1}, \overline{A_1}] \sqcup [\underline{A_2}, \overline{A_2}]) = \langle \underline{\tau}, \overline{\tau} \rangle([\underline{A_1}, \overline{A_1}]) \cap \langle \underline{\tau}, \overline{\tau} \rangle([\underline{A_2}, \overline{A_2}])$.

下面给出部分已知 SE-ISI 形式概念与部分已知 ISE-SI 形式概念的定义.

定义 8.9　在不完备背景中, 一对对象集与属性区间集 $(O, [\underline{A}, \overline{A}])$ 如果满足条件:

$$[\underline{\sigma}, \overline{\sigma}](O) = [\underline{A}, \overline{A}], \quad \langle \underline{\tau}, \overline{\tau} \rangle([\underline{A}, \overline{A}]) = O, \tag{8.32}$$

则被称为具有集合形式外延和区间集形式内涵的部分已知形式概念, 简称为部分已知SE-ISI形式概念. 一对对象区间集与属性集 $([\underline{O}, \overline{O}]), A)$ 如果满足条件:

$$\langle \underline{\sigma}, \overline{\sigma} \rangle([\underline{O}, \overline{O}]) = A, \quad [\underline{\tau}, \overline{\tau}](A) = [\underline{O}, \overline{O}], \tag{8.33}$$

则被称为具有区间集形式外延和集合形式内涵的部分已知形式概念, 简称为部分已知ISE-SI形式概念.

　　李金海等给出的近似概念是将部分已知 SE-ISI 形式概念 $(O, [\underline{A}, \overline{A}])$ 的内涵部分表示为一个属性集对 $(\underline{A}, \overline{A})$. 由于属性区间集 $[\underline{A}, \overline{A}]$ 与属性集对 $(\underline{A}, \overline{A})$ 之间是一一对应的, 所以李金海等提出的近似概念与本章给出的部分已知 SE-ISI 形式概念之间是等价的, 差别仅仅为概念内涵的表示方式不同. 李金海等还进一步证明了一个不完备形式背景的所有近似概念可以形成一个完备格. 不过他们没有研究其镜像概念, 即部分已知 ISE-SI 形式概念 $([\underline{O}, \overline{O}]), A)$. 因为部分已知 ISE-SI 形式概念的定义方式、性质、结构等与部分已知 SE-ISI 形式概念类似, 所以我们只在下面的例子中, 针对他们提出的近似概念补充了这个工作.

例 8.6 针对例 8.5 所示的不完备形式背景表 8.6, 我们可以得到其形式为 (SE, ISI) 的形式概念, 其概念格如图 8.6 所示. 更进一步, 我们可以很容易利用其镜像来构造 (ISE,SI) 形式的概念, 其概念格如图 8.7 所示.

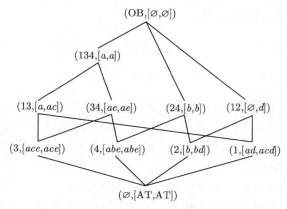

图 8.6　SE-ISI形成的概念格

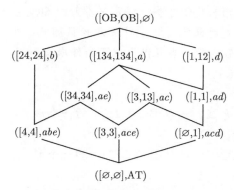

图 8.7　ISE-SI形成的概念格

我们采用新的名词揭示这两种类型的部分已知概念的结构与意义, 可能会更加有趣、有意义. 为了理解这种观点, 我们考虑这两种类型的部分已知概念的构造过程.

考虑一个对象集 $O \subseteq \mathrm{OB}$, 将算子 $[\underline{\sigma}, \overline{\sigma}]$ 应用于 O 生成一个属性区间集:

$$[\underline{\sigma}, \overline{\sigma}](O) = [\underline{\sigma}(O), \overline{\sigma}(O)].$$

对这个区间集应用算子 $\langle \underline{\tau}, \overline{\tau} \rangle$ 可得

$$\langle \underline{\tau}, \overline{\tau} \rangle([\underline{\sigma}(O), \overline{\sigma}(O)]) = \underline{\tau}(\underline{\sigma}(O)) \cap \overline{\tau}(\overline{\sigma}(O)).$$

针对这个对象集结果再应用 $[\underline{\sigma}, \overline{\sigma}]$ 可得

$$[\underline{\sigma}, \overline{\sigma}](\underline{\tau}(\underline{\sigma}(O)) \cap \overline{\tau}(\overline{\sigma}(O))) = [\underline{\sigma}(\underline{\tau}(\underline{\sigma}(O)) \cap \overline{\tau}(\overline{\sigma}(O))), \overline{\sigma}(\underline{\tau}(\underline{\sigma}(O)) \cap \overline{\tau}(\overline{\sigma}(O)))]$$
$$= [\underline{\sigma}(O), \overline{\sigma}(O)].$$

第二个等式成立源于上、下界导出算子的性质.

以这种方式, 我们可以从一个对象集 $O \subseteq \mathrm{OB}$ 得到一个具有区间集内涵的部分已知概念 $(\underline{\tau}(\underline{\sigma}(O)) \cap \overline{\tau}(\overline{\sigma}(O)), [\underline{\sigma}(O), \overline{\sigma}(O)])$. 类似地, 对于一个属性子集 $A \subseteq \mathrm{AT}$, 我们可以获得一个具有区间集外延的部分已知概念 $([\underline{\tau}(A), \overline{\tau}(A)], \underline{\sigma}(\underline{\tau}(A)) \cap \overline{\sigma}(\overline{\tau}(A)))$. 这两种类型的部分已知形式概念分别是从对象集与属性集导出的. 它们清晰地揭示出概念分析中的两种不同关注点 (中心). 一个关注对象集, 寻找其属性区间集形式的内涵; 另一个关注属性集, 寻求其对象区间集形式的外延.

由定理 8.3 知, $(\underline{\tau}(\underline{\sigma}(O)), \underline{\sigma}(O))$ 是 $\mathbb{K}_*$ 中的形式概念, $(\overline{\tau}(\overline{\sigma}(O)), \overline{\sigma}(O))$ 是 $\mathbb{K}^*$ 中的形式概念. 这个构造过程提供了另一种定义部分已知概念的方法, 详见以下定理.

定理 8.6　设 O 是对象集, $[A_*, A^*]$ 是属性区间集, 则二元对 $(O, [A_*, A^*])$ 是一个部分已知 SE-ISI 形式概念当且仅当以下条件成立:

(1) $O = \underline{\tau}(A_*) \cap \overline{\tau}(A^*)$;

(2) $A_* \subseteq A^*$;

(3) $(\underline{\tau}(\underline{\sigma}(O)), A_*)$ 是 $\mathbb{K}_* = (\mathrm{OB}, \mathrm{AT}, \boldsymbol{I}_*)$ 中的一个形式概念, 即 $\sigma_{\mathbb{K}_*}(\underline{\tau}(\underline{\sigma}(O))) = A_*, \tau_{\mathbb{K}_*}(A_*) = \underline{\tau}(\underline{\sigma}(O))$;

(4) $(\overline{\tau}(\overline{\sigma}(O)), A^*)$ 是 $\mathbb{K}^* = (\mathrm{OB}, \mathrm{AT}, \boldsymbol{I}^*)$ 中的一个形式概念, 即 $\sigma_{\mathbb{K}^*}(\overline{\tau}(\overline{\sigma}(O))) = A^*, \tau_{\mathbb{K}^*}(A^*) = \overline{\tau}(\overline{\sigma}(O))$.

类似地, 二元对 $([O_*, O^*], A)$ ($[O_*, O^*]$ 是对象区间集, A 是属性集) 是一个部分已知 ISE-SI 形式概念当且仅当它满足以下条件:

($1'$) $A = \underline{\sigma}(O_*) \cap \overline{\sigma}(O^*)$;

($2'$) $O_* \subseteq O^*$;

($3'$) $(O_*, \underline{\sigma}(\underline{\tau}(A)))$ 是 $\mathbb{K}_* = (\mathrm{OB}, \mathrm{AT}, \boldsymbol{I}_*)$ 中的一个形式概念, 即 $\sigma_{\mathbb{K}_*}(O_*) = \underline{\sigma}(\underline{\tau}(A)), \tau_{\mathbb{K}_*}(\underline{\sigma}(\underline{\tau}(A))) = O_*$;

(4′) $(O^*, \overline{\sigma}(\overline{\tau}(A)))$ 是 $\mathbb{K}^* = (\mathrm{OB}, \mathrm{AT}, \boldsymbol{I}^*)$ 中的一个形式概念, 即 $\sigma_{\mathbb{K}^*}(O^*) = \overline{\sigma}(\overline{\tau}(A))$, $\tau_{\mathbb{K}^*}(\overline{\sigma}(\overline{\tau}(A))) = O^*$.

利用定义 8.8 以及定理 8.3 的结论: $\underline{\sigma} = \sigma_{\mathbb{K}_*}$, $\overline{\sigma} = \sigma_{\mathbb{K}^*}$, $\underline{\tau} = \tau_{\mathbb{K}_*}$, $\overline{\tau} = \tau_{\mathbb{K}^*}$ 容易证明该定理. 利用这个定理, 我们可以用一对 SE-SI 形式概念来分别解释 SE-ISI 形式概念和 ISE-SI 形式概念.

通过把区间集解释为一族集合这种扩展方式, 我们也可以将部分已知 SE-ISI 形式概念 $(O, [\underline{A}, \overline{A}])$ 和部分已知 ISE-SI 形式概念 $([\underline{O}, \overline{O}], A)$ 分别解释为一族由对象集和属性集组成的二元对:

$$
\begin{aligned}
(O, [\underline{A}, \overline{A}]) &= ([O, O], [\underline{A}, \overline{A}]) \\
&= \{(O, A') \mid \underline{A} \subseteq A' \subseteq \overline{A}\} \\
&= \{(O, A') \mid A' \in [\underline{A}, \overline{A}]\}, \\
([\underline{O}, \overline{O}], A) &= ([\underline{O}, \overline{O}], [A, A]) \\
&= \{(O', A) \mid \underline{O} \subseteq O' \subseteq \overline{O}\} \\
&= \{(O', A) \mid O' \in [\underline{O}, \overline{O}]\}.
\end{aligned}
\tag{8.34}
$$

这种解释会产生一个问题: 是否这个集族中的任意一个二元对都是不完备背景的某个完备化背景中的形式概念? 我们将在 8.6 节对这个问题进行详细的讨论.

8.3.3　ISE-ISI 形式的 ill-known 概念

Djouadi 等利用不完备背景的两个特殊完备化 $\mathbb{K}_*$ 与 $\mathbb{K}^*$, 提出了 ill-known 形式概念. 我们把 ill-known 形式概念当作 ISE-ISI 形式的部分已知概念, 给出其基于区间集的解释, 并得到一些更新的结论.

定义 8.10　在不完备形式背景 $\mathbb{IK}$ 中, 如果一对对象集对和属性集对 $((O_*, O^*), (A_*, A^*))$ 满足以下条件:

(1) $O_* \subseteq O^*$, $A_* \subseteq A^*$;

(2) (O_*, A_*) 是 $\mathbb{K}_* = (\mathrm{OB}, \mathrm{AT}, \boldsymbol{I}_*)$ 中的一个形式概念, 即 $\sigma_{\mathbb{K}_*}(O_*) = A_*$, $\tau_{\mathbb{K}_*}(A_*) = O_*$;

(3) (O^*, A^*) 是 $\mathbb{K}^* = (\mathrm{OB}, \mathrm{AT}, \boldsymbol{I}^*)$ 中的一个形式概念, 即 $\sigma_{\mathbb{K}^*}(O^*) = A^*$, $\tau_{\mathbb{K}^*}(A^*) = O^*$;

则它被称为一个 ill-known 形式概念.

该定义的一个突出特点是关于 ill-known 形式概念的构造性解释. 一个 ill-known 形式概念可以由两个形式概念来构造, 一个来自于 $\mathbb{K}_*$, 另一个来自于 $\mathbb{K}^*$. 这两个背景分别是不完备背景的最小完备化和最大完备化. 我们希望如此定义的 ill-known 概念能够有一个基于区间集的解释.

首先, 我们将由式 (8.30) 给出的定义在集合上的那对模态形式导出算子扩展到区间集上的算子.

考虑一个对象区间集 $[\underline{O}, \overline{O}]$. 对于一个对象集 $O \in [\underline{O}, \overline{O}]$, 即 $\underline{O} \subseteq O \subseteq \overline{O}$, 根据式 (8.30), 对 O 应用算子 $[\underline{\sigma}, \overline{\sigma}]$, 产生一个属性区间集 $[\underline{\sigma}(O), \overline{\sigma}(O)]$. 由对象区间集 $[\underline{O}, \overline{O}]$ 给出的对象集族, 我们可以得到一族属性区间集 $\{[\underline{\sigma}(O), \overline{\sigma}(O)] \mid O \in [\underline{O}, \overline{O}]\}$. 为了将 $[\underline{\sigma}, \overline{\sigma}]$ 扩展为能将对象区间集映射为属性区间集的算子, 一个可行的办法是把集族 $\{[\underline{\sigma}(O), \overline{\sigma}(O)] \mid O \in [\underline{O}, \overline{O}]\}$ 转换为一个属性区间集. 而区间集的集族上的标准集合交运算能产生区间集或者是空集, 这有助于我们实现此目的.

由 $\underline{\sigma}$ 与 $\overline{\sigma}$ 的性质可知

$$\underline{\sigma}(O) \subseteq \underline{\sigma}(\underline{O}), \quad \overline{\sigma}(\overline{O}) \subseteq \overline{\sigma}(O). \tag{8.35}$$

即 $\underline{\sigma}(\underline{O})$ 是属性集族 $\{\underline{\sigma}(O) \mid O \in [\underline{O}, \overline{O}]\}$ 的上界, $\overline{\sigma}(\overline{O})$ 是属性集族 $\{\overline{\sigma}(O) \mid O \in [\underline{O}, \overline{O}]\}$ 的下界. 这表明

$$\cap\{[\underline{\sigma}(O), \overline{\sigma}(O)] \mid O \in [\underline{O}, \overline{O}]\} = [\underline{\sigma}(\underline{O}), \overline{\sigma}(\overline{O})]. \tag{8.36}$$

其中, 当 $\overline{\sigma}(\overline{O}) \subset \underline{\sigma}(\underline{O})$ 时, $[\underline{\sigma}(\underline{O}), \overline{\sigma}(\overline{O})]$ 是空集 $\varnothing$. 类似地, 有

$$\cap\{[\underline{\tau}(A), \overline{\tau}(A)] \mid A \in [\underline{A}, \overline{A}]\} = [\underline{\tau}(\underline{A}), \overline{\tau}(\overline{A})]. \tag{8.37}$$

基于上述讨论, 我们在区间集上引入算子 $[\underline{\sigma}, \overline{\sigma}]$ 和 $[\underline{\tau}, \overline{\tau}]$.

定义 8.11　设 $[\underline{O}, \overline{O}]$ 为对象区间集, $[\underline{A}, \overline{A}]$ 为属性区间集, 则一对基于区间-集合的算子 $[\underline{\sigma}, \overline{\sigma}] : I(2^{\mathrm{OB}}) \longrightarrow I(2^{\mathrm{AT}}) \cup \{\varnothing\}$ 与 $[\underline{\tau}, \overline{\tau}] : I(2^{\mathrm{AT}}) \longrightarrow I(2^{\mathrm{OB}}) \cup \{\varnothing\}$ 定义为

$$\begin{aligned} [\underline{\sigma}, \overline{\sigma}]([\underline{O}, \overline{O}]) &= [\underline{\sigma}(\underline{O}), \overline{\sigma}(\overline{O})], \\ [\underline{\tau}, \overline{\tau}]([\underline{A}, \overline{A}]) &= [\underline{\tau}(\underline{A}), \overline{\tau}(\overline{A})]. \end{aligned} \tag{8.38}$$

其中, 当 $\overline{\sigma}(\overline{O}) \subset \underline{\sigma}(\underline{O})$ 时, $[\underline{\sigma}(\underline{O}), \overline{\sigma}(\overline{O})] = \varnothing$; 当 $\overline{\tau}(\overline{A}) \subset \underline{\tau}(\underline{A})$ 时, $[\underline{\tau}(\underline{A}), \overline{\tau}(\overline{A})] = \varnothing$.

在这个定义当中, 下界导出算子被用于区间集的下界, 上界导出算子被用于上界. 利用这些算子, 我们引入一种新型的部分已知形式概念, 它具有区间集外延与区间集内涵.

定义 8.12　在不完备形式背景 $\mathbb{IK}$ 中, 如果一对对象区间集和属性区间集 $([\underline{O}, \overline{O}], [\underline{A}, \overline{A}])$ 满足条件:

$$[\underline{\sigma}, \overline{\sigma}]([\underline{O}, \overline{O}]) = [\underline{A}, \overline{A}], \quad [\underline{\tau}, \overline{\tau}]([\underline{A}, \overline{A}]) = [\underline{O}, \overline{O}], \tag{8.39}$$

则它被称为具有区间集外延与区间集内涵的部分已知形式概念, 简称为部分已知ISE-ISI 形式概念.

现在, 我们给出 ill-known 形式概念定义的等价描述. 考虑一个 ill-known 形式概念 $((O_*, O^*), (A_*, A^*))$. 从定义 8.10 的条件 (2) 与 (3) 可知

$$\sigma_{\mathbb{K}_*}(O_*) = A_*, \quad \tau_{\mathbb{K}_*}(A_*) = O_*,$$
$$\sigma_{\mathbb{K}^*}(O^*) = A^*, \quad \tau_{\mathbb{K}^*}(A^*) = O^*. \tag{8.40}$$

根据定理 8.3, 我们有 $\underline{\sigma} = \sigma_{\mathbb{K}_*}$, $\underline{\tau} = \tau_{\mathbb{K}_*}$, $\overline{\sigma} = \sigma_{\mathbb{K}^*}$, 以及 $\overline{\tau} = \tau_{\mathbb{K}^*}$. 这表明:

$$\underline{\sigma}(O_*) = A_*, \quad \underline{\tau}(A_*) = O_*,$$
$$\overline{\sigma}(O^*) = A^*, \quad \overline{\tau}(A^*) = O^*. \tag{8.41}$$

从定义 8.10 的条件 (1) 可以知道 $O_* \subseteq O^*$, $A_* \subseteq A^*$. 因此, 可以分别形成一个对象区间集 $[O_*, O^*]$ 和一个属性区间集 $[A_*, A^*]$. 结合这些结果, 我们得到

$$[\underline{\sigma}, \overline{\sigma}]([O_*, O^*]) = [A_*, A^*], \quad [\underline{\tau}, \overline{\tau}]([A_*, A^*]) = [O_*, O^*]. \tag{8.42}$$

即一个 ill-known 形式概念 $((O_*, O^*), (A_*, A^*))$ 对应着一个部分已知 ISE-ISI 形式概念 $([O_*, O^*], [A_*, A^*])$. 相反地, 我们可以轻易地证明, 一个部分已知 ISE-ISI 形式概念 $([\underline{O}, \overline{O}], [\underline{A}, \overline{A}])$ 对应于一个 ill-known 形式概念 $((\underline{O}, \overline{O}), (\underline{A}, \overline{A}))$.

我们可以从一个对象集和一个属性集产生一个部分已知 ISE-ISI 概念, 不过这个构造过程稍微有点复杂.

考虑一个对象集 $O \subseteq \mathrm{OB}$. 基于 $(\underline{\sigma}, \underline{\tau})$ 是完备化 $\mathbb{K}_*$ 的一对导出算子这一事实, 我们可以从 $\mathbb{K}_*$ 得到形式概念 $(\underline{\tau}(\underline{\sigma}(O)), \underline{\sigma}(O))$. 对于对象集 $\underline{\tau}(\underline{\sigma}(O))$, 利用 $(\overline{\sigma}, \overline{\tau})$ 是完备化 $\mathbb{K}^*$ 上的一对导出算子这一事实, 我们可以从 $\mathbb{K}^*$ 得到形式概念 $(\overline{\tau}(\overline{\sigma}(\underline{\tau}(\underline{\sigma}(O)))), \overline{\sigma}(\underline{\tau}(\underline{\sigma}(O))))$. 利用导出算子的性质, 我们可以推断出:

$$\underline{\tau}(\underline{\sigma}(O)) \subseteq \overline{\tau}(\overline{\sigma}(\underline{\tau}(\underline{\sigma}(O)))),$$
$$\underline{\sigma}(O) = \underline{\sigma}(\underline{\tau}(\underline{\sigma}(O))) \subseteq \overline{\sigma}(\underline{\tau}(\underline{\sigma}(O))).$$

所以, 我们可以导出一个部分已知 ISE-ISI 形式概念:

$$([\underline{\tau}(\underline{\sigma}(O)), \overline{\tau}(\overline{\sigma}(\underline{\tau}(\underline{\sigma}(O))))], [\underline{\sigma}(O), \overline{\sigma}(\underline{\tau}(\underline{\sigma}(O)))]).$$

类似地, 从属性集 $A \subseteq \mathrm{AT}$, 我们可以导出一个部分已知 ISE-ISI 形式概念:

$$([\underline{\tau}(A), \overline{\tau}(\underline{\sigma}(\underline{\tau}(A)))], [\underline{\sigma}(\underline{\tau}(A)), \overline{\sigma}(\overline{\tau}(\underline{\sigma}(\underline{\tau}(A))))]).$$

这个导出过程为部分已知概念提供了一种构造性理解.

例 8.7　针对例 8.5 所示的不完备形式背景表 8.6, 我们用以上方法得到其形式为ISE-ISI的部分已知概念, 其概念格如图 8.8 所示.

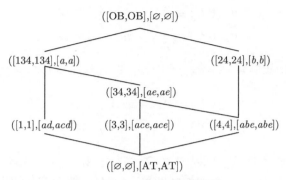

图 8.8　ISE-ISI形成的概念格

一个部分已知概念 $([\underline{O}, \overline{O}], [\underline{A}, \overline{A}])$ 的对象区间集 $[\underline{O}, \overline{O}]$ 是一个对象集的集族, 即 $[\underline{O}, \overline{O}] = \{O \mid \underline{O} \subseteq O \subseteq \overline{O}\}$. 根据定义 8.11 给出的基于区间集的算子, 我们来检验这些对象集共同的性质.

对于对象集 $O \in [\underline{O}, \overline{O}]$, 我们可以从定理 8.3 推断出

$$\underline{\sigma}(O) \subseteq \underline{\sigma}(\underline{O}) = \underline{A}, \quad \overline{A} = \overline{\sigma}(\overline{O}) \subseteq \overline{\sigma}(O). \tag{8.43}$$

最后产生的属性区间集 $[\underline{\sigma}(O), \overline{\sigma}(O)]$ 的信息量减少了, 即 $[\underline{A}, \overline{A}] \subseteq [\underline{\sigma}(O), \overline{\sigma}(O)]$. 利用 $[\underline{O}, \overline{O}]$ 里所有对象集的属性区间集的标准集合交运算, 我们可以得到属性区间集 $[\underline{A}, \overline{A}]$, 代表着这个概念的内涵的最多信息量区间集描述. 类似地, 对象区间集 $[\underline{O}, \overline{O}]$ 代表着这个概念的外延的最多信息量区间集描述, 是 $[\underline{A}, \overline{A}]$ 中所有属性集的对象区间集的标准集合交运算. 这些结论在以下定理中明确给出.

定理 8.7　对于一个 ISE-ISI 形式的部分已知概念 $([\underline{O}, \overline{O}], [\underline{A}, \overline{A}])$, 我们有

$$[\underline{A}, \overline{A}] = \cap\{[\underline{\sigma}(O), \overline{\sigma}(O)] \mid O \in [\underline{O}, \overline{O}]\},$$
$$[\underline{O}, \overline{O}] = \cap\{[\underline{\tau}(A), \overline{\tau}(A)] \mid A \in [\underline{A}, \overline{A}]\}. \tag{8.44}$$

该定理给出了从区间集是一族集合的角度来表示和解释区间–集合外延与区间–集合内涵之间关系的另一种方法. 此处, 标准集合交运算的使用表明, 可以用一族区间集形成部分已知概念.

通过把区间集扩展为一个集族这样的解释, 我们可以把一对区间集解释为一对集合的集族, 即

$$([\underline{O},\overline{O}],[\underline{A},\overline{A}]) = \{(O,A) \mid O \in [\underline{O},\overline{O}], A \in [\underline{A},\overline{A}]\}. \tag{8.45}$$

与另外两种类型 (部分已知 SE-ISI 形式概念和部分已知 ISE-SI 形式概念) 相比, 部分已知 ISE-ISI 形式概念实际上是从不完备背景的一族完备化获得的一族形式概念. 这种新的部分已知概念的意义在于, 能够使得将区间集解释为一族集合与将不完备背景解释为一族完备形式背景这两个解释一致起来.

8.4　部分已知概念的结构

在 8.3 节中给出了三种部分已知概念的定义, 并且将 Djouadi 等提出的 ill-known 形式概念和李金海等提出的近似概念统一在了部分已知概念的框架下. 本节将基于 8.3 节的研究, 进一步给出三种部分已知概念的结构.

首先, 我们给出部分已知概念上的偏序关系如下.

定义 8.13　设 $\mathbb{IK} = (\mathrm{OB}, \mathrm{AT}, \{+, -, ?\}, J)$ 为一个不完备形式背景.

(1) 设 $(O_1, [\underline{A_1}, \overline{A_1}])$ 和 $(O_2, [\underline{A_2}, \overline{A_2}])$ 为两个 SE-ISI 概念. 如果 $O_1 \subseteq O_2$ (或 $[\underline{A_2}, \overline{A_2}] \preccurlyeq [\underline{A_1}, \overline{A_1}]$) 成立, 那么我们称 $(O_1, [\underline{A_1}, \overline{A_1}])$ 为 $(O_2, [\underline{A_2}, \overline{A_2}])$ 的亚概念, 或等价地称 $(O_2, [\underline{A_2}, \overline{A_2}])$ 为 $(O_1, [\underline{A_1}, \overline{A_1}])$ 的超概念. 我们记这种偏序关系为 $(O_1, [\underline{A_1}, \overline{A_1}]) \preccurlyeq_{\mathrm{SE\text{-}ISI}} (O_2, [\underline{A_2}, \overline{A_2}])$.

(2) 设 $([\underline{O_1}, \overline{O_1}], A_1)$ 和 $([\underline{O_2}, \overline{O_2}], A_2)$ 为两个 ISE-SI 概念. 如果 $A_2 \subseteq A_1$ (或 $[\underline{O_1}, \overline{O_1}] \preccurlyeq [\underline{O_2}, \overline{O_2}]$) 成立, 那么我们称 $([\underline{O_1}, \overline{O_1}], A_1)$ 为 $([\underline{O_2}, \overline{O_2}], A_2)$ 的亚概念, 或等价地称 $([\underline{O_2}, \overline{O_2}], A_2)$ 为 $([\underline{O_1}, \overline{O_1}], A_1)$ 的超概念. 我们记这种偏序关系为 $([\underline{O_1}, \overline{O_1}], A_1) \preccurlyeq_{\mathrm{ISE\text{-}SI}} ([\underline{O_2}, \overline{O_2}], A_2)$.

(3) 设 $([\underline{O_1}, \overline{O_1}], [\underline{A_1}, \overline{A_1}])$ 和 $([\underline{O_2}, \overline{O_2}], [\underline{A_2}, \overline{A_2}])$ 为两个 ISE-ISI 概念. 如果 $[\underline{O_1}, \overline{O_1}] \preccurlyeq [\underline{O_2}, \overline{O_2}]$ (或 $[\underline{A_2}, \overline{A_2}] \preccurlyeq [\underline{A_1}, \overline{A_1}]$) 成立, 那么我们称 $([\underline{O_1}, \overline{O_1}], [\underline{A_1}, \overline{A_1}])$ 为 $([\underline{O_2}, \overline{O_2}], [\underline{A_2}, \overline{A_2}])$ 的亚概念, 或等价地称 $([\underline{O_2}, \overline{O_2}], [\underline{A_2}, \overline{A_2}])$ 为 $([\underline{O_1}, \overline{O_1}], [\underline{A_1}, \overline{A_1}])$ 的超概念. 我们记这种偏序关系为 $([\underline{O_1}, \overline{O_1}], [\underline{A_1}, \overline{A_1}]) \preccurlyeq_{\mathrm{ISE\text{-}ISI}} ([\underline{O_2}, \overline{O_2}], [\underline{A_2}, \overline{A_2}])$.

不完备形式背景 $\mathbb{IK} = (\mathrm{OB}, \mathrm{AT}, \{+, -, ?\}, J)$ 上所有的 SE-ISI 形式概念、ISE-SI 形式概念和 ISE-ISI 形式概念与其上的偏序关系 $\preccurlyeq_{\mathrm{SE\text{-}ISI}}$、$\preccurlyeq_{\mathrm{ISE\text{-}SI}}$ 和 $\preccurlyeq_{\mathrm{ISE\text{-}ISI}}$ 分别形成三个偏序集 $L_{\mathrm{SE\text{-}ISI}}(\mathbb{IK})$、$L_{\mathrm{ISE\text{-}SI}}(\mathbb{IK})$ 和 $L_{\mathrm{ISE\text{-}ISI}}(\mathbb{IK})$. 下面我们证明这三个偏序集分别为三个完备格.

定理 8.8　设 $\mathbb{IK} = (\mathrm{OB}, \mathrm{AT}, \{+, -, ?\}, J)$ 为一个不完备形式背景.

(1) 背景 $\mathbb{IK}$ 上的所有 SE-ISI 形式概念形成的偏序集 $L_{\mathrm{SE\text{-}ISI}}(\mathbb{IK})$ 是一个完备格. 其中, 下确界和上确界分别定义为

$$(O_1, [\underline{A_1}, \overline{A_1}]) \wedge (O_2, [\underline{A_2}, \overline{A_2}]) = (O_1 \cap O_2, [\underline{\sigma}, \overline{\sigma}](\langle \underline{\tau}, \overline{\tau} \rangle ([\underline{A_1}, \overline{A_1}] \sqcup [\underline{A_2}, \overline{A_2}]))),$$

$$(O_1, [\underline{A_1}, \overline{A_1}]) \vee (O_2, [\underline{A_2}, \overline{A_2}]) = (\langle \underline{\tau}, \overline{\tau} \rangle ([\underline{\sigma}, \overline{\sigma}](O_1 \cup O_2)), [\underline{A_1}, \overline{A_1}] \sqcap [\underline{A_2}, \overline{A_2}]).$$

(2) 背景 $\mathbb{IK}$ 上的所有 ISE-SI 形式概念形成的偏序集 $L_{\text{ISE-SI}}(\mathbb{IK})$ 是一个完备格. 其中, 下确界和上确界分别定义为

$$([\underline{O_1}, \overline{O_1}], A_1) \wedge ([\underline{O_2}, \overline{O_2}], A_2) = ([\underline{O_1}, \overline{O_1}] \sqcap [\underline{O_2}, \overline{O_2}], \langle \underline{\sigma}, \overline{\sigma} \rangle ([\underline{\tau}, \overline{\tau}](A_1 \cup A_2))),$$

$$([\underline{O_1}, \overline{O_1}], A_1) \vee ([\underline{O_2}, \overline{O_2}], A_2) = ([\underline{\tau}, \overline{\tau}](\langle \underline{\sigma}, \overline{\sigma} \rangle ([\underline{O_1}, \overline{O_1}] \sqcup [\underline{O_2}, \overline{O_2}])), A_1 \cap A_2).$$

(3) 背景 $\mathbb{IK}$ 上的所有 ISE-ISI 形式概念形成的偏序集 $L_{\text{ISE-ISI}}(\mathbb{IK})$ 是一个完备格. 其中, 下确界和上确界分别定义为

$$([\underline{O_1}, \overline{O_1}], [\underline{A_1}, \overline{A_1}]) \wedge ([\underline{O_2}, \overline{O_2}], [\underline{A_2}, \overline{A_2}])$$

$$= ([\underline{O_1}, \overline{O_1}] \sqcap [\underline{O_2}, \overline{O_2}], [\underline{\sigma}, \overline{\sigma}]([\underline{\tau}, \overline{\tau}]([\underline{A_1}, \overline{A_1}] \sqcup [\underline{A_2}, \overline{A_2}]))),$$

$$([\underline{O_1}, \overline{O_1}], [\underline{A_1}, \overline{A_1}]) \vee ([\underline{O_2}, \overline{O_2}], [\underline{A_2}, \overline{A_2}])$$

$$= ([\underline{\tau}, \overline{\tau}]([\underline{\sigma}, \overline{\sigma}]([\underline{O_1}, \overline{O_1}] \sqcup [\underline{O_2}, \overline{O_2}])), [\underline{A_1}, \overline{A_1}] \sqcap [\underline{A_2}, \overline{A_2}]).$$

证明　(1) 我们只证明有关下确界的部分, 有关上确界的部分可以对偶得到. 下面我们证明 $(O_1, [\underline{A_1}, \overline{A_1}]) \wedge (O_2, [\underline{A_2}, \overline{A_2}]) = (O_1 \cap O_2, [\underline{\sigma}, \overline{\sigma}](\langle \underline{\tau}, \overline{\tau} \rangle ([\underline{A_1}, \overline{A_1}] \sqcup [\underline{A_2}, \overline{A_2}])))$.

首先, 我们证明 $(O_1 \cap O_2, [\underline{\sigma}, \overline{\sigma}](\langle \underline{\tau}, \overline{\tau} \rangle ([\underline{A_1}, \overline{A_1}] \sqcup [\underline{A_2}, \overline{A_2}])))$ 是 SE-ISI 形式概念. 由定理 8.5 中的性质 (8) 可得, $\langle \underline{\tau}, \overline{\tau} \rangle ([\underline{A_1}, \overline{A_1}] \sqcup [\underline{A_2}, \overline{A_2}]) = \langle \underline{\tau}, \overline{\tau} \rangle ([\underline{A_1}, \overline{A_1}]) \cap \langle \underline{\tau}, \overline{\tau} \rangle ([\underline{A_2}, \overline{A_2}])$. 因为 $(O_1, [\underline{A_1}, \overline{A_1}])$ 和 $(O_2, [\underline{A_2}, \overline{A_2}])$ 为 SE-ISI 形式概念, 所以 $\langle \underline{\tau}, \overline{\tau} \rangle ([\underline{A_1}, \overline{A_1}]) = O_1$ 和 $\langle \underline{\tau}, \overline{\tau} \rangle ([\underline{A_2}, \overline{A_2}]) = O_2$. 因此 $\langle \underline{\tau}, \overline{\tau} \rangle ([\underline{A_1}, \overline{A_1}]) \cap \langle \underline{\tau}, \overline{\tau} \rangle ([\underline{A_2}, \overline{A_2}]) = O_1 \cap O_2$. 所以, 我们可以得到 $[\underline{\sigma}, \overline{\sigma}](O_1 \cap O_2) = [\underline{\sigma}, \overline{\sigma}](\langle \underline{\tau}, \overline{\tau} \rangle ([\underline{A_1}, \overline{A_1}] \sqcup [\underline{A_2}, \overline{A_2}]))$. 又由定理 8.5 中的性质 (6) 可得, $\langle \underline{\tau}, \overline{\tau} \rangle ([\underline{\sigma}, \overline{\sigma}](\langle \underline{\tau}, \overline{\tau} \rangle ([\underline{A_1}, \overline{A_1}] \sqcup [\underline{A_2}, \overline{A_2}]))) = \langle \underline{\tau}, \overline{\tau} \rangle ([\underline{A_1}, \overline{A_1}] \sqcup [\underline{A_2}, \overline{A_2}])$. 由定理 8.5 中的性质 (8) 可知 $\langle \underline{\tau}, \overline{\tau} \rangle ([\underline{A_1}, \overline{A_1}] \sqcup [\underline{A_2}, \overline{A_2}]) = \langle \underline{\tau}, \overline{\tau} \rangle ([\underline{A_1}, \overline{A_1}]) \cap \langle \underline{\tau}, \overline{\tau} \rangle ([\underline{A_2}, \overline{A_2}])$. 又因为 $(O_1, [\underline{A_1}, \overline{A_1}])$ 和 $(O_2, [\underline{A_2}, \overline{A_2}])$ 是 SE-ISI 形式概念, 所以有 $\langle \underline{\tau}, \overline{\tau} \rangle ([\underline{A_1}, \overline{A_1}]) = O_1$ 和 $\langle \underline{\tau}, \overline{\tau} \rangle ([\underline{A_2}, \overline{A_2}]) = O_2$. 进而有 $\langle \underline{\tau}, \overline{\tau} \rangle ([\underline{A_1}, \overline{A_1}]) \cap \langle \underline{\tau}, \overline{\tau} \rangle ([\underline{A_2}, \overline{A_2}]) = O_1 \cap O_2$. 所以, 可得 $\langle \underline{\tau}, \overline{\tau} \rangle ([\underline{\sigma}, \overline{\sigma}](\langle \underline{\tau}, \overline{\tau} \rangle ([\underline{A_1}, \overline{A_1}] \sqcup [\underline{A_2}, \overline{A_2}]))) = O_1 \cap O_2$.

然后, 我们证明 $(O_1 \cap O_2, [\underline{\sigma}, \overline{\sigma}](\langle \underline{\tau}, \overline{\tau} \rangle ([\underline{A_1}, \overline{A_1}] \sqcup [\underline{A_2}, \overline{A_2}])))$ 是 SE-ISI 形式概念 $(O_1, [\underline{A_1}, \overline{A_1}])$ 与 $(O_2, [\underline{A_2}, \overline{A_2}])$ 的下确界. 因为 $O_1 \cap O_2 \subseteq O_1$ 且 $O_1 \cap O_2 \subseteq O_2$, 所以有 $(O_1 \cap O_2, [\underline{\sigma}, \overline{\sigma}](\langle \underline{\tau}, \overline{\tau} \rangle ([\underline{A_1}, \overline{A_1}] \sqcup [\underline{A_2}, \overline{A_2}]))) \preccurlyeq_{\text{SE-ISI}} (O_1, [\underline{A_1}, \overline{A_1}])$ 和 $(O_1 \cap O_2, [\underline{\sigma}, \overline{\sigma}](\langle \underline{\tau}, \overline{\tau} \rangle ([\underline{A_1}, \overline{A_1}] \sqcup [\underline{A_2}, \overline{A_2}]))) \preccurlyeq_{\text{SE-ISI}} (O_2, [\underline{A_2}, \overline{A_2}])$ 成立. 因此 $(O_1 \cap O_2, [\underline{\sigma}, \overline{\sigma}](\langle \underline{\tau}, \overline{\tau} \rangle ([\underline{A_1}, \overline{A_1}] \sqcup [\underline{A_2}, \overline{A_2}])))$ 是 SE-ISI 形式概念 $(O_1, [\underline{A_1}, \overline{A_1}])$ 与 $(O_2, [\underline{A_2}, \overline{A_2}])$ 的下确界. 如果存在任何的 SE-ISI 形式概念 $(O_i, [\underline{A_i}, \overline{A_i}])$ 是 $(O_1, [\underline{A_1}, \overline{A_1}])$ 与 $(O_2, [\underline{A_2},$

$\overline{A_2}]$) 的下确界, 那么不等式 $(O_i, [\underline{A_i}, \overline{A_i}]) \preccurlyeq_{\text{SE-ISI}} (O_1, [\underline{A_1}, \overline{A_1}])$ 和 $(O_i, [\underline{A_i}, \overline{A_i}]) \preccurlyeq_{\text{SE-ISI}}$ $(O_2, [\underline{A_2}, \overline{A_2}])$ 成立. 所以 $O_i \subseteq O_1$ 和 $O_i \subseteq O_2$ 成立. 因此 $O_i \subseteq O_1 \cap O_2$. 即 $(O_i, [\underline{A_i}, \overline{A_i}]) \preccurlyeq_{\text{SE-ISI}} (O_1 \cap O_2, [\underline{\sigma}, \overline{\sigma}](\langle \underline{\tau}, \overline{\tau} \rangle([\underline{A_1}, \overline{A_1}] \sqcup [\underline{A_2}, \overline{A_2}])))$. 所以, $(O_1 \cap O_2, [\underline{\sigma}, \overline{\sigma}](\langle \underline{\tau}, \overline{\tau} \rangle([\underline{A_1}, \overline{A_1}] \sqcup [\underline{A_2}, \overline{A_2}])))$ 为 SE-ISI 形式概念 $(O_1, [\underline{A_1}, \overline{A_1}])$ 与 $(O_2, [\underline{A_2}, \overline{A_2}])$ 的下确界.

(2) 因为 ISE-SI 形式概念与 SE-ISI 形式概念是对偶的. (2) 中的结论可以对偶地从 (1) 的证明中得到.

(3) 我们只证明有关下确界的部分, 有关上确界的部分可以对偶得到. 首先, 我们证明 $([\underline{O_1}, \overline{O_1}] \sqcap [\underline{O_2}, \overline{O_2}], [\underline{\sigma}, \overline{\sigma}]([\underline{\tau}, \overline{\tau}]([\underline{A_1}, \overline{A_1}] \sqcup [\underline{A_2}, \overline{A_2}])))$ 是一个 ISE-ISI 形式概念. 因为 $([\underline{O_1}, \overline{O_1}], [\underline{A_1}, \overline{A_1}])$ 与 $([\underline{O_2}, \overline{O_2}], [\underline{A_2}, \overline{A_2}])$ 为 ISE-ISI 形式概念, 易得 $(\underline{O_1}, \underline{A_1})$ 与 $(\underline{O_2}, \underline{A_2})$ 是最小完备化 $\mathbb{K}_*$ 中的形式概念, 所以根据完备形式背景中两个形式概念的下确界的定义可知 $(\underline{O_1} \cap \underline{O_2}, \underline{\sigma}(\underline{\tau}(\underline{A_1} \cup \underline{A_2})))$ 是形式概念 $(\underline{O_1}, \underline{A_1})$ 与 $(\underline{O_2}, \underline{A_2})$ 的下确界. 所以 $(\underline{O_1} \cap \underline{O_2}, \underline{\sigma}(\underline{\tau}(\underline{A_1} \cup \underline{A_2})))$ 是最小完备化 $\mathbb{K}_*$ 中的形式概念. 类似地, 因为 $([\underline{O_1}, \overline{O_1}], [\underline{A_1}, \overline{A_1}])$ 与 $([\underline{O_2}, \overline{O_2}], [\underline{A_2}, \overline{A_2}])$ 是 ISE-ISI 形式概念, 易知 $(\overline{O_1}, \overline{A_1})$ 与 $(\overline{O_2}, \overline{A_2})$ 是最大完备化 $\mathbb{K}^*$ 上的形式概念, 所以根据完备背景上两个概念的下确界的定义可得 $(\overline{O_1} \cap \overline{X_2}, \overline{\sigma}(\overline{\tau}(\overline{A_1} \cup \overline{A_2})))$ 是形式概念 $(\overline{O_1}, \overline{A_1})$ 与 $(\overline{O_2}, \overline{A_2})$ 的下确界. 从而可知 $(\overline{O_1} \cap \overline{O_2}, \overline{\sigma}(\overline{\tau}(\overline{A_1} \cup \overline{A_2})))$ 是背景 $\mathbb{K}^*$ 上的形式概念. 而且, 由 $\underline{O_1} \subseteq \overline{O_1}$ 且 $\underline{O_2} \subseteq \overline{O_2}$, 可得 $\underline{O_1} \cap \underline{O_2} \subseteq \overline{O_1} \cap \overline{O_2}$. 因此, $([\underline{O_1} \cap \underline{O_2}, \overline{O_1} \cap \overline{O_2}], [\underline{\sigma}(\underline{\tau}(\underline{A_1} \cup \underline{A_2})), \overline{\sigma}(\overline{\tau}(\overline{A_1} \cup \overline{A_2}))])$ 为一个 ISE-ISI 形式概念. 即 $([\underline{O_1}, \overline{O_1}] \sqcap [\underline{O_2}, \overline{O_2}], [\underline{\sigma}, \overline{\sigma}]([\underline{\tau}, \overline{\tau}]([\underline{A_1}, \overline{A_1}] \sqcup [\underline{A_2}, \overline{A_2}])))$ 为一个 ISE-ISI 形式概念.

然后, 我们证明 $([\underline{O_1}, \overline{O_1}] \sqcap [\underline{O_2}, \overline{O_2}], [\underline{\sigma}, \overline{\sigma}]([\underline{\tau}, \overline{\tau}]([\underline{A_1}, \overline{A_1}] \sqcup [\underline{A_2}, \overline{A_2}])))$ 是 ISE-ISI 形式概念 $([\underline{O_1}, \overline{O_1}], [\underline{A_1}, \overline{A_1}])$ 与 $([\underline{O_2}, \overline{O_2}], [\underline{A_2}, \overline{A_2}])$ 的下确界. 因为公式 $[\underline{O_1}, \overline{O_1}] \sqcap [\underline{O_2}, \overline{O_2}] \preccurlyeq [\underline{O_1}, \overline{O_1}]$ 与 $[\underline{O_1}, \overline{O_1}] \sqcap [\underline{O_2}, \overline{O_2}] \preccurlyeq [\underline{O_2}, \overline{O_2}]$ 成立, 显然有 $([\underline{O_1}, \overline{O_1}] \sqcap [\underline{O_2}, \overline{O_2}], [\underline{\sigma}, \overline{\sigma}]([\underline{\tau}, \overline{\tau}]([\underline{A_1}, \overline{A_1}] \sqcup [\underline{A_2}, \overline{A_2}])))$ 为 ISE-ISI 形式概念 $([\underline{O_1}, \overline{O_1}], [\underline{A_1}, \overline{A_1}])$ 与 $([\underline{O_2}, \overline{O_2}], [\underline{A_2}, \overline{A_2}])$ 的下确界. 如果存在任意的 ISE-ISI 形式概念 $([\underline{O_i}, \overline{O_i}], [\underline{A_i}, \overline{A_i}])$ 为 ISE-ISI 形式概念 $([\underline{O_1}, \overline{O_1}], [\underline{A_1}, \overline{A_1}])$ 与 $([\underline{O_2}, \overline{O_2}], [\underline{A_2}, \overline{A_2}])$ 的下确界, 那么公式 $[\underline{O_i}, \overline{O_i}] \preccurlyeq [\underline{O_1}, \overline{O_1}]$ 与 $[\underline{O_i}, \overline{O_i}] \preccurlyeq [\underline{O_2}, \overline{O_2}]$ 成立. 所以有 $[\underline{O_i}, \overline{O_i}] \preccurlyeq [\underline{O_1}, \overline{O_1}] \sqcap [\underline{O_2}, \overline{O_2}]$. 即 $([\underline{O_i}, \overline{O_i}], [\underline{A_i}, \overline{A_i}]) \preccurlyeq_{\text{ISE-ISI}} ([\underline{O_1}, \overline{O_1}] \sqcap [\underline{O_2}, \overline{O_2}], [\underline{\sigma}, \overline{\sigma}]([\underline{\tau}, \overline{\tau}]([\underline{A_1}, \overline{A_1}] \sqcup [\underline{A_2}, \overline{A_2}])))$. 因此 $([\underline{O_1}, \overline{O_1}] \sqcap [\underline{O_2}, \overline{O_2}], [\underline{\sigma}, \overline{\sigma}]([\underline{\tau}, \overline{\tau}]([\underline{A_1}, \overline{A_1}] \sqcup [\underline{A_2}, \overline{A_2}])))$ 为 ISE-ISI 形式概念 $([\underline{O_1}, \overline{O_1}], [\underline{A_1}, \overline{A_1}])$ 与 $([\underline{O_2}, \overline{O_2}], [\underline{A_2}, \overline{A_2}])$ 的下确界. $\square$

例 8.8 表 8.9 为一个不完备形式背景 $\mathbb{IK} = (\text{OB}, \text{AT}, \{+, -, ?\}, J)$. 其中, 对象集为 $\text{OB} = \{1, 2, 3, 4, 5, 6\}$, 属性集为 $\text{AT} = \{a, b, c, d, e\}$. 背景 $\mathbb{IK}$ 的 ISE-ISI 概念格、SE-ISI 概念格以及 ISE-SI 概念格分别如图 8.9 ~ 图 8.11 所示.

表 8.9　不完备形式背景 $\mathbb{IK} = (\mathbf{OB}, \mathbf{AT}, \{+, -, ?\}, J)$

OB	a	b	c	d	e
1	+	+	−	?	−
2	+	−	?	+	+
3	+	+	+	?	−
4	?	+	+	+	−
5	+	+	−	−	−
6	+	+	+	+	?

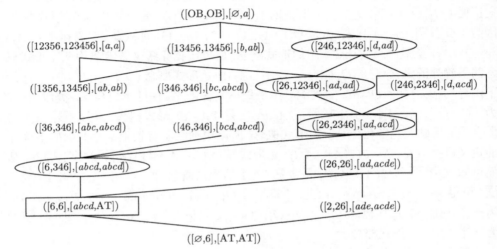

图 8.9　$\mathbb{IK}$ 的 ISE-ISI 概念格 $L_{\text{ISE-ISI}}(\mathbb{IK})$

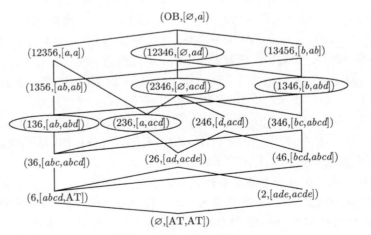

图 8.10　$\mathbb{IK}$ 的 SE-ISI 概念格 $L_{\text{SE-ISI}}(\mathbb{IK})$

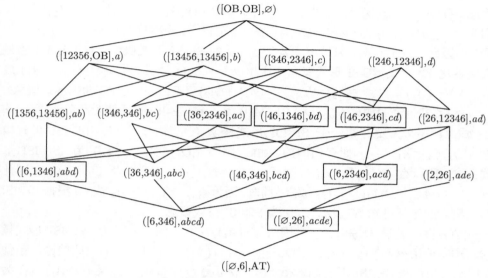

图 8.11 $\mathbb{IK}$ 的 ISE-SI 概念格 $L_{\text{ISE-SI}}(\mathbb{IK})$

8.5 部分已知概念之间的关系

本节主要研究三种部分已知概念之间的关系, 所得的结果能够帮助我们更好地理解部分已知概念.

8.5.1 SE-ISI 形式概念与 ISE-ISI 形式概念

由 SE-ISI 形式概念与 ISE-ISI 形式概念的定义可知 SE-ISI 形式概念的内涵与 ISE-ISI 形式概念的内涵都为属性区间集. 那么我们自然会提出一个问题: 是否任意的 SE-ISI 形式概念的内涵也为 ISE-ISI 形式概念的内涵, 反之, 是否任意的 ISE-ISI 形式概念的内涵也为 SE-ISI 形式概念的内涵? 通过给出反例, 可以说明这个问题的答案是否定的, 但是下面的定理给出了 SE-ISI 形式概念与 ISE-ISI 形式概念具有相同内涵的充要条件.

定理 8.9 设 $\mathbb{IK}$ 为一个不完备形式背景. SE-ISI 形式概念 $(O, [A_1, A_2])$ 与 ISE-ISI 形式概念 $([O_1, O_2], [A_1, A_2])$ 具有相同的内涵的充要条件为 $O = \underline{\tau}(A_1)$ 且 $\overline{\sigma}(O_1) = A_2$.

证明 充分性. 首先, 我们证明对于任意 SE-ISI 形式概念 $(O, [A_1, A_2])$ 在条件 $O = \underline{\tau}(A_1)$ 成立时, 一定存在一个 ISE-ISI 形式概念 $([\underline{\tau}(A_1), \overline{\tau}(A_2)], [A_1, A_2])$ 与 $(O, [A_1, A_2])$ 具有相同的内涵. 假设 $(O, [A_1, A_2])$ 为一个 SE-ISI 形式概念, 可知有 $\underline{\sigma}(O) = A_1, \overline{\sigma}(O) = A_2$ 且 $\underline{\tau}(A_1) \cap \overline{\tau}(A_2) = O$. 所以可得 $O \subseteq \underline{\tau}(A_1)$ 且 $O \subseteq \overline{\tau}(A_2)$.

因此 $\underline{\sigma}(\underline{\tau}(A_1)) \subseteq \underline{\sigma}(O)$ 且 $\overline{\sigma}(\overline{\tau}(A_2)) \subseteq \overline{\sigma}(O)$. 即 $\underline{\sigma}(\underline{\tau}(A_1)) \subseteq A_1$ 且 $\overline{\sigma}(\overline{\tau}(A_2)) \subseteq A_2$. 因为 $A_1 \subseteq \underline{\sigma}(\underline{\tau}(A_1))$ 与 $A_2 \subseteq \overline{\sigma}(\overline{\tau}(A_2))$ 成立, 可得 $A_1 = \underline{\sigma}(\underline{\tau}(A_1))$ 与 $A_2 = \overline{\sigma}(\overline{\tau}(A_2))$ 成立. 因此, $(\underline{\tau}(A_1), A_1)$ 为最小完备化 $\mathbb{K}_*$ 上的 SE-SI 形式概念, $(\overline{\tau}(A_2), A_2)$ 为最大完备化 $\mathbb{K}^*$ 上的 SE-SI 形式概念. 因为 $O = \underline{\tau}(A_1) \cap \overline{\tau}(A_2)$ 且条件 $O = \underline{\tau}(A_1)$ 成立, 易得 $\underline{\tau}(A_1) = O \subseteq \overline{\tau}(A_2)$. 因此, $([\underline{\tau}(A_1), \overline{\tau}(A_2)], [A_1, A_2])$ 为 ISE-ISI 形式概念.

然后, 我们证明如果 $([O_1, O_2], [A_1, A_2])$ 为一个 ISE-ISI 形式概念且条件 $\overline{\sigma}(O_1) = A_2$ 成立, 那么一定存在一个 SE-ISI 形式概念 $(O_1, [A_1, A_2])$ 与 ISE-ISI 形式概念 $([O_1, O_2], [A_1, A_2])$ 拥有相同的内涵. 因为 $([O_1, O_2], [A_1, A_2])$ 为 ISE-ISI 形式概念, 所以有 $\underline{\sigma}(O_1) = A_1$, $\underline{\tau}(A_1) = O_1$, $\overline{\tau}(A_2) = O_2$ 以及 $O_1 \subseteq O_2$. 因此 $\underline{\tau}(A_1) \cap \overline{\tau}(A_2) = O_1 \cap O_2 = O_1$ 成立. 同时, 因为条件 $\overline{\sigma}(O_1) = A_2$ 成立, 根据 SE-ISI 形式概念的定义可知 $(O_1, [A_1, A_2])$ 为 SE-ISI 形式概念.

必要性. 假设 $O \neq \underline{\tau}(A_1)$. 因为 $([\underline{\tau}(A_1), \overline{\tau}(A_2)], [A_1, A_2])$ 为 ISE-ISI 形式概念, 所以可得 $\underline{\tau}(A_1) \subseteq \overline{\tau}(A_2)$. 因此, $\underline{\tau}(A_1) \cap \overline{\tau}(A_2) = \underline{\tau}(A_1) \neq O$. 此结论与条件 $(O, [A_1, A_2])$ 是 SE-ISI 形式概念相矛盾. 故可得 $O = \underline{\tau}(A_1)$. 如果 $(O, [A_1, A_2])$ 为 SE-ISI 形式概念, 由 SE-ISI 形式概念的定义可得 $\overline{\sigma}(O) = A_2$. 因为我们已经证明了 $O = \underline{\tau}(A_1) = O_1$, 所以可得 $\overline{\sigma}(O_1) = A_2$. □

由定理 8.9 可知, 对于任意一个 SE-ISI 形式概念, 如果存在一个 ISE-ISI 形式概念与其拥有相同的内涵当且仅当 SE-ISI 形式概念的外延为对应的 ISE-ISI 形式概念外延的下确界. 换句话说, 就是在最小完备化背景中一定存在一个形式概念, 其外延为 SE-ISI 形式概念的外延, 其内涵为 SE-ISI 形式概念内涵的下确界. 反之, 对于任意一个 ISE-ISI 形式概念, 如果存在一个 SE-ISI 形式概念与其拥有相同的内涵的充分必要条件是此 ISE-ISI 形式概念内涵的上确界为其外延的下确界在最大完备化下的导出对象集.

进一步分析, 我们还可以得到, 对任意的 SE-ISI 形式概念 $(O, [A_1, A_2])$, 如果存在 ISE-ISI 形式概念与其具有相同的内涵, 那么此 ISE-ISI 形式概念唯一且一定为 $([O, O_2], [A_1, A_2])$. 而对于 ISE-ISI 形式概念 $([O, O_2], [A_1, A_2])$, 一定存在唯一的 SE-ISI 形式概念与其具有相同的内涵, 此 SE-ISI 形式概念为 $(O, [A_1, A_2])$. 即具有相同内涵的 SE-ISI 形式概念与 ISE-ISI 形式概念之间是一一对应的.

例 8.9（续例 8.8）　考虑表 8.9 给出的不完备背景上的 SE-ISI 形式概念与 ISE-ISI 形式概念之间的关系.

如图 8.10 所示, 对于每一个圈内的 SE-ISI 形式概念, 因为定理 8.9 中的条件不成立, 所以不存在任何的 ISE-ISI 形式概念与圈内的 SE-ISI 形式概念具有相同的内涵. 具体地, 考虑 SE-ISI 形式概念 $(1346, [b, abd])$, 因为 $\underline{\tau}(\{b\}) = \{1, 3, 4, 5, 6\} \neq \{1, 3, 4, 6\}$, 所以 $([\underline{\tau}(\{b\}), \overline{\tau}(\{a, b, d\})], [b, abd]) = ([13456, 1346], [b, abd])$ 不是一个 ISE-ISI 形式概念. 因此, 不存在任何 ISE-ISI 形式概念以 $[b, abd]$ 为内涵.

反之, 如图 8.9 所示, 对于每一个圈内的 ISE-ISI 形式概念, 因为定理 8.9 中的条件不成立, 所以不存在任何 SE-ISI 形式概念与圈内的 ISE-ISI 形式概念具有相同的内涵. 具体地, 考虑ISE-ISI形式概念 $([246, 12346], [d, ad])$, 因为 $\overline{\sigma}(\{2, 4, 6\}) = \{a, c, d\} \neq \{a, d\}$, 所以 $(246, [d, ad])$ 不是 SE-ISI 形式概念. 因此, 不存在任何 SE-ISI 形式概念以 $[d, ad]$ 为内涵.

虽然所有 SE-ISI 形式概念形成的集合与所有 ISE-ISI 形式概念形成的集合之间不存在一一映射, 但是这两个集合中具有相同内涵的概念之间的对应关系如表 8.10 所示.

表 8.10　$\mathbb{K}$ 上 SE-ISI 形式概念与 ISE-ISI 形式概念之间的对应关系

SE-ISI 形式概念		ISE-ISI 形式概念
$(123456, [\varnothing, a])$	$\Longleftrightarrow$	$([123456, 123456], [\varnothing, a])$
$(12356, [a, a])$	$\Longleftrightarrow$	$([12356, 123456], [a, a])$
$(13456, [b, ab])$	$\Longleftrightarrow$	$([13456, 13456], [b, ab])$
$(1356, [ab, ab])$	$\Longleftrightarrow$	$([1356, 13456], [ab, ab])$
$(246, [d, acd])$	$\Longleftrightarrow$	$([246, 2346], [d, acd])$
$(346, [bc, abcd])$	$\Longleftrightarrow$	$([346, 346], [bc, abcd])$
$(36, [abc, abcd])$	$\Longleftrightarrow$	$([36, 346], [abc, abcd])$
$(26, [ad, acde])$	$\Longleftrightarrow$	$([26, 26], [ad, acde])$
$(46, [bcd, abcd])$	$\Longleftrightarrow$	$([46, 346], [bcd, abcd])$
$(6, [abcd, abcde])$	$\Longleftrightarrow$	$([6, 6], [abcd, abcde])$
$(2, [ade, acde])$	$\Longleftrightarrow$	$([2, 26], [ade, acde])$
$(\varnothing, [abcde, abcde])$	$\Longleftrightarrow$	$([\varnothing, 6], [abcde, abcde])$

8.5.2　ISE-SI 形式概念与 ISE-ISI 形式概念

因为 ISE-SI 形式概念与 SE-ISI 形式概念对偶, 所以由定理 8.9 易得下面的定理.

定理 8.10　设 $\mathbb{K}$ 为一个不完备形式背景. ISE-SI 形式概念 $([O_1, O_2], A)$ 与 ISE-ISI 形式概念 $([O_1, O_2], [A_1, A_2])$ 具有相同的外延的充要条件为 $A = \underline{\sigma}(O_1)$ 且 $\overline{\tau}(A_1) = O_2$.

定理 8.10 表明不是对于任意的 ISE-SI 形式概念, 都存在一个 ISE-ISI 形式概念与其具有相同的外延; 反之, 不是对于任意的 ISE-ISI 形式概念, 都存在一个 ISE-SI 形式概念与其具有相同的外延. 只有当定理 8.10 中的条件满足时, ISE-SI 形式概念与 ISE-ISI 形式概念才具有相同的外延.

例 8.10　(续例 8.8)　考虑表 8.9 给出的不完备背景上的 ISE-SI 形式概念与 ISE-ISI 形式概念之间的关系.

如图 8.11 所示, 对于矩形框中的 ISE-SI 形式概念, 因为定理 8.10 中的条件不成立, 所以不存在任何的 ISE-ISI 形式概念与矩形框中的 ISE-SI 形式概念具有相同的外延. 具体地, 对于 ISE-SI 形式概念 $([346, 2346], c)$, 因为有 $\underline{\sigma}(\{3, 4, 6\}) = \{b, c\} \neq \{c\}$, 所以 $([346, 2346], [bc, acd])$ 不是一个 ISE-ISI 形式概念. 因此, 不存在任何 ISE-ISI 形式概念以 $[346, 2346]$ 为外延.

反过来, 如图 8.9 所示, 对于每一个矩形框中的 ISE-ISI 形式概念, 因为定理 8.10 中的条件不成立, 所以不存在任何 ISE-SI 形式概念与矩形框中的 ISE-ISI 形式概念具有相同的外延. 具体地, 考虑 ISE-ISI 形式概念 $([246, 2346], [d, acd])$, 因为有 $\overline{\tau}(\{d\}) = \{1, 3, 4, 5, 6\} \neq \{2, 3, 4, 6\}$, 所以 $([246, 2346], d)$ 不是一个 ISE-SI 形式概念. 即不存在任何外延为 $[246, 2346]$ 的 ISE-SI 形式概念.

因此, 不完备背景 $\mathbb{IK}$ 上所有 ISE-SI 形式概念形成的集合与所有 ISE-ISI 形式概念形成的集合之间不存在一一映射, 但是这两个集合中具有相同外延的概念之间的对应关系如表 8.11 所示.

表 8.11 $\mathbb{IK}$ 上 ISE-SI 形式概念与 ISE-ISI 形式概念之间的对应关系

ISE-SI 形式概念		ISE-ISI 形式概念
$([123456, 123456], \varnothing)$	$\Longleftrightarrow$	$([123456, 123456], [\varnothing, a])$
$([12356, 123456], a)$	$\Longleftrightarrow$	$([12356, 123456], [a, a])$
$([13456, 13456], b)$	$\Longleftrightarrow$	$([13456, 13456], [b, ab])$
$([246, 12346], d)$	$\Longleftrightarrow$	$([246, 12346], [d, ad])$
$([1356, 13456], ab)$	$\Longleftrightarrow$	$([1356, 13456], [ab, ab])$
$([346, 346], bc)$	$\Longleftrightarrow$	$([346, 346], [bc, abcd])$
$([26, 12346], ad)$	$\Longleftrightarrow$	$([26, 12346], [ad, ad])$
$([36, 346], abc)$	$\Longleftrightarrow$	$([36, 346], [abc, abcd])$
$([46, 346], bcd)$	$\Longleftrightarrow$	$([46, 346], [bcd, abcd])$
$([2, 26], ade)$	$\Longleftrightarrow$	$([2, 26], [ade, acde])$
$([6, 346], abcd)$	$\Longleftrightarrow$	$([6, 346], [abcd, abcd])$
$([\varnothing, 6], abcde)$	$\Longleftrightarrow$	$([\varnothing, 6], [abcde, abcde])$

8.6 部分已知概念与完备化背景上形式概念

部分已知概念是基于不完备形式背景可以用其所有完备化来等价表示这一认识提出的, 所以本节将研究不完备形式背景上的部分已知概念与完备化背景上形式概念之间的关系.

8.6.1 ISE-ISI 形式概念与 SE-SI 形式概念

在 8.3 节中, 式 (8.45) 将一个 ISE-ISI 形式概念 $([\underline{O}, \overline{O}], [\underline{A}, \overline{A}])$ 重新记为

$$([\underline{O}, \overline{O}], [\underline{A}, \overline{A}]) = \{(O, A) \mid O \in [\underline{O}, \overline{O}], A \in [\underline{A}, \overline{A}]\}.$$

当 $([\underline{O}, \overline{O}], [\underline{A}, \overline{A}])$ 是一个部分已知概念时, 判断其中一对对象集和属性集 (O, A) 是否为不完备背景的某个完备化中的形式概念是非常有意义的.

根据 $([\underline{O}, \overline{O}], [\underline{A}, \overline{A}])$ 是一个部分已知概念, 以及 $O \in [\underline{O}, \overline{O}]$, $A \in [\underline{A}, \overline{A}]$), 我们知道: ① $O \times A$ 中的任何对象–属性对的值不是 $+$ 就是 ?; ② 对于任何属性 $a \in \mathrm{AT} - A$, 至少存在一个对象 $o \in O$ 使得 (o, a) 的值是 ?; ③ 对于任何对象 $o \in \mathrm{OB} - O$, 至少存在一个属性 $a \in A$ 使得 (o, a) 的值是 ?. 因此, 我们可以以如下方式构造一个完备化 $\mathbb{K} = (\mathrm{OB}, \mathrm{AT}, \boldsymbol{I})$:

$$\boldsymbol{I} = \boldsymbol{I}_* \cup ((O \times A) \cap \mathrm{UP}) = \boldsymbol{I}_* \cup (O \times A). \tag{8.46}$$

其中 $\boldsymbol{I}_*$ 是最小完备化 $\mathbb{K}_*$ 中的二元关系. 完备化 $\mathbb{K}$ 是通过把 $O \times A$ 中对象–属性对的 ? 都换成 $+$, 把 $(\mathrm{OB} \times \mathrm{AT}) - (O \times A)$ 中对象–属性对的 ? 都换成 $-$ 得到的. 可以证明, $\sigma_{\mathbb{K}}(O) = A$ 且 $\tau_{\mathbb{K}}(A) = O$, 即 (O, A) 是从完备化 $\mathbb{K} = (\mathrm{OB}, \mathrm{AT}, \boldsymbol{I})$ 得到的形式概念. 由此产生以下定理.

定理 8.11 假定 $([\underline{O}, \overline{O}], [\underline{A}, \overline{A}]) = \{(O, A) \mid O \in [\underline{O}, \overline{O}], A \in [\underline{A}, \overline{A}]\}$ 是不完备背景 $\mathbb{K}$ 中的部分已知 ISE-ISI 形式概念. 对任何对象集与属性集的集对 $(O, A) \in ([\underline{O}, \overline{O}], [\underline{A}, \overline{A}])$, 都存在一个完备化 $\mathbb{K}$ 使得 (O, A) 是其中的形式概念.

根据定理 8.11, 任意一个 ISE-ISI 形式概念可以被解释为一族完备化背景上的 SE-SI 形式概念. 特别地, 这族 SE-SI 形式概念的下确界 $(\underline{O}, \underline{A})$ 是最小完备化 $\mathbb{K}_*$ 上的 SE-SI 形式概念; 这族 SE-SI 形式概念的上确界 $(\overline{O}, \overline{A})$ 是最大完备化 $\mathbb{K}^*$ 上的 SE-SI 形式概念. 如果我们把所有完备化上的 SE-SI 形式概念记为 $C(\mathbb{IK})$, 即

$$C(\mathbb{IK}) = \cup\{\{(O, A) \mid (O, A) \in L_{\mathrm{SE\text{-}SI}}(\mathbb{K})\} \mid \mathbb{K} \in \mathrm{COMP}(\mathbb{IK})\}.$$

则由定理 8.11 可得, 任意 ISE-ISI 形式概念 $([\underline{O}, \overline{O}], [\underline{A}, \overline{A}])$ 为 $C(\mathbb{IK})$ 的子集, 即 $([\underline{O}, \overline{O}], [\underline{A}, \overline{A}]) \subseteq C(\mathbb{IK})$. 由 ISE-ISI 形式概念的任意性可得所有 ISE-ISI 形式概念导出的 SE-SI 形式概念形成的集合为不完备形式背景 $\mathbb{IK}$ 上所有可能的 SE-SI 形式概念形成的集合的子集. 即

$$\cup\{([\underline{O}, \overline{O}], [\underline{A}, \overline{A}]) \mid ([\underline{O}, \overline{O}], [\underline{A}, \overline{A}]) \in L_{\mathrm{ISE\text{-}ISI}}(\mathbb{IK})\} \subseteq C(\mathbb{IK}). \tag{8.47}$$

下面讨论式 (8.47) 的反面是否成立. 即我们要回答一个问题: 是否不完备形式背景的任意一个完备化上的任意一个 SE-SI 形式概念都属于不完备形式背景上的某个 ISE-ISI 形式概念. 为了回答这个问题, 我们首先给出最小完备化和最大完备化上的 SE-SI 形式概念属于某个 ISE-ISI 形式概念的条件.

定理 8.12 设 $([\overline{O}, \underline{O}], [\underline{A}, \overline{A}]) = \{(O, A) \mid O \in [\underline{O}, \overline{O}], A \in [\underline{A}, \overline{A}]\}$ 为不完备形式背景 $\mathbb{IK}$ 上的一个 ISE-ISI 形式概念. 如果 (O_1, A_1) 为最小完备化 $\mathbb{K}_*$ 上的一个 SE-SI 形式概念并且 $(O_1, A_1) \in ([\underline{O}, \overline{O}], [\underline{A}, \overline{A}])$, 那么 $(O_1, A_1) = (\underline{O}, \underline{A})$. 类

似地, 如果 (O_2, A_2) 是最大完备化 $\mathbb{K}^*$ 上的一个 SE-SI 形式概念并且 $(O_2, A_2) \in ([\underline{O}, \overline{O}], [\underline{A}, \overline{A}])$, 那么 $(O_2, A_2) = (\overline{O}, \overline{A})$.

证明 下面证明定理中最小完备化部分的内容. 假设 $([\underline{O}, \overline{O}], [\underline{A}, \overline{A}]) = \{(O, A) \mid O \in [\underline{O}, \overline{O}], A \in [\underline{A}, \overline{A}]\}$ 为不完备形式背景 $\mathbb{K}$ 上的一个 ISE-ISI 形式概念, (O_1, A_1) 为最小完备化 $\mathbb{K}_*$ 上的 SE-SI 形式概念并且 $(O_1, A_1) \in ([\underline{O}, \overline{O}], [\underline{A}, \overline{A}])$. 那么有 $\underline{O} \subseteq O_1$ 且 $\underline{A} \subseteq A_1$. 因为 (O_1, A_1) 为最小完备化 $\mathbb{K}_*$ 上的 SE-SI 形式概念, 由 SE-SI 形式概念的性质可知, 如果 $\underline{O} \subseteq O_1$ 成立, 那么一定有 $A_1 \subseteq \underline{A}$, 并且如果 $\underline{A} \subseteq A_1$ 成立, 那么一定有 $O_1 \subseteq \underline{O}$. 所以有 $A_1 = \underline{A}$ 与 $O_1 = \underline{O}$ 成立. 即 $(O_1, A_1) = (\underline{O}, \underline{A})$. 最大完备化的部分可以类似证明. □

根据定理 8.12, 如果最小 (大) 完备化中的一个 SE-SI 形式概念属于某个 ISE-ISI 形式概念, 那么此 SE-SI 形式概念一定为对应 ISE-ISI 形式概念的下 (上) 确界. 因此, 如果最小 (大) 完备化中的 SE-SI 形式概念不是某个 ISE-ISI 形式概念的下 (上) 确界, 那么此 SE-SI 形式概念一定不属于此 ISE-ISI 形式概念. 例 8.11 将给出一个不属于任意 ISE-ISI 形式概念的最大完备化中的 SE-SI 形式概念.

因为最大完备化是一个特殊的完备化, 所以可知不是任意完备化中的任意 SE-SI 形式概念都属于某个 ISE-ISI 形式概念. 即

$$\cup\{([\underline{O}, \overline{O}], [\underline{A}, \overline{A}]) \mid ([\underline{O}, \overline{O}], [\underline{A}, \overline{A}]) \in L_{\text{ISE-ISI}}(\mathbb{K})\} \not\supseteq C(\mathbb{K}). \tag{8.48}$$

例 8.11 (续例 8.8) 表 8.12 和表 8.13 分别给出了例 8.8 中不完备形式背景 $\mathbb{K}$ 的最小完备化 $\mathbb{K}_*$ 与最大完备化 $\mathbb{K}^*$. 最小完备化和最大完备化所对应的 SE-SI 概念格分别如图 8.12 和图 8.13 所示.

表 8.12 不完备形式背景 $\mathbb{K}$ 的最小完备化 $\mathbb{K}_*$

OB	a	b	c	d	e
1	+	+	−	−	−
2	+	−	−	+	+
3	+	+	+	−	−
4	−	+	+	+	−
5	+	+	+	+	−
6	+	+	+	+	−

表 8.13 不完备形式背景 $\mathbb{K}$ 的最大完备化 $\mathbb{K}^*$

OB	a	b	c	d	e
1	+	+	−	+	−
2	+	−	+	+	+
3	+	+	+	+	−
4	+	+	+	+	−
5	+	+	−	−	−
6	+	+	+	+	+

如图 8.13 所示, $(1346, abd)$ 为最大完备化 $\mathbb{K}^*$ 上的一个 SE-SI 形式概念. 但是, 在图 8.9 中, 不存在任何包含 SE-SI 形式概念 $(1346, abd)$ 的 ISE-ISI 形式概念. 即不是所有最大完备化中的 SE-SI 形式概念都包含于某个 ISE-ISI 形式概念中. 又因为最大完备化是一个特殊的完备化, 所以有下式成立.

$$C(\mathbb{IK}) \nsubseteq \cup\{([\underline{O}, \overline{O}], [\underline{A}, \overline{A}]) \mid ([\underline{O}, \overline{O}], [\underline{A}, \overline{A}]) \in L_{\text{ISE-ISI}}(\mathbb{IK})\}.$$

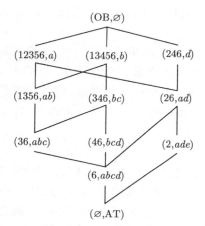

图 8.12　最小完备化的 SE-SI 概念格 $L_{\text{SE-SI}}(\mathbb{K}_*)$

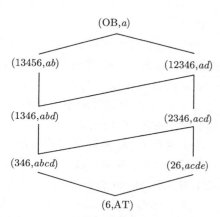

图 8.13　最大完备化的 SE-SI 概念格 $L_{\text{SE-SI}}(\mathbb{K}^*)$

8.6.2　SE-ISI 形式概念与 SE-SI 形式概念

在 8.3 节中说明了任意一个 SE-ISI 形式概念 $(O, [\underline{A}, \overline{A}])$ 可以被重新表示为一族对象集与属性集对, 即

$$(O, [\underline{A}, \overline{A}]) = \{(O, A) \mid A \in [\underline{A}, \overline{A}]\}.$$

现在我们需要回答一个问题: 是否 SE-ISI 形式概念所包含的所有对象集与属性集对为某个完备化背景上的 SE-SI 形式概念? 不幸的是, 这个问题的答案是否定的, 但是下面的定理给出 SE-ISI 形式概念所包含的对象集与属性集对是某个完备化背景上的 SE-SI 形式概念的条件.

定理 8.13　设 $(O, [\underline{A}, \overline{A}]) = \{(O, A) \mid A \in [\underline{A}, \overline{A}]\}$ 为不完备形式背景 $\mathbb{IK}$ 上的 SE-ISI 形式概念. SE-ISI 形式概念 $(O, [\underline{A}, \overline{A}])$ 所包含的对象集与属性集对 $(O, A) \in (O, [\underline{A}, \overline{A}])$ 为完备化背景 $\mathbb{K} \in \text{COMP}(\mathbb{IK})$ 上的 SE-SI 形式概念当且仅当 $\underline{\tau}(A) \subseteq O$ 成立.

证明　必要性. 如果 (O, A) 为完备化背景 $\mathbb{K}$ 上的 SE-SI 形式概念, 那么有 $\tau_{\mathbb{K}}(A) = O$ 成立. 因为 $\underline{\tau}(A) \subseteq \tau_{\mathbb{K}}(A) = O$, 所以 $\underline{\tau}(A) \subseteq O$.

充分性. 构造完备化形式背景 $\mathbb{K} = (\mathrm{OB}, \mathrm{AT}, I_{\mathbb{K}})$, 其对应的二元关系 $I_{\mathbb{K}} = I_* \cup (O \times A)$. 其中 I_* 是最小完备化 $\mathbb{K}_*$ 对应的二元关系. 下面用反证法证明 $O = \tau_{\mathbb{K}}(A)$. 假设 $O \subset \tau_{\mathbb{K}}(A)$, 那么一定存在对象 $o \in \tau_{\mathbb{K}}(A) \setminus O$. 因此有 $o \in \tau(A)$, 即 $\tau(A) \nsubseteq O$. 这与已知条件 $\tau(A) \subseteq O$ 矛盾. 所以, 等式 $O = \tau_{\mathbb{K}}(A)$ 成立.

下面证明 $\sigma_{\mathbb{K}}(O) = A$. 由完备化背景 $\mathbb{K}$ 的构造方式可知 $A \subseteq \sigma_{\mathbb{K}}(O)$. 假设 $A \subset \sigma_{\mathbb{K}}(O)$, 那么一定存在属性 $a \in \sigma_{\mathbb{K}}(O) \setminus A$. 因此有 $a \in \sigma(O) = \underline{A}$ 成立, 即 $\underline{A} \nsubseteq A$. 这与已知条件 $\underline{A} \subseteq A$ 相矛盾. 所以, $\sigma_{\mathbb{K}}(O) = A$ 成立. 故可得 (O, A) 为完备化背景 $\mathbb{K}$ 上的 SE-SI 形式概念. □

定理 8.13 可以理解为: 如果 $(O, [\underline{A}, A])$ 为不完备形式背景 $\mathbb{IK}$ 上的 SE-ISI 形式概念, 那么 SE-SI 形式概念 (O, A) 所在的完备化背景可以是 $\mathbb{K} = (\mathrm{OB}, \mathrm{AT}, I_{\mathbb{K}}), I_{\mathbb{K}} = I_* \cup (O \times A)$, 其中 I_* 为最小完备化 $\mathbb{K}_*$ 对应的二元关系. 完备化背景 $\mathbb{K}$ 是将 $O \times A$ 中对象属性对中的所有 ? 变为 $+$, 并且将 $(\mathrm{OB} - O) \times (\mathrm{AT} - A)$ 中对象属性对中的所有 ? 变为 $-$.

基于定理 8.13, 易得下面的结论.

定理 8.14　设 $(O, [\underline{A}, \overline{A}]) = \{(O, A) \mid A \in [\underline{A}, \overline{A}]\}$ 为不完备形式背景 $\mathbb{IK}$ 上的 SE-ISI 形式概念. 如果 $O = \tau(\underline{A})$ 成立, 那么对于任意的属性集 $A \in [\underline{A}, \overline{A}]$, 一定存在一个完备化形式背景 $\mathbb{K} \in \mathrm{COMP}(\mathbb{IK})$ 使得 (O, A) 为 $\mathbb{K}$ 上的 SE-SI 形式概念.

定理 8.13 表明不是每个 SE-ISI 形式概念 $(O, [\underline{A}, \overline{A}])$ 都是 $C(\mathbb{IK})$ 的子集. 即

$$\cup\{(O, [\underline{A}, \overline{A}]) \mid (O, [\underline{A}, \overline{A}]) \in L_{\mathrm{SE\text{-}ISI}}(\mathbb{IK})\} \nsubseteq C(\mathbb{IK}). \tag{8.49}$$

下面考虑式 (8.49) 的反向是否成立. 例 8.12 将给出反例表明不是所有完备化中的任意 SE-SI 形式概念都属于不完备形式背景中的某个 SE-ISI 形式概念. 即

$$C(\mathbb{IK}) \nsubseteq \cup\{(O, [\underline{A}, \overline{A}]) \mid (O, [\underline{A}, \overline{A}]) \in L_{\mathrm{SE\text{-}ISI}}(\mathbb{IK})\}. \tag{8.50}$$

但是, 特别地, 最小 (大) 完备化中的任意 SE-SI 形式概念都属于不完备形式背景中的某个 SE-ISI 形式概念.

定理 8.15　设 (O, A) 为不完备形式背景 $\mathbb{IK}$ 的最小完备化 $\mathbb{K}_*$ 上的 SE-SI 形式概念, 那么对象集与属性区间集对 $(O, [A, \overline{\sigma}(O)])$ 为不完备形式背景 $\mathbb{IK}$ 上的 SE-ISI 形式概念. 类似地, 设 (O, A) 为不完备形式背景 $\mathbb{IK}$ 的最大完备化 $\mathbb{K}^*$ 上的 SE-SI 形式概念, 那么对象集与属性区间集对 $(O, [\underline{\sigma}(O), A])$ 为不完备形式背景 $\mathbb{IK}$ 上的 SE-ISI 形式概念.

证明　如果 (O, A) 是不完备形式背景 $\mathbb{IK}$ 的最小完备化背景 $\mathbb{K}_*$ 上的 SE-SI 形式概念, 那么有 $\underline{\sigma}(O) = A$ 与 $\underline{\tau}(A) = O$ 成立. 因为 $O \subseteq \overline{\tau}(\overline{\sigma}(O))$ 成立, 可得 $\underline{\tau}(A) \cap \overline{\tau}(\overline{\sigma}(O)) = O \cap \overline{\tau}(\overline{\sigma}(O)) = O$. 因此, $(O, (A, \overline{\sigma}(O)))$ 为不完备形式背景 $\mathbb{IK}$ 上的 SE-ISI 形式概念. 类似地, 可以证明最大完备化形式背景部分的内容. □

例 8.12(续例 8.8)　考虑 SE-ISI 形式概念 $(1346, [b, abd])$, 我们来检验 $(1346, ab)$ 是否为某个完备化中的 SE-SI 形式概念. 因为 $\underline{\tau}(\{a, b\}) = \{1, 3, 5, 6\} \not\subseteq \{1, 3, 4, 6\}$, 根据定理 8.13 可知 $(1346, ab)$ 不可能是任意的完备化中的 SE-SI 形式概念. 事实上, 如果 $(1346, ab)$ 为某个完备化上的 SE-SI 形式概念, 那么, 由 SE-SI 形式概念的定义可知, 共同具有属性 a 和 b 的最大对象集应该为 $\{1, 3, 4, 6\}$. 然而, 由表 8.9 所示不完备形式背景可知, 无论在任何完备化中, 对象 1, 3, 5 和 6 一定共同具有属性 a 和 b. 这与结论: 共同具有属性 a 和 b 的最大对象集应该为 $\{1, 3, 4, 6\}$ 相矛盾. 所以, $(1346, ab)$ 不是任何完备化上的 SE-SI 形式概念. 考虑另一个 SE-ISI 形式概念 $(346, [bc, abcd])$, 因为 $\underline{\tau}(\{a, b, c\}) = \{3, 4, 6\} \subseteq \{3, 4, 6\}$ 成立, 所以根据定理 8.13 可知 $(346, abc)$ 一定为某个完备化上的 SE-SI 形式概念. 这个完备化背景 $\mathbb{K}_1$ 如表 8.14 所示.

表 8.14　完备化 $\mathbb{K}_1$

OB	a	b	c	d	e
1	+	+	−	−	−
2	+	−	−	+	+
3	+	+	+	+	+
4	+	+	+	+	−
5	+	+	−	−	−
6	+	+	+	+	−

从图 8.10、图 8.12 与图 8.13 中可以看出, 对于图 8.12 中的任意一个 SE-SI 形式概念 (O_1, A_1), $(O_1, [A_1, \overline{\sigma}(O_1)])$ 为图 8.10 中的一个 SE-ISI 形式概念. 对偶地, 对于图 8.13 中的任意一个 SE-SI 形式概念 (O_2, A_2), $(O_2, [\underline{\sigma}(O_2), A_2])$ 为图 8.10 中的一个 SE-ISI 形式概念. 最小完备化 $\mathbb{K}_*$ 和最大完备化 $\mathbb{K}^*$ 上的 SE-SI 形式概念与不完备形式背景 $\mathbb{IK}$ 上的 SE-ISI 形式概念之间的对应关系如表 8.15 所示.

表 8.15　$\mathbb{K}_*$ 与 $\mathbb{K}^*$ 上的 SE-SI 形式概念与 $\mathbb{IK}$ 上 SE-ISI 形式概念的对应关系

$\mathbb{K}_*$ 上的 SE-SI 形式概念		$\mathbb{IK}$ 上的 SE-ISI形式概念	$\mathbb{K}^*$ 上的 SE-SI 形式概念		$\mathbb{IK}$ 上的 SE-ISI形式概念
$(123456, \varnothing)$	$\rightarrow$	$(123456, [\varnothing, a])$	$(123456, a)$	$\rightarrow$	$(123456, [a, a])$
$(12356, a)$	$\rightarrow$	$(12356, [a, a])$	$(13456, ab)$	$\rightarrow$	$(13456, [b, ab])$
$(13456, b)$	$\rightarrow$	$(13456, [b, ab])$	$(12346, ad)$	$\rightarrow$	$(12346, [\varnothing, ad])$
$(246, d)$	$\rightarrow$	$(246, [d, acd])$	$(1346, abd)$	$\rightarrow$	$(1346, [b, abd])$
$(1356, ab)$	$\rightarrow$	$(1356, [ab, ab])$	$(2346, acd)$	$\rightarrow$	$(2346, [\varnothing, acd])$
$(346, bc)$	$\rightarrow$	$(346, [bc, abcd])$	$(346, abcd)$	$\rightarrow$	$(346, [bc, abcd])$
$(26, ad)$	$\rightarrow$	$(26, [ad, acde])$	$(26, acde)$	$\rightarrow$	$(26, [ad, acde])$
$(36, abc)$	$\rightarrow$	$(36, [abc, abcd])$	$(6, abcde)$	$\rightarrow$	$(6, [abcd, abcde])$
$(46, bcd)$	$\rightarrow$	$(46, [bcd, abcd])$			
$(2, ade)$	$\rightarrow$	$(2, [ade, acde])$			
$(6, abcd)$	$\rightarrow$	$(6, [abcd, abcde])$			
$(\varnothing, abcde)$	$\rightarrow$	$(\varnothing, [abcde, abcde])$			

8.6.3   ISE-SI 形式概念与 SE-SI 形式概念

因为 SE-ISI 形式概念与 ISE-SI 形式概念是对偶的, 所以根据 8.6.2 节的内容易得 ISE-SI 形式概念与 SE-SI 形式概念之间的关系. 因为本节中定理的证明与 8.6.2 节中定理的证明相似, 所以我们略去本节定理的证明过程.

任意的 ISE-SI 形式概念 $([\underline{O}, \overline{O}], A)$ 可以被重新记为一族对象集与属性集对, 即

$$([\underline{O}, \overline{O}], A) = \{(O, A) \mid O \in [\underline{O}, \overline{O}]\}.$$

本节将证明 ISE-SI 形式概念中任意的对象集与属性集对不一定为不完备形式背景完备化中的 SE-SI 形式概念. 下面的定理给出 ISE-SI 形式概念中对象集与属性集对为某一个完备化背景中的 SE-SI 形式概念的条件.

定理 8.16   假设 $([\underline{O}, \overline{O}], A) = \{(O, A) \mid O \in [\underline{O}, \overline{O}]\}$ 为不完备形式背景 $\mathbb{IK}$ 上的 ISE-SI 形式概念. 那么 ISE-SI 形式概念 $([\underline{O}, \overline{O}], A)$ 所包含的对象集与属性集对 $(O, A) \in ([\underline{O}, \overline{O}], A)$ 为完备化背景 $\mathbb{K} \in \mathrm{COMP}(\mathbb{IK})$ 上的 SE-SI 形式概念的充分必要条件为 $\underline{\sigma}(O) \subseteq A$.

定理 8.16 中给出的完备化形式背景 $\mathbb{K} = (\mathrm{OB}, \mathrm{AT}, I_{\mathbb{K}})$ 构造如下 $I_{\mathbb{K}} = I_* \cup (O \times A)$. 其中 I_* 为最小完备化 $\mathbb{K}_*$ 对应的二元关系. 完备化背景 $\mathbb{K}$ 是将 $O \times A$ 中对象属性对中的所有 ? 变为 +, 并且将 $(\mathrm{OB} - O) \times (\mathrm{AT} - A)$ 中对象–属性对中的所有 ? 变为 −. 基于定理 8.16, 易得下面的定理.

定理 8.17   假设 $([\underline{O}, \overline{O}], A)$ 为不完备形式背景 $\mathbb{IK}$ 上的 ISE-SI 形式概念. 如果 $A = \tau(\underline{O})$ 成立, 那么对于任意的对象集 $O \in [\underline{O}, \overline{O}]$, 一定存在一个完备化背景 $\mathbb{K} \in \mathrm{COMP}(\mathbb{IK})$ 使得 (O, A) 为完备化背景 $\mathbb{K}$ 上的 SE-SI 形式概念.

定理 8.16 表明不是任意的 ISE-SI 形式概念 $([\underline{O}, \overline{O}], A)$ 都是 $C(\mathbb{IK})$ 的子集. 即

$$\cup \{([\underline{O}, \overline{O}], A) \mid ([\underline{O}, \overline{O}], A) \in L_{\mathrm{ISE\text{-}SI}}(\mathbb{IK})\} \nsubseteq C(\mathbb{IK}). \tag{8.51}$$

式 (8.51) 的反向包含也不成立. 也就是说并不是每一个完备化中的任意一个 SE-SI 形式概念都属于某一个 ISE-SI 形式概念. 即

$$C(\mathbb{IK}) \nsubseteq \cup \{([\underline{O}, \overline{O}], A) \mid ([\underline{O}, \overline{O}], A) \in L_{\mathrm{ISE\text{-}SI}}(\mathbb{IK})\}. \tag{8.52}$$

但是, 特别地, 不完备形式背景的最小 (大) 完备化中的任意 SE-SI 形式概念都属于某个 ISE-SI 形式概念. 具体结果在下面的定理中给出.

定理 8.18   假设 (O, A) 是不完备形式背景 $\mathbb{IK}$ 的最小完备化 $\mathbb{K}_*$ 上的 SE-SI 形式概念, 那么对象区间集与属性集对 $([O, \overline{\tau}(A)], A)$ 为不完备形式背景 $\mathbb{IK}$ 上的 ISE-SI 形式概念. 类似地, 假设 (O, A) 为不完备形式背景 $\mathbb{IK}$ 的最大完备化 $\mathbb{K}^*$ 上

的 SE-SI 形式概念, 那么对象区间集与属性集对 $([\underline{\tau}(A), O], A)$ 为不完备形式背景 $\mathbb{IK}$ 上的 ISE-SI 形式概念.

定理 8.18 表明, 所有 ISE-SI 形式概念的下确界包含了所有最小完备化背景中的 SE-SI 形式概念; 所有 ISE-SI 形式概念的上确界包含了所有最大完备化背景中的 SE-SI 形式概念.

例 8.13 (续例 8.8) 考虑例 8.8 给出的不完备形式背景 $\mathbb{IK}$ 上的 ISE-SI 形式概念 $([46, 2346], cd)$, 我们来检验其中的对象集与属性集对 $(346, cd)$ 是否为某个完备化上的 SE-SI 形式概念.

因为有 $\underline{\sigma}(\{3, 4, 6\}) = \{b, c\} \nsubseteq \{c, d\}$, 根据定理 8.16 可得 $(346, cd)$ 不可能为任何一个完备化上的 SE-SI 形式概念. 事实上, 如果 $(346, cd)$ 为某个完备化上的 SE-SI 形式概念, 那么由 SE-SI 形式概念的定义可知, 在这个完备化中, 被对象 3, 4 和 6 共同拥有的最大属性集为 $\{c, d\}$. 然而, 由表 8.9 易得, 无论在哪一个完备化中, 对象 3, 4 和 6 一定共同拥有属性 b 与 c. 这也说明了无论在任何的完备化中, $\{c, d\}$ 不可能为被对象 3, 4 和 6 共同拥有的最大属性集, 产生矛盾. 所以, $(346, cd)$ 不是任何完备化上的 SE-SI 形式概念.

下面我们再考虑另外一个 ISE-SI 形式概念 $([26, 12346], ad)$. 因为 $\underline{\sigma}(\{1, 2, 3, 6\}) = \{a\} \subseteq \{a, d\}$ 成立, 所以根据定理 8.16 可得 $(1236, ad)$ 为某个完备化上的 SE-SI 形式概念. 表 8.16 给出了这个完备化 $\mathbb{K}_2$, 很容易看出 $(1236, ad)$ 为 $\mathbb{K}_2$ 上的 SE-SI 形式概念.

表 8.16 完备化 $\mathbb{K}_2$

OB	a	b	c	d	e
1	+	+	−	+	−
2	+	−	−	+	+
3	+	+	+	+	−
4	−	+	+	+	−
5	+	+	−	−	−
6	+	+	+	+	−

同时从图 8.11 ~ 图 8.13 中可以看出, 对于图 8.12 中任意的 SE-SI 形式概念 (O_3, A_3), 图 8.11 中存在对应的 ISE-SI 形式概念 $([O_3, \overline{\tau}(A_3)], A_3)$. 对偶地, 对于图 8.13 中任意 SE-SI 形式概念 (O_4, A_4), 图 8.11 中存在对应的 ISE-SI 形式概念 $([\underline{\tau}(A_4), O_4], A_4)$. 最小完备化 $\mathbb{K}_*$ 和最大完备化 $\mathbb{K}^*$ 上的 SE-SI 形式概念与不完备形式背景 $\mathbb{IK}$ 上的 ISE-SI 形式概念之间的对应关系如表 8.17 所示.

表 8.17　$\mathbb{K}_*$ 与 $\mathbb{K}^*$ 上的 SE-SI 形式概念与 $\mathbb{IK}$ 上 ISE-SI 形式概念的对应关系

$\mathbb{K}_*$ 上的 SE-SI形式概念		$\mathbb{IK}$ 上的 SE-ISI形式概念	$\mathbb{K}^*$ 上的 SE-SI 形式概念		$\mathbb{IK}$ 上的 ISE-SI形式概念
$(123456, \varnothing)$	$\rightarrow$	$([123456, 123456], \varnothing)$	$(123456, a)$	$\rightarrow$	$([12356, 123456], a)$
$(12356, a)$	$\rightarrow$	$([12356, 123456], a)$	$(13456, ab)$	$\rightarrow$	$([1356, 13456], ab)$
$(13456, b)$	$\rightarrow$	$([13456, 13456], b)$	$(12346, ad)$	$\rightarrow$	$([26, 12346], ad)$
$(246, d)$	$\rightarrow$	$([246, 12346], d)$	$(1346, abd)$	$\rightarrow$	$([6, 1346], abd)$
$(1356, ab)$	$\rightarrow$	$([1356, 13456], ab)$	$(2346, acd)$	$\rightarrow$	$([6, 2346], acd)$
$(346, bc)$	$\rightarrow$	$([346, 346], bc)$	$(346, abcd)$	$\rightarrow$	$([6, 346], abcd)$
$(26, ad)$	$\rightarrow$	$([26, 12346], ad)$	$(26, acde)$	$\rightarrow$	$([\varnothing, 26], acde)$
$(36, abc)$	$\rightarrow$	$([36, 346], abc)$	$(6, abcde)$	$\rightarrow$	$([\varnothing, 6], abcde)$
$(46, bcd)$	$\rightarrow$	$([46, 346], bcd)$			
$(2, ade)$	$\rightarrow$	$([2, 26], ade)$			
$(6, abcd)$	$\rightarrow$	$([6, 346], abcd)$			
$(\varnothing, abcde)$	$\rightarrow$	$([\varnothing, 6], abcde)$			

8.7　小　　结

不完备形式背景的数据信息不全, 却是我们在实际问题当中经常遇到的情况. 此时, 常规的形式概念分析理论已经不能适用, 需要新的分析方法.

本章针对不完备形式背景, 提出了区间集的分析方法. 在已有的区间集定义基础上, 将区间集的运算提升到区间–集合的运算层面上, 并上升到区间–集合代数的角度, 给出区间集更高层次的理论分析. 进而, 针对不完备的形式背景, 采用区间集分析的方法对四种形式的概念进行讨论及对比. 区间集的方法对于不完备形式背景的分析很新颖, 在理论意义和语义解释上都具有一定的价值.

采用区间集理论解决不完备形式背景的信息获取问题的想法最早来源于三支决策. 利用区间集理论, 可以把原始的对象集与属性集分为不同层次意义的三个部分, 每个部分都有相应的语义解释; 而且该方法可以将 Wille 在完备形式背景下提出的经典形式概念作为特例来解释. 所以, 采用区间集方法解决不完备形式背景的数据分析问题, 既是一个解决不完备数据信息获取的新方法, 也是对完备形式背景下的经典形式概念分析理论的扩充.

不完备信息的分析, 相对于信息完全已知的情形来讲, 更为常见, 也更难以分析, 获取知识的难度可想而知. 而区间集理论的使用, 突破了不完备形式背景的分析难题. 当然, 区间集的方法并非解决不完备背景的唯一方法. 我们相信, 无论针对不完备形式背景, 还是区间集理论本身, 都还有很多值得探讨的地方. 期待感兴趣的学者去进一步完善, 使得区间集理论在不完备数据分析这个研究领域能有更多的理论研究成果, 并得到实际的应用.

第9章 结 束 语

本书试图从概念的哲学理解与认知科学的角度, 给出概念分析更深刻的认知源动力; 并对三支决策思想在认知中的重要性进行剖析与解释; 进而以三支概念分析为主线, 对其中的属性约简问题与规则获取问题进行了探讨, 并针对不完备数据情形下的概念分析给出了一些研究方法.

三支决策的思想在历史长河中、在人们的思维习惯中、在科学研究的思索中的作用已然毋庸置疑, 很多情况下更是妙不可言. 而概念分析作为获取知识的第一个环节, 也在数学上、形式上有一个简洁抽象的展示. 三支概念分析作为形式概念分析与三支决策理论相结合的产物, 我们认为它比形式概念分析能更多地揭示数据表所隐藏的信息, 而且, 是从三分的角度来考虑的. 例如, 除了研究形式概念分析中所强调的正面的共性, 即研究对象共同具有的属性, 它还能给出负面的共性, 即对象共同都不具有的属性; 相应地, 对象交错具有的属性也就一目了然. 又如, 因为考虑了负面的共性问题, 常规的规则提取也就可以自然地获取到有关 "非" 信息的规则, 这一点也是形式概念分析所不涉及的. 所以, 理论上讲, 三支概念分析比形式概念分析有更好的、更多的信息展示, 能学到更多、更细节的知识. 但是, 同时也因为数据分析更为仔细, 在建格和应用方面比原本就复杂的形式概念分析更多了一些限制. 因此, 在应用领域的研究还有待于更深入的探讨.

正如第 1 章中所述, 认知科学与信息技术是当今世界重要学科, 而我们所做的研究工作恰恰与这两者都有一定的联系. 当然我们的这点工作不是高端的理论研究或者应用探索, 只是我们近年来工作的一个小结, 尽管没有涵盖我们所有的研究成果, 但却是沿着一个方向的深入探索. 认知科学与心理学、神经科学、语言学、生理学等密不可分, 且研究领域广泛, 本书只选择与信息技术、计算机科学相关的, 与我们的研究相关的一点点内容来探索.

三支概念分析还有很多相关的内容与领域可以深入, 如我们提到过的粒计算. 如何用粒计算的思想, 从粒计算这个角度对三支概念分析进一步剖析, 是一个很有意思的事情. 因为粒计算也是一个思想方法, 在每一个具体的学科领域或者研究分支上, 有不同深度、不同层次的粒子可以挖掘, 进行数据的剖面分析. 例如, 三支概念分析与冲突分析、拟阵的关系, 以及这些理论之间的相互借鉴、补充等. 又如, 从因子分析的角度对三支概念分析进行研究, 获取最基本的所谓因子, 以及这些因子与作为概念格构成基础的交 (并) 不可约元, 或者对象 (属性) 概念之间的关系. 关于这些问题的研究和相应的结果势必会对三支概念分析中相关问题的厘清与解释起到不可估量的作用, 也对三支概念分析的推广与扩展起到推动作用.

参 考 文 献

[1] 罗素. 西方的智慧. 北京: 商务印书馆, 1999.

[2] 刘丽. 认知符号学. 成都: 四川大学出版社, 2012.

[3] Putnam H. Peirce the logician. Historia Mathematica, 1982, 9(3): 290-301.

[4] Ogden C K, Richards I A. The Meaning of Meaning: A Study of the Influence of Language upon Thought and of the Science of Symbolism. London: Routledge/Thoemmes Press, 1923.

[5] 金岳霖. 形式逻辑. 北京: 人民出版社, 1979.

[6] Mechelen I V. Categories and Concepts: Theoretical Views and Inductive Data Analysis. New York: Academic Press, 1993.

[7] Zadeh L A. Outline of a new approach to the analysis of complex systems and decision processes. IEEE Transactions on Systems, Man, and Cybernetics, 1973, 3(1): 28-44.

[8] Zadeh L A. Fuzzy sets and information granularity // Advances in Fuzzy Set Theory and Applications. Amsterdam: North-Holland Publishing Company, 1979: 3-18.

[9] Zadeh L A. Toward a theory of fuzzy information granulation and its centrality in human reasoning and fuzzy logic. Fuzzy Sets and Systems, 1997, 90(2): 111-127.

[10] Lin T Y. Granular computing on binary relations I: Data mining and neighborhood systems//Rough Sets in Knowledge Discovery, Heidelberg, 1998: 107-121.

[11] Lin T Y. Granular computing on binary relations II: Rough set representations and belief functions// Rough Sets in Knowledge Discovery, Heidelberg, 1998: 121-140.

[12] Pedrycz W. Relational and directional aspects in the construction of information granules. IEEE Transactions on Systems, Man, and Cybernetics, 2002, 32(5): 605-614.

[13] Bargiela A, Pedrycz W. Granular Computing: An Introduction. Dordrecht: Kluwer Academic Publishers, 2003.

[14] Pedrycz W. Knowledge-Based Clustering: From Data to Information Granules. Hoboken: Wiley, 2005.

[15] 苗夺谦, 王国胤, 刘清, 等. 粒计算: 过去、将来与展望. 北京: 科学出版社, 2007.

[16] Bargiela A, Pedrycz W. Toward a theory of granular computing for human-centered information processing. IEEE Transactions on Fuzzy Systems, 2008, 16(2): 320-330.

[17] Bargiela A, Pedrycz W. Granular mappings. IEEE Transactions on Systems, Man, and Cybernetics-Part A: Systems and Humans, 2005, 35(2): 292-297.

[18] Bargiela A, Pedrycz W. A model of granular data: A design problem with the Tchebyschev FCM. Soft Computing, 2005, 9(3): 155-163.

[19]　Pedrycz W. Granular computing: Analysis and Design of Intelligent Systems. Boca Raton: CRC Press, 2013.

[20]　Pedrycz W. Allocation of information granularity in optimization and decision-making models: Towards building the foundations of granular computing. European Journal of Operational Research, 2014, 232(1): 137-145.

[21]　Pedrycz W, Chen S M. Granular Computing and Intelligent Systems: Design with Information Granules of Higher Order and Higher Type. Heidelberg: Springer, 2011.

[22]　Pedrycz W, Chen S M. Granular Computing and Decision-Making: Interactive and Iterative Approaches. Heidelberg: Springer, 2015.

[23]　Pedrycz W, Chen S M. Information Granularity, Big Data, and Computational Intelligence. Heidelberg: Springer, 2015.

[24]　Miao D Q, Xu F F, Yao Y Y, et al. Set-theoretic formulation of granular computing. Chinese Journal of Computers, 2012, 35(2): 351-363.

[25]　苗夺谦, 张清华, 钱宇华, 等. 从人类智能到机器实现模型——粒计算理论与方法. 智能系统学报, 2016, 11(6): 743-757.

[26]　Li J H, Mei C L, Xu W H, et al. Concept learning via granular computing: A cognitive viewpoint. Information Sciences, 2015, 298: 447-467.

[27]　Yao Y Y, Deng X F. A granular computing paradigm for concept learning// Emerging Paradigms in Machine Learning. Heidelberg: Springer, 2013: 307-326.

[28]　Zhang B, Zhang L. Theory and Application of Problem Solving. New York: North Holland, 1992.

[29]　Ciucci D. Orthopairs and granular computing. Granular Computing, 2016, 1(3): 159-170.

[30]　Fujita H, Li T R, Yao Y Y. Advances in three-way decisions and granular computing. Knowledge-Based Systems, 2016, 91: 1-3.

[31]　Yao Y Y. Granular computing and sequential three-way decisions// Proceedings of Rough Sets and Knowledge Technology, Halifax, 2013: 16-27.

[32]　李金海, 吴伟志. 形式概念分析的粒计算方法及其研究展望. 山东大学学报（自然科学版）, 2017, 52(7): 1-12.

[33]　Pawlak Z. Rough sets. International Journal of Computer and Information Sciences, 1982, 11(5): 341-356.

[34]　Pawlak Z. Rough Sets: Theoretical Aspects of Reasoning about Data. Boston: Kluwer Academic Publishers, 1991.

[35]　Marek V W, Truszczynski M. Contributions to the theory of rough sets. Fundamenta Informaticae, 1999, 39: 389-409.

[36]　Bonikowski Z, Bryniarski E, Wybraniec-Skardowska U. Extensions and intensions in the rough set theory. Information Science, 1998, 107: 149-167.

[37]　Nguyen H T. Some mathematical structures for computational information. Informa-

tion Sciences, 2000, 128: 67-89.

[38] Li D Y, Ma Y C. Invariant characters of information systems under some homorphisms. Information Sciences, 2000, 129: 211-220.

[39] 刘清. Rough 集及 Rough 推理. 北京: 科学出版社, 2001.

[40] 张文修, 吴伟志, 梁吉业, 等. 粗糙集理论与方法. 北京: 科学出版社, 2001.

[41] Quafafou M. α-RST: A generalization of rough set theory. Information Sciences, 2000, 124(1): 301-316.

[42] 王国胤. Rough 集理论与知识获取. 西安: 西安交通大学出版社, 2001.

[43] 张文修, 米据生, 吴伟志. 不协调目标信息系统的知识约简. 计算机学报, 2003, 26(1): 12-18.

[44] 张文修, 梁怡, 吴伟志. 信息系统与知识发现. 北京: 科学出版社, 2003.

[45] 米据生, 吴伟志, 张文修. 粗糙集的构造与公理化方法. 模式识别与人工智能, 2002, 15(3): 280-284.

[46] 张文修, 米据生, 吴伟志. 不协调目标信息系统的知识约简. 计算机学报, 2003, 26(1): 12-18.

[47] Mi J S, Wu W Z, Zhang W X. Approaches to knowledge reduction based on variable precision rough set model. Information Sciences, 2004, 159(3/4): 255-272.

[48] Hu Q H, Yu D R, Xie Z X. Information-preserving hybrid data reduction based on fuzzy-rough techniques. Pattern Recognition Letters, 2006, 27(5): 414-423.

[49] Yao Y Y, Zhao Y. Attribute reduction in decision-theoretic rough set models. Information Sciences, 2008, 178(17): 3356-3373.

[50] Hedar A R, Wang J, Fukushima M. Tabu search for attribute reduction in rough set theory. Soft Computing, 2008, 12(9): 909-918.

[51] 魏玲, 张文修. 粗糙集约简的闭算子方法. 计算机科学, 2007, 34(1): 159-162,182.

[52] 张文修, 仇国芳. 基于粗糙集的不确定决策. 北京: 清华大学出版社, 2005.

[53] 米据生, 吴伟志, 张文修. 不协调目标信息系统知识约简的比较研究. 模糊系统与数学, 2003, 17(3): 54-60.

[54] Kryzkiewicz M. Comparative study of alternative types of knowledge reduction in inconsistent systems. International Journal of Intelligent Systems, 2001, 16:105-120.

[55] 吴伟志, 米据生, 李同军. 无限论域中的粗糙近似空间与信任结构. 计算机研究与发展, 2012, 49(2): 327-336.

[56] Liang J Y, Mi J R, Wei W, et al. An accelerator for attribute reduction based on perspective of objects and attributes. Knowledge-Based Systems, 2013, 44(1): 90-100.

[57] Ma Z M, Li J J, Mi J S. Some minimal axiom sets of rough sets. Information Sciences, 2015, 312(C):40-54.

[58] Ciucci D. Orthopairs: A simple and widely used way to model uncertainty. Fundamenta Informaticae, 2011, 108: 287-304.

[59] Chen D G, Li W L, Zhang X, et al. Evidence-theory-based numerical algorithms of

attribute reduction with neighborhood-covering rough sets. International Journal of Approximate Reasoning, 2014, 55(3): 908-923.

[60] Dai J H, Wang W T, Tian H W, et al. Attribute selection based on a new conditional entropy for incomplete decision systems. Knowledge-Based Systems, 2013, 39: 207-213.

[61] Liu J N K, Hu Y X, He Y L. A set covering based approach to find the reduct of variable precision rough set. Information Sciences, 2014, 275(3): 83-100.

[62] Yao Y Y. The two sides of the theory of rough sets. Knowledge-Based Systems, 2015, 80: 67-77.

[63] Jia X Y, Shang L, Zhou B, et al. Generalized attribute reduct in rough set theory. Knowledge-Based Systems, 2016, 91: 204-218.

[64] Zhang X Y, Miao D Q. Double-quantitative fusion of accuracy and importance: Systematic measure mining, benign integration construction, hierarchical attribute reduction. Knowledge-Based Systems, 2016, 91: 219-240.

[65] Pawlak Z. Rough sets and fuzzy sets. Fuzzy Sets and Systems, 1985, 17: 99-102.

[66] Dubois D, Prade H. Rough fuzzy sets and fuzzy rough sets. International Journal of General Systems, 1990, 17: 191-209.

[67] Ziarko W. Variable precision rough set model. Journal of Computer and System Sciences, 1993, 46: 39-59.

[68] Katzberg J D, Ziarko W. Variable precision rough sets with asymmetric bounds// Rough Sets, Fuzzy Sets and Knowledge Discovery, Heidelberg, 1993: 167-177.

[69] Banerjeem M, Pal S K. Roughness of a fuzzy set. Information Sciences, 1996, 93(3/4): 235-246.

[70] Liu T Y, Lin Q. First-order rough logic I: Approximate reasoning via rough sets. Fundamenta Informaticae, 1996, 8(27): 137-144.

[71] Duntsh I. Alogic for rough sets. Theoretical Computer Sciences, 1997, 179(1/2): 427-436.

[72] Yao Y Y, Lingeras P J. Interpretations of belief functions in the theory of rough sets. Information Sciences, 1998, 104: 81-106.

[73] Yao Y Y. A comparative study of fuzzy sets and rough sets. Information Sciences, 1998, 109: 227-242.

[74] Chakrabarty K, Biswas R, Nanda S. Fuzziness in rough sets. Fuzzy Sets and Systems, 2000, 110: 247-251.

[75] Beaubouef T, Petry F E. Fuzzy rough sets techniques for uncertainty processing in a relational database. International Journal of Intelligent Systems, 2000, 15(5): 389-424.

[76] Daijin K. Data classification based on tolerant rough set. Pattern Recognition, 2001, 34: 1613-1624.

[77] Wu W Z, Leung Y, Zhang W X. Connections between rough set theory and Dempster-

Shafer theory of evidence. International Journal of General Systems, 2002, 31(4): 405-430.

[78] Wu W Z, Mi J S, Zhang W X. Generalized fuzzy rough sets. Information Sciences, 2003, 151(3): 263-282.

[79] Mi J S, Zhang W X. An axiomatic characterization of a fuzzy generalization of rough sets. Information Sciences, 2004, 160(1): 235-249.

[80] Wu W Z. An uncertainty measure in partition-based fuzzy rough sets. International Journal of General Systems, 2005, 34(1): 77-90.

[81] Mi J S, Leung Y, Zhao H Y, et al. Generalized fuzzy rough sets determined by a triangular norm. Information Sciences, 2008, 178(16): 3203-3213.

[82] Liu D, Li T, Li H. A multiple-category classification approach with decision-theoretic rough sets. Fundamenta Informaticae, 2012, 115(2): 173-188.

[83] Dai J H, Wang W T, Mi J S. Uncertainty measurement for interval-valued information systems. Information Sciences, 2013, 251(4): 63-78.

[84] Deng X F, Yao Y Y. Decision-theoretic three-way approximations of fuzzy sets. Information Sciences, 2014, 279: 702-715.

[85] Zhou B. Multi-class decision-theoretic rough sets. International Journal of Approximate Reasoning, 2014, 55(1): 211-224.

[86] Yao Y Q, Mi J S, Li Z J. A novel variable precision (θ, σ)-fuzzy rough set model based on fuzzy granules. Fuzzy Sets and Systems, 2014, 236(1): 58-72.

[87] Feng T, Mi J S. Variable precision multigranulation decision-theoretic fuzzy rough sets. Knowledge-Based Systems, 2016, 91: 93-101.

[88] Ma Z M, Mi J S. Boundary region-based rough sets and uncertainty measures in the approximation space. Information Sciences, 2016, 370-371: 239-255.

[89] Chan C C. A rough set approach to attribute generalization in data mining. Journal of Information Sciences, 1992, 107: 391-394.

[90] Teghem J, Charlet J M. Use of rough sets method to draw premonitory factors for earthquakes by emphasizing gas geochemistry// Intelligent Decision Support: Handbook of Applications and Advances of Rough Sets Theory. Dordrecht: Kluwer Academic, 1992: 165-179.

[91] Nejman D. A rough set based method of handwritten numerals classification//Institute of Computer Science Reports. Warsaw: Warsaw University of Technology, 1994.

[92] Slowinski R, Zopounidis C, Dimitras A I. Prediction of company acquisition in Greece by means of the rough set approach. European Journal of Operational Reseach, 1997, 100(1): 1-15.

[93] Pawlak Z. Rough set approach to knowledge-based decision support. European Journal of Operational Research, 1997, 99: 48-57.

[94]   王珏, 王任, 苗夺谦, 等. 基于 Rough Set 理论的 "数据浓缩". 计算机学报, 1998, 21(5): 393-400.

[95]   Pawlak Z. Rough set theory and its applications to data analysis. Cybernetics and Systems: An International Journal, 1998, 29: 661-688.

[96]   Duntsch I, Gediga G. Simple data filtering in rough set systems. International Journal of Approximation Reasoning, 1998, 18: 93-106.

[97]   Guan J W, Bell D A. Rough computational methods for information systems. Artificial Intelligence, 1998, 105: 77-103.

[98]   Jackson A G, Pawlak Z, LeClair S R. Rough sets applied to discovery of materials knowledge. Journal of Alloys and Compounds, 1998, 279: 14-21.

[99]   Komorowski J, Aleksander O. Modelling prongostic power of cardiac tests using rough sets. Artificial Intelligence in Medicine, 1999, 15: 167-191.

[100] Dimitras A I, Slowinski R, Susmaga R, et al. Business failure prediction using rough sets. European Journal of Operational Research, 1999, 114: 262-280.

[101] Ahn B S, Chao S S, Kim C Y. The integrated methodology of rough set theory and artificial neural network for business failure prediction. Expert Systems with Applications, 2000, 18: 65-74.

[102] Michalowski W, Rubin S, Slowinski R, et al. Mobile clinical support system for pediatric emergencies. Decision Support Systems, 2003, 36(2): 161-176.

[103] Wille R. Restructuring lattice theory: An approach based on hierarchies of concepts//Proceedings of the NATO Advanced Study Institute, 1981 (Ordered Sets), Banff, 1982: 445-470.

[104] Davey B A, Priestley H A. Introduction of Lattices and Order. Cambridge: Cambridge University Press, 2002.

[105] Ganter B, Wille R. Formal Concept Analysis: Mathematical Foundations. Heidelberg: Springer, 1999.

[106] Kuznetsov S O. Mathematical aspects of concept analysis. Journal of Mathematical Science, 1996, 80(2): 1654-1698.

[107] Kuznetsov S O. Complexity of learning in concept lattices from positive and negative examples. Discrete Applied Mathematics, 2004, 142(1/2/3): 111-125.

[108] Ganter B, Stumme G, Wille R. Formal Concept Analysis: Foundations and Applications. Heidelberg: Springer, 2005.

[109] Qi J J, Wei L, Li Z Z. A partitional view of concept lattice// Proceedings of Rough Sets, Fuzzy Sets, Data Mining, and Granular Computing, Regina, 2005: 74-83.

[110] 张文修, 姚一豫, 梁怡. 粗糙集与概念格. 西安: 西安交通大学出版社, 2006.

[111] Dubois D, de Saint-Cyr F D, Prade H. A possibility-theoretic view of formal concept analysis. Fundamenta Informaticae, 2007, 75(1/2/3/4): 195-213.

[112] Qi J J, Wei L, Bai Y B. Composition of concept lattices// Proceedings of Machine

Learning and Cybernetics, Kunming, 2008: 2274-2279.

[113] Qi J J. Attribute reduction in formal contexts based on a new discernibility matrix. Journal of Applied Mathematics and Computing, 2009, 30(1/2): 305-314.

[114] Qi J J, Wei L, Chen Y P. Correlation analysis between objects and attributes// Proceedings of 2009 International Conference on Rough Sets and Knowledge Technology, Gold Coast, 2009: 594-600.

[115] Wei L, Hong H Y, Zhao W. The relationship between prorerty-oriented concept lattice and partition// Proceedings of 2010 International Conference on Machine Learning and Cybernetics, Qingdao, 2010: 122-127.

[116] Wei L, Li T. Rules acquisition in consistent formal decision contexts// Proceedings of 2012 International Conference on Machine Learning and Cybernetics, Xi'an, 2012: 801-805.

[117] Wei L, Wan Q. Approximate concepts based on N-scale relation// Proceedings of the 8th International Conference on Rough Sets and Current Trends in Computing, Chengdu, 2012: 332-340.

[118] Wei L, Liu M Q. Attribute characteristics of object (property) oriented concept lattices// Proceedings of the 8th International Conference on Rough Sets and Current Trends in Computing, Chengdu, 2012: 341-348.

[119] Wei L, Pan A B. Attributes characteristics of object oriented concept lattice based on the join-irreducible element//Proceedings of 2012 IEEE International Conference on Granular Computing, Hangzhou, 2012: 531-535.

[120] Wei L, Wang Y P, Wan J L. Compression of the condition lattice based on the class context and the extent context// Proceedings of 2014 International Conference on Machine Learning and Cybernetics, Tianjin, 2014: 796-801.

[121] Wan Q, Wei L. Approximate concepts acquisition based on formal contexts. Knowledge-Based Systems, 2015, 75: 78-86.

[122] Wei L, Wan Q. Granular transformation and irreducible element judgment based on pictorial diagrams. IEEE Transactions on Cybernetics, 2016, 46(2): 380-387.

[123] 李金海, 邓硕. 概念格与三支决策及其研究展望. 西北大学学报（自然科学版）, 2017, 47(3): 321-329.

[124] Yao Y Y. Rough-set concept analysis: Interpreting RS-definable concepts based on ideas from formal concept analysis. Information Sciences, 2016, (346/347): 442-462.

[125] Njiwoua P, Nguifo E M. A parallel algorithm to build concept lattice//Proceedings of the 4th Groningen International Information Technology Conference for Students. Groningen: University of Groningen, 1997: 103-107.

[126] Fu H, Nguifo E M. A parallel algorithm to generate formal concepts for large data// Proceedings of the 2nd International Conference on Formal Concept Analysis, Sydney, 2004: 394-401.

[127] 王德兴, 胡学钢, 刘晓平. 一种新颖的基于量化概念格的属性归纳算法. 西安交通大学学报, 2007, 41(2): 176-179.

[128] Krajca P, Outrata J, Vychodil V. Parallel recursive algorithm for FCA// Proceeding of the 6th International Conference on Concept Lattices and their Applications. Olomouc: Palacký University, 2008: 71-82.

[129] Wei L, Qi J J. Combination and decomposition theories of formal contexts based on same attribute set// Proceedings of the 3rd International Conference on Rough Sets and Knowledge Technology, Chengdu, 2008: 452-459.

[130] Wei L, Yao G, Zhao W. Object oriented concept lattice construction through the combination of formal contexts. Proceedings of Machine Learning and Cybernetics, 2009, 40(1): 2127-2131.

[131] Krajca P, Outrata J, Vychodil V, et al. Advances in algorithms based on CbO// Proceeding of the 7th International Conference on Concept Lattices and Their Applications, Sevilla, 2010: 325-337.

[132] Wei L, Wang S N, Zhao W. Methods to construct several kinds of concept lattices// Proceedings of 2010 International Conference on Machine Learning and Cybernetics, Qingdao, 2010: 91-96.

[133] Qi J J, Wei L, Hong H Y. Concept lattice construction about many-valued contexts// Proceedings of 2011 International Conference on Machine Learning and Cybernetics, Guilin, 2011: 1124-1129.

[134] 魏玲, 李强. 面向属性概念格基于覆盖的压缩. 电子科技大学学报, 2012, 41(2): 299-304.

[135] Andrews S. A "Best-of-Breed" approach for designing a fast algorithm for computing fixpoints of Galois Connections. Information Sciences, 2015, 295: 633-649.

[136] Gajdoš P, Snášel V. A new FCA algorithm enabling analyzing of complex and dynamic data sets. Soft Computing, 2014, 18(4): 683-694.

[137] 魏玲. 粗糙集与概念格约简理论与方法. 西安: 西安交通大学博士学位论文, 2005.

[138] 张文修, 魏玲, 祁建军. 概念格的属性约简理论与方法. 中国科学 E 辑: 信息科学, 2005, 35(6): 628-639.

[139] Zhang W X, Wei L, Qi J J. Attribute reduction in concept lattice based on discernibility matrix// Rough Sets Fuzzy Sets Data Mining and Granular Computing(Lecture Notes in Computer Science, 3642), Regina, 2005: 157-165.

[140] Zhang W X, Wei L, Qi J J. Attribute reduction theory and approach to concept lattice. Science in China Series F: Information Science, 2005, 48(6): 713-726.

[141] Wang X, Ma J M. A novel approach to attribute reduction in concept lattices// Proceeding of 2006 Rough Set and Knowledge Technology, Chongqing, 2006: 522-529.

[142] Wei L, Li H R, Zhang W X. Knowledge reduction based on the equivalence relations defined on attribute set and its power set. Information Sciences, 2007, 177(15): 3178-3185.

[143] 魏玲, 祁建军, 张文修. 决策形式背景的概念格属性约简. 中国科学 E 辑: 信息科学, 2008, 38(2): 195-208.

[144] Qi J J, Wei L. Attribute reduction in consistent decision formal context. Information Technology Journal, 2008, 7(1): 170-174.

[145] Wang X, Zhang W X. Relations of attribute reduction between object and property oriented concept lattices. Knowledge-Based Systems, 2008, 21(5): 398-403.

[146] Wei L, Qi J J, Zhang W X. Attribute reduction theory of concept lattice based on decision formal contexts. Science in China Series F: Information Science, 2008, 51(7): 910-923.

[147] Wu W Z, Leung Y, Mi J S. Granular computing and knowledge reduction in formal contexts. IEEE Transactions on Knowledge and Data Engineering, 2009, 21(10): 1461-1474.

[148] Liu M Q, Wei L, Zhao W. The reduction theory of object oriented concept lattices and property oriented concept lattices// Proceeding of 2009 Rough Sets and Knowledge Technology, Gold Coast, 2009: 587-593.

[149] Qi J J. Attribute reduction in formal contexts based on a new discernibility matrix. Journal of Applied Mathematics and Computing, 2009, 30(1/2): 305-314.

[150] Djouadi Y, Dubois D, Prade H. Différentes extensions floues de l'analyse formelle de concepts. Actes Rencontres Francophones sur la Logique Floue et ses Applications Cepadues edn, 2009: 141-148.

[151] Wei L, Qi J J. Relation between concept lattice reduction and rough set reduction. Knowledge-Based Systems, 2010, 23(8): 934-938.

[152] Wei L, Zhang X H, Qi J J. Granular reduction of property-oriented concept lattices// Proceedings of the 18th International Conference on Conceptual Structures: From Information to Intelligence, Sarawak, 2010: 154-164.

[153] Djouadi Y, Dubois D, Prade H. Graduality, uncertainty and typicality in formal concept analysis// 35 Years of Fuzzy Set Theory (Studies in Fuzziness and Soft Computing, 261). Heidelberg: Springer, 2010: 127-147.

[154] Li J H, Mei C L, Lv Y J. Knowledge reduction in decision formal contexts. Knowledge-Based Systems, 2011, 24(5): 709-715.

[155] Wei L, Zhang J, Zhang H Y. Comparison of concept lattice reduction based on discernibility matrixes//Proceedings of 2011 International Conference on Machine Learning and Cybernetics, Guilin, 2011: 1118-1123.

[156] Wei L, Li Q. Covering-based reduction of object-oriented concept lattices// Proceedings of 2011 International Conference on Rough Sets and Knowledge Technology, Banff, 2011: 728-733.

[157] Li T J, Li M Z, Gao Y. Attribute reduction of concept lattice based on irreducible elements. International Journal of Wavelets Multiresolution and Information Processing,

2013, 11(6): 1-24.

[158]　Ch A K, Dias S M, Vieira N J. Knowledge reduction in formal contexts using non-negative matrix factorization. Mathematics and Computers in Simulation, 2015, 109: 46-63.

[159]　Singh P K, Cherukuri A K, Li J H. Concepts reduction in formal concept analysis with fuzzy setting using Shannon entropy. International Journal of Machine Learning and Cybernetics, 2017, 8(1): 179-189.

[160]　Singh P K, Kumar C A. Concept lattice reduction using different subset of attributes as information granules. Granular Computing, 2017, 2(3): 159-173.

[161]　Li J H, Mei C L, Lv Y J. A heuristic knowledge-reduction method for decision formal contexts. Computers and Mathematics with Applications, 2011, 61(4): 1096-1106.

[162]　Ch A K. Mining association rules using non-negative matrix factorization and formal concept analysis// International Conference on Information Processing, Communications in Computer and Information Science, Bangalore, 2011: 31-39.

[163]　Li J H, Mei C L, Lv Y J. Knowledge reduction in real decision formal contexts. Information Sciences, 2012, 189: 191-207.

[164]　Li J H, Mei C L, Lv Y J. Knowledge reduction in formal decision contexts based on an order-preserving mapping. International Journal of General Systems, 2012, 41(2): 143-161.

[165]　Li J H, Mei C L, Kumar C A. On rule acquisition in decision formal contexts. International Journal of Machine Learning and Cybernetics, 2013, 4(6): 721-731.

[166]　Li J H, Mei C L, Wang J H, et al. Rule-preserved object compression in formal decision contexts using concept lattices. Knowledge-Based Systems, 2014, 71: 435-445.

[167]　Ren Y, Li J H, Kumar C A, et al. Rule acquisition in formal decision contexts based on formal, object-oriented and property-oriented concept lattices. The Scientific World Journal, 2014: 1-10.

[168]　赵凡, 魏玲. D 型概率决策形式背景下的规则获取. 计算机科学, 2017, 44(8): 274-279.

[169]　Li J H, Mei C L, Wang L D, et al. On inference rules in decision formal contexts. International Journal of Computational Intelligence Systems, 2015, 8(1): 175-186.

[170]　Li J H, Huang C C, Mei C L, et al. An intensive study on rule acquisition in formal decision contexts based on minimal closed label concept lattices. Intelligent Automation and Soft Computing, 2017, 23(3): 519-533.

[171]　Li J H, Cherukuri A K, Mei C L, et al. Comparison of reduction in formal decision contexts. International Journal of Approximate Reasoning, 2017, 80: 100-122.

[172]　Burusco J A, Fuentes G R. The study of the L-fuzzy concept lattice. Mathware and Soft Computing, 1994, 1(3): 209-218.

[173]　Pollandt S. Fuzzy-Begriffe. Heidelberg: Springer, 1997.

[174]　Bělohlávek R. Lattices generated by binary fuzzy relations. Tatra Mountains Mathe-

matical Publications, 1999(Part I): 11-19.

[175] Bělohlávek R. Fuzzy galois connections and fuzzy concept lattices: From binary rela-
tions to conceptual structures// Discovering the World with Fuzzy Logic, Heidelberg,
2000: 462-494.

[176] Yahia S B, Jaoua A. Discovering knowledge from fuzzy concept lattice// Data Mining
and Computational Intelligence, Heidelberg, 2001: 167-190.

[177] Bělohlávek R, Klir G J, Lewis H W, et al. On the capability of fuzzy set theory to
represent concepts. International Journal of General Systems, 2002, 31(6): 569-585.

[178] Jaoua A, Elloumi S. Galois connection, formal concepts and galois lattice in real
relations: Application in a real classifier. The Journal of Systems and Software, 2002,
60(2): 149-163.

[179] Bělohlávek R. Granulation and granularity via conceptual structures: A perspective
from the point of view of fuzzy concept lattices// Data Mining, Rough Sets and
Granular Computing (Studies in Fuzziness and Soft Computing, 95), 2002: 265-289.

[180] Bělohlávek R. Fuzzy closure operators induced by similarity. Fundamenta Informati-
cae, 2003, 58(2): 79-91.

[181] Krajči S. Cluster based efficient generation of fuzzy concepts. Neural Network World,
2003, 13(5): 521-530.

[182] Bělohlávek R, Sklenář V, Zacpal J. Formal concept analysis with hierarchically or-
dered attributes. International Journal of General Systems, 2004, 33(4): 383-394.

[183] Bělohlávek R. Lattice-type fuzzy order is uniquely given by its 1-cut: Proof and
consequences. Fuzzy Sets and Systems, 2004, 143(3): 447-458.

[184] Bělohlávek R, Sklenář V, Zacpal J. Crisply generated fuzzy concepts// International
Conference on Formal Concept Analysis, Lens, 2005: 269-284.

[185] Bělohlávek R, Vychodil V. Attribute implications in a fuzzy setting// International
Conference on Formal Concept Analysis, Heildelberg, 2006: 45-60.

[186] Bělohlávek R, Vychodil V. Reducing the size of fuzzy concept lattices by fuzzy closure
operators// International Conference on Soft Computing and Intelligent Systems and
International Symposium on Intelligent Systems, Tokyo, 2006: 309-314.

[187] Bělohlávek R. A note on variable threshold concept lattices: Threshold-based opera-
tors are reducible to classical concept-forming operators. Information Sciences, 2007,
177(15): 3186-3191.

[188] Zhang W X, Ma J M, Fan S Q. Variable threshold concept lattices. Information
Sciences, 2007, 177(22): 4883-4892.

[189] Bělohlávek R, Klir G J, Way E C, et al. Concepts and fuzzy sets: Misunderstand-
ings, misconceptions, and oversights. International Journal of Approximate Reasoning,
2009, 51(1): 23-34.

[190] Bělohlávek R, Vychodil V. Optimal factorization of three-way binary data// Interna-

tional Conference on Granular Computing, San Jose, 2010: 61-66.

[191] Bělohlávek R, Vychodil V. Factorizing three-way binary data with triadic formal concepts// International Conference on Knowledge-Based and Intelligent Information and Engineering Systems, Cardiff, 2010: 471-480.

[192] Kumar C A, Srinivas S. Concept lattice reduction using fuzzy K-means clustering. Expert Systems with Applications, 2010, 37(3): 2696-2704.

[193] Bělohlávek R. What is a fuzzy concept lattice II// International Conference on Rough Sets, Fuzzy Sets, Data Mining and Granular Computing, Moscow, 2011: 19-26.

[194] Cherukuri A K. Fuzzy clustering-based formal concept analysis for association rules mining. Applied Artificial Intelligence, 2012, 26(3): 274-301.

[195] Singh P K, Kumar C A. A method for decomposition of fuzzy formal context. Procedia Engineering, 2012, 38(4): 1852-1857.

[196] Bělohlávek R, Vychodil V. Formal concept analysis and linguistic hedges. International Journal of General Systems, 2012, 41(5): 503-532.

[197] Bělohlávek R, Konecny J. Concept lattices of isotone vs. antitone Galois connections in graded setting: Mutual reducibility revisited. Information Sciences, 2012, 199(199): 133-137.

[198] Singh P K, Kumar C A. A method for reduction of fuzzy relation in fuzzy formal context// Mathematical Modelling and Scientific Computation. Communications in Computer and Information Science, Heidelberg, 2012: 343-350.

[199] Singh P K, Kumar C A. Interval-valued fuzzy graph representation of concept lattice// Proceedings of Intelligent Systems Design and Applications, Kochi, 2013: 604-609.

[200] Bělohlávek R. Ordinally equivalent data: A measurement-theoretic look at formal concept analysis of fuzzy attributes. International Journal of Approximate Reasoning, 2013, 54(9): 1496-1506.

[201] Bělohlávek R, Osicka P. Triadic fuzzy galois connections as ordinary connections. Fuzzy Sets and Systems, 2014, 249(6): 83-99.

[202] Bělohlávek R, Baets B D, Konecny J. Granularity of attributes in formal concept analysis. Information Sciences, 2014, 260(1): 149-170.

[203] Singh P K, Kumar C A. Bipolar fuzzy graph representation of concept lattice. Information Sciences, 2014, 288: 437-448.

[204] Bělohlávek R. Fuzzy galois connections. Mathematical Logic Quarterly, 2015, 45(4): 497-504.

[205] Singh P K, Kumar C A. A note on bipolar fuzzy graph representation of concept lattice. International Journal of Computing Science and Mathematics, 2014, 5(4):381-393.

[206] Butka P, Pócs J. Generalization of one-sided concept lattices. Computing and Infor-

matics, 2013, 32(2): 355-370.

[207] Butka P, Pócs J, Pócsová J. On equivalence of conceptual scaling and generalized one-sided concept lattices. Information Sciences, 2014, 259(3): 57-70.

[208] Shao M W, Li K W. Attribute reduction in generalized one-sided formal contexts. Information Sciences, 2016, 378: 317-327.

[209] Kumar C A. Knowledge discovery in data using formal concept analysis and random projections. International Journal of Applied Mathematics and Computer Science, 2011, 21(4): 745-756.

[210] Singh P K, Kumar C A. Knowledge representation using formal concept analysis: A study on concept generation// Global Trends in Intelligent Computing Research and Development, Antwerpen, 2014: 306-336.

[211] Kumar C A, Ishwarya M S, Chu K L. Formal concept analysis approach to cognitive functionalities of bidirectional associative memory. Biologically Inspired Cognitive Architectures, 2015, 12: 20-33.

[212] Singh P K. Concept learning using vague concept lattice. Neural Processing Letters, 2017: 1-22.

[213] Q J J, Wei L, Wan Q. Multi-level granular view in formal concept analysis//Granular Computing. Berlin: Springer.

[214] Tonella P. Using a concept lattice of decomposition slices for program understanding and impact analysis. IEEE Transactions on Software Engineering, 2003, 29(6): 495-509.

[215] Kumar C A, Srinivas S. Mining associations in health care data using formal concept analysis and singular value decomposition. Journal of Biological Systems, 2010, 18(4): 787-807.

[216] Outrata J. Preprocessing input data for machine learning by FCA// Proceedings of the 7th International Conference on Concept Lattices and Their Applications, Sevilla, 2010: 187-198.

[217] Shyng J Y, Shieh H M, Tzeng G H. An intergration method combining rough set theory with formal concept analysis for personal investment portfolios. Knowledge-Based Sysyems, 2010, 23(6): 586-597.

[218] Yang Y P, Shieh H M, Tzeng G H, et al. Combined rough sets with flow graph and formal concept analysis for business aviation decision-makig. Journal of Intelligent Information Systems, 2011, 36(3): 347-366.

[219] Fang S K, Shyng J Y, Lee W S, et al. Exploring the preference of customers between financial companies and agents based on TCA. Knowledge-Based Systems, 2012, 27(3): 137-151.

[220] Kumar C A, Radvansky M, Annapurna J. Analysis of a vector space model, latent semantic indexing and formal concept analysis for information retrieval. Cybernetics

and Information Technologies, 2012, 12(1): 34-48.

[221] Kumar C A. Modeling access permissions in role based access control using formal concept analysis// Communications in Computer and Information Science (Communications in Computer and Information Science, 292). Heidelberg: Springer, 2012: 578-583.

[222] Kumar C A, Sumangali K. Performance evaluation of employees of an organization using formal concept analysis// International Conference on Pattern Recognition,Informatics and Medical Engineering, Tamilnadu, 2012: 94-98.

[223] Kumar C A. Designing role-based access control using formal concept analysis. Security and Communication Networks, 2013, 6(3): 373-383.

[224] Mouliswaran S C, Kumar C A, Chandrasekar C. Modeling Chinese Wall Access control using formal concept analysis// International Conference on Contemporary Computing and Informatics, Mysore, 2014: 811-816.

[225] Kumar G N, Kumar C A. Generation of high level views in reverse engineering using formal concept analysis// International Conference on Networks and Soft Computing, Guntur, 2014: 334-338.

[226] Xie J P, Yang M H, Li J H, et al. Rule acquisition and optimal scale selection in multiscale formal decision contexts and their applications to smart city. Future Generation Computer Systems, 2018, 83: 564-581.

[227] Buroker J. The Port-Royal semantics of terms. Synthese, 1993, 96(3): 455-475.

[228] Arnauld A, Nicole P. Logic or the Art of Thinking. Cambridge: Cambridge University Press, 1996.

[229] Yao Y Y. Three-way decision: An interpretation of rules in rough set theory// Proceedings of 2009 International Conference on Rough Sets and Knowledge Technology, Gold Coast, 2009: 642-649.

[230] Miller G A. The magical number seven, plus or minus two: Some limits on our capacity for processing information. Psychological Review, 1956, 63(2): 81-97.

[231] Cowan N. The magical number 4 in short-term memory: A reconsideration of mental storage capacity. Behavioral and Brain Sciences, 2000, 24: 87-114.

[232] Warfield J N. The magical number three plus or minus zero. Journal of Cybernetics, 1988, 19(4): 339-358.

[233] Yao Y Y. An outline of a theory of three-way decisions// Proceedings of 2012 Rough Sets and Current Trends in Computing, Chengdu, 2012: 1-17.

[234] Yao Y Y. Three-way decisions with probabilistic rough sets. Information Sciences, 2010, 180(3): 341-353.

[235] Hu B Q. Three-way decisions space and three-way decisions. Information Sciences, 2014, 281: 21-52.

[236] Ciucci D, Dubois D, Lawry J. Borderline vs. unknown: Comparing three-valued repre-

sentations of imperfect information. International Journal of Approximate Reasoning, 2014, 55(9): 1866-1889.

[237] Chen Y M, Zeng Z Q, Zhu Q X, et al. Three-way decision reduction in neighborhood systems. Applied Soft Computing, 2016, 38(C): 942-954.

[238] Zhao X R, Hu B Q. Fuzzy probabilistic rough sets and their corresponding three-way decisions. Knowledge-Based Systems, 2016, 91: 126-142.

[239] Liu D, Liang D C, Wang C C. A novel three-way decision model based on incomplete information system. Knowledge-Based Systems, 2016, 91(C): 32-45.

[240] Hu B Q. Three-way decision spaces based on partially ordered sets and three-way decisions based on hesitant fuzzy sets. Knowledge-Based System, 2016, 91(C): 16-31.

[241] Hu B Q, Wong H, Yiu K F C. The aggregation of multiple three-way decision spaces. Knowledge-Based Systems, 2016, 98: 241-249.

[242] Li H X, Zhang L B, Huang B, et al. Sequential three-way decision and granulation for cost-sensitive face recognition. Knowledge-Based Systems, 2016, 91(C): 241-251.

[243] Li J H, Huang C C, Qi J J, et al. Three-way cognitive concept learning via multi-granularity. Information Sciences, 2017, 378(1): 244-263.

[244] Jia X Y, Zheng K, Li W W, et al. Three-way decisions solution to filter spam email: An empirical study// Proceedings of Rough Set and Knowledge Technology, Chengdu, 2012: 287-296.

[245] Shakiba A, Hooshmandasl M R. S-approximation spaces: A three-way decision approach. Fundamenta Informaticae, 2014, 139: 307-328.

[246] Liang D, Liu D. Deriving three-way decisions from intuitionistic fuzzy decision-theoretic rough sets. Information Sciences, 2015, 300(10): 28-48.

[247] Liang J Y. Decision-oriented rough set methods// Rough Sets, Fuzzy Sets, Data Mining, and Granular Computing, Tianjin, 2015: 3-12.

[248] Yao J T, Azam N. Web-based medical decision support systems for three-way medical decision making with game-theoretic rough sets. IEEE Transactions on Fuzzy Systems, 2015, 23(1): 3-15.

[249] Zhang H R, Min F. Three-way recommender systems based on random forests. Knowledge-Based Systems, 2016, 91(C): 275-286.

[250] Liu S L, Liu X W. An extended three-way decision and its application in member selection. Journal of Intelligent and Fuzzy Systems, 2015, 28(5): 2095-2106.

[251] Peters J F, Ramanna S. Proximal three-way decisions: Theory and applications in social networks. Knowledge-Based Systems, 2016, 91: 4-15.

[252] Yu H, Zhang C, Wang G Y. A tree-based incremental overlapping clustering method using the three-way decision theory. Knowledge-Based Systems, 2016, 91(C): 189-203.

[253] Yao Y Y. Three-way decisions and cognitive computing. Cognitive Computation, 2016, 8(4): 543-554.

[254] Yu H, Zhang C, Wang G Y. A tree-based incremental overlapping clustering method using the three-way decision theory. Knowledge-Based Systems, 2016, 91: 189-203.

[255] Savchenko A V. Fast multi-class recognition of piecewise regular objects based on sequential three-way decisions and granular computing. Knowledge-Based Systems, 2016, 91: 252-262.

[256] Zhang H R, Min F. Three-way recommender systems based on random forests. Knowledge-Based Systems, 2016, 91: 275-286.

[257] Liang D, Liu D, Kobina A. Three-way group decisions with decision-theoretic rough sets. Information Sciences, 2016, 345(1): 46-64.

[258] Li W W, Huang Z Q, Li Q. Three-way decisions based software defect prediction. Knowledge-Based System, 2016, 91: 263-274.

[259] Li Y, Zhang Z H, Chen W B, et al. TDUP: An approach to incremental mining of frequent itemsets with three-way-decision pattern updating. International Journal of Machine Learning and Cybernetics, 2017, 8(2): 441-453.

[260] Liang D, Pedrycz W, Liu D. Determining three-way decisions with decision-theoretic rough sets using a relative value approach. IEEE Transactions on Systems, Man, and Cybernetics Systems, 2017, 47(8): 1785-1799.

[261] Zhang H R, Min F, Shi B. Regression-based three-way recommendation. Information Sciences, 2017, 378: 444-461.

[262] Yao Y Y. Three-way decision and granular computing. International Journal of Approximate Reasoning, 2018, 103: 107-123.

[263] 李华雄, 周献中, 李天瑞, 等. 决策粗糙集理论及其研究进展. 北京: 科学出版社, 2011.

[264] 贾修一, 商琳, 周献忠, 等. 三支决策理论与应用. 南京: 南京大学出版社, 2012.

[265] 刘盾, 李天瑞, 苗夺谦, 等. 三支决策与粒计算. 北京: 科学出版社, 2013.

[266] 于洪, 王国胤, 李天瑞, 等. 三支决策: 复杂问题求解方法与实践. 北京: 科学出版社, 2015.

[267] Qi J J, Wei L, Yao Y Y. Three-way formal concept analysis//Proceedings of Rough Sets and Knowledge Technology, Shanghai, 2014: 732-741.

[268] Qi J J, Qian T, Wei L. The connections between three-way and classical concept lattices. Knowledge-Based Systems, 2016, 91: 143-151.

[269] Ren R S, Wei L. The attribute reductions of three-way concept lattices. Knowledge-Based Systems, 2016, 99: 92-102.

[270] Qian T, Wei L, Qi J J. Constructing three-way concept lattices based on apposition and subposition of formal contexts. Knowledge-Based Systems, 2017, 116: 39-48.

[271] 陈雪, 魏玲, 钱婷. 基于 AE-概念格的决策形式背景属性约简. 山东大学学报 (理学版), 2017, 52(12): 95-103.

[272] Huang C C, Li J H, Mei C L, et al. Three-way concept learning based on cognitive operators: An information fusion viewpoint. International Journal of Approximate

Reasoning, 2017, 84(1): 1-20.

[273] 钱婷. 经典概念格与三支概念格的构造及知识获取理论. 西安: 西北大学博士学位论文, 2016.

[274] 祁建军, 汪文威. 多线程并行构建三支概念. 西安交通大学学报, 2017, 51(3): 116-121.

[275] 汪文威, 祁建军. 三支概念的构建算法. 西安电子科技大学学报 (自然科学版), 2017, 44(1): 77-82.

[276] 章星, 祁建军, 朱晓敏. k-均匀背景的三支概念性质研究. 小型微型计算机系统, 2017, 38(7): 1580-1584.

[277] 刘琳, 钱婷, 魏玲. 基于属性导出三支概念格的决策背景规则提取. 西北大学学报 (自然科学版), 2016, 46(4): 481-487.

[278] 刘琳, 魏玲, 钱婷. 决策形式背景中具有置信度的三支规则提取. 山东大学学报 (理学版), 2017, 52(2): 101-110.

[279] 刘琳. 基于三支概念格的决策形式背景规则获取. 西安: 西北大学硕士学位论文, 2016.

[280] Singh P K. Three-way fuzzy concept lattice representation using neutrosophic set. International Journal of Machine Learning and Cybernetics, 2017, 8(1): 69-79.

[281] Burmeister P, Holzer R. On the treatment of incomplete knowledge in formal concept analysis// Proceedings of 2000 International Conference on Conceptual Structures, Darmstadt, 2000: 385-398.

[282] Obiedkov S A. Modal logic for evaluating formulas in incomplete contexts// International Conference on Conceptual Structures: Integration and Interfaces, Borovets, 2002: 314-325.

[283] Djouadi Y, Dubois D, Prade H. Differentes extensions floues de l'analyse formelle de concepts// Rencontres Francophones sur la Logique Floue et ses Applications, Annecy, 2009: 141-148.

[284] Li J H, Mei C L, Lv Y J. Incomplete decision contexts: Approximate concept construction, rule acquisition and knowledge reduction. International Journal of Approximate Reasoning, 2013, 54(1): 149-165.

[285] Li M Z, Wang G Y. Approximate concept construction with three-way decisions and attribute reduction in incomplete contexts. Knowledge-Based Systems, 2016, 91: 165-178.

[286] Krupka M, Lastovicka J. Concept lattices of incomplete data// Proceeding of 2012 International Conference on Formal Concept Analysis, Leuven, 2012: 180-194.

[287] Li T R, Luo C, Chen H M, et al. Pickt: A solution for big data analysis// Proceedings of 2015 International Conference on Rough Sets and Knowledge Technology, Tianjin, 2015: 15-25.

[288] Lipski W J. On semantic issues connected with incomplete information databases. ACM Transactions on Database Systems, 1979, 4(3): 262-296.

[289] Zhao Y X, Li J H, Liu W Q, et al. Cognitive concept learning from incomplete

information. International Journal of Machine Learning and Cybernetics, 2017, 8(1): 159-170.

[290] Moore R E. Interval Analysis. New Jersey: Prentice-Hall, 1966.

[291] Yao Y Y. Interval sets and interval-set algebras// Proceedings of 2009 IEEE International Conference on Cognitive Informatics, Hong Kong, 2009: 307-314.

[292] Yao Y Y. Interval-set algebra for qualitative knowledge representation// Proceedings of the 5th International Conference on Computing and Information, Sudbury, 1993: 370-374.

[293] Zhang H Y, Yang S Y, Ma J M. Ranking interval sets based on inclusion measures and applications to three-way decisions. Knowledge-Based Systems, 2016, 91: 62-70.